职业教育"十四五"规划系列教材

信息技术(基础模块)

主　编　张新慧　陈爱静　闫　英

副主编　任旭妍　赵　雯　耿　伟

参　编　尹　倩　于晓玲　祁雪丽

　　　　孔晶晶

华中科技大学出版社

http://press.hust.edu.cn

中国·武汉

图书在版编目（CIP）数据

信息技术:基础模块/张新慧,陈爱静,闫英主编.—武汉:华中科技大学出版社,2023.10
ISBN 978-7-5772-0146-7

Ⅰ.① 信… Ⅱ.① 张… ② 陈… ③ 闫… Ⅲ.① 电子计算机-高等职业教育-教材 Ⅳ.① TP3

中国国家版本馆 CIP 数据核字(2023)第 191558 号

信息技术(基础模块)
张新慧　陈爱静　闫　英　主编
Xinxi Jishu(Jichu Mokuai)

策划编辑:胡天金
责任编辑:陈　骏
封面设计:旗语书装
版式设计:赵慧萍
责任监印:朱　玢
出版发行:华中科技大学出版社(中国·武汉)　　电话:(027)81321913
　　　　　武汉市东湖新技术开发区华工科技园　　邮编:430223
录　　排:华中科技大学出版社美编室
印　　刷:武汉市籍缘印刷厂
开　　本:889mm×1194mm　1/16
印　　张:13.25
字　　数:373 千字
版　　次:2023 年 10 月第 1 版第 1 次印刷
定　　价:39.80 元

在科技飞速发展的今天,计算机已经遍布各行各业,掌握计算机的基本使用技能是对每位学子的基本要求,也是步入社会、走上工作岗位的基本技能要求。本书以实用性、实践性为原则,结合作者多年的计算机基础教学经验编写而成。

全书分为 7 个项目,内容包括信息技术初步、互联网及其应用、文字处理、演示文稿、电子表格、思维导图和常用工具软件等。这些项目以实际工作场景或学校生活为背景,分为多个紧贴实践的活动,从而激发学生学习的兴趣和求知欲,培养学生解决实际问题的综合能力。

本书以就业为导向,以培养学生实际工作能力为本位,有效培养学生计算机素养的同时,重点关注学生利用计算机技术分析问题、解决问题能力的培养,为学生的终身学习和持续发展打下扎实的基础。本书具有以下特点。

一是目标明确,针对性强。以理论知识必需、够用为原则,突出对学生计算机基础应用能力的培养。

二是结构合理,内容精练。在内容安排上综合考虑了职业院校学生的计算机基础能力和知识结构,淡化最基本的计算机操作,重点突出上机操作能力的培养,去除了很多非计算机专业学生无须深入学习的理论知识,增加部分计算机及网络技术发展的前沿知识。

由于编者水平有限,书中难免有疏漏或不妥之处,敬请广大读者批评指正。

编 者

CONTENTS 目 录

项目一
信息技术初步——搭建日常工作环境

情境描述

　　某公司通过近7年的发展,取得了比较好的经济效益。公司为了谋求更大的发展,需要不断提高员工信息处理与管理能力,提高办公效率与办公现代化的程度。同时为了扩大社会影响,准备筹建信息部。为此,公司决定为信息部每人配备一台台式计算机和一台笔记本电脑。为了提高计算机的性价比,经过讨论,公司决定购买散件,自己组装。

　　通过对计算机组装、系统和软件安装、初识 Windows 7 操作系统、文件管理和文件协同管理的学习,加深对计算机组成结构知识的理解,并在实际操作中不断培养分析问题、解决问题的能力,不断提高信息技术素养与信息管理能力。

活动一　组装一台计算机

★ 微课

组装一台计算机

活动要求

　　公司为了提高计算机的性价比,经过讨论,财务部决定购买计算机散件,既节省成本,又可以考验技术部职员的计算机组装技术。小王作为公司的技术部职员,需要为公司组装一台计算机。

活动分析

一、思考与讨论

(1)在组装计算机前,应熟悉计算机的组成。请思考,计算机都有哪些组成部分?

(2)计算机组装过程中要防止人体静电对电子器件造成损伤。请思考,如何消除静电?

（3）计算机的外部设备有哪些？

（4）应熟练掌握组装计算机的操作步骤和操作规程。请思考，如何正确拆装 CPU 与硬盘？

（5）操作系统应该怎样安装？

（6）安装软件的顺序是什么？

二、总体思路

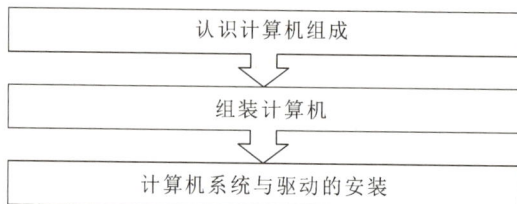

认识计算机组成
↓
组装计算机
↓
计算机系统与驱动的安装

方法与步骤

一、认识计算机的组成

1.认识计算机的外观

从外观上来看，计算机是由主机、显示器、键盘、鼠标组成，如图 1-1-1 所示。其中输入设备有键盘和鼠标，输出设备有显示器。

图 1-1-1　计算机的组成

2.认识计算机主机内部零件

计算机主机内部零件包含主板、硬盘、CPU、内存、显卡、声卡、电源、机箱、网卡、光驱等，下面一一进行介绍。

（1）主板：主板是计算机主机内最大的一块电路板，计算机中的其他设备（如 CPU、内存、显卡以及各种扩展设备）都安装在主板上，所以也称其为母板。

（2）硬盘：硬盘是计算机的外存储器，硬盘的存储容量特别大，通常以 GB 为单位来计算，是计算机的主要存储设备之一。

（3）CPU：CPU 作为计算机最核心的设备，被比拟为"人类的大脑"，它负责整个计算机系统指令的执行、数学与逻辑运算、数据存储、传送以及输入/输出的控制，是整个系统的核心，也是整个系统最高的执行单位。

（4）内存：内存也称为内存储器，其作用是暂时存放 CPU 中的运算数据，以及与硬盘等外存储器交换的数据。

（5）显卡：显卡又称为图形加速卡或显示适配器，它是显示器与主机通信的控制电路和接口，是计算机中必不可少的设备。

（6）声卡：声卡是计算机多媒体技术的基本组成部分之一，计算机中的声音大部分都是由声卡发出的，声卡对计算机多媒体系统声音输出的性能及表现起着决定性的作用。

（7）电源：计算机的机箱电源是一个封闭的独立部件，是计算机的重要组成部分，它可以将220V 的交流电转换为电压稳定的直流电。

（8）机箱：机箱主要为电源、主板、硬盘、光驱以及各种扩展卡提供放置的空间，可以保护计算机设备，并且能起到防辐射和防电磁干扰的作用。

（9）网卡：网卡是连接计算机与计算机网络之间的设备，也称为网络适配器。网卡是组成计算机网络最重要的连接设备。

（10）光驱：光驱是计算机用来读写光碟内容的设备，也是台式计算机和笔记本电脑中比较常见的一个部件。随着多媒体的广泛应用，光驱在计算机诸多配件中已经成为标准配置。

二、组装计算机

1.组装计算机主机

计算机主机的组成包含安装电源、CPU 和风扇、内存、主板、显卡、硬盘和光驱。

（1）安装电源：将机箱平放在地面上，放置电源到电源舱中，对齐螺丝孔，使用螺丝将电源固定到机箱上，拧紧螺丝即可，如图 1-1-2 所示。

提醒：将螺丝孔对齐，用螺丝刀将螺丝拧紧，使电源固定在机箱中。

（2）安装 CPU 和风扇：把主板放在平稳处，将 CPU 插座旁边的拉杆向外侧移动，然后将 CPU 放入插槽中，注意 CPU 的针脚要与插槽吻合，压下 CPU 插槽旁边的压杆，当压杆发出响声时，表示已经回到原位，CPU 安装好，将 CPU 散热风扇放在风扇托架上，并用扣具将其固定好，固定好 CPU 散热风扇后，将风扇的电源接头插在主板上的三针电源接口上，插好电源插座后，即可完成 CPU 和散热风扇的安装，如图 1-1-3 所示。

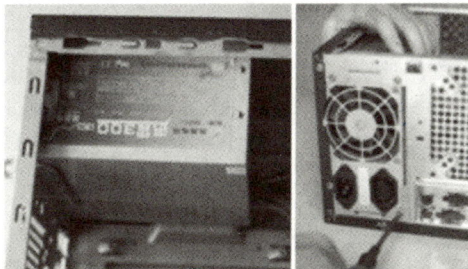

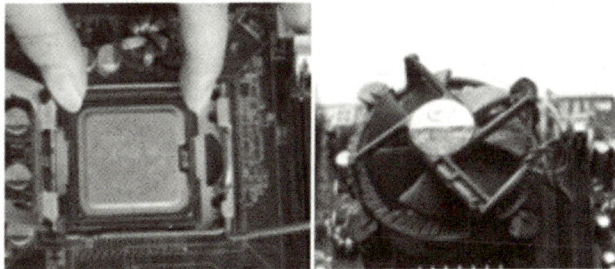

图 1-1-2　安装电源　　　　　　　图 1-1-3　安装 CPU 和风扇

提醒：在 CPU 插槽中安装 CPU 时，要注意"三角对三角"原则，即在 CPU 背面一角上有一个小三角形，在 CPU 插槽的一角也标有一个小三角形，安装 CPU 时遵循"三角对三角"原则就不会安装错误。

（3）安装内存和主板：找到主板上的内存插槽，然后将两端的白色卡扣向外扳开，将内存金手指上的缺口与主板内存插槽的缺口位置对应好，垂直用力将内存条按下，当听到"咔"的一声时，表示内存插槽两边的卡扣已经扣上，内存就安装好了，在安装主板前，观察机箱后面 I/O 端口的位置与接口挡板是否吻合，将主板放入机箱前，找到主板的跳线，将主板跳线依次插入相应的接口上，然后确认主板与定位孔对齐,使用螺丝刀和螺丝将主板固定于机箱中,如图1-1-4所示。

图1-1-4 安装内存和主板

(4)安装显卡和硬盘:在主板上找到显卡插槽,将显卡轻轻插入插槽,用手轻压显卡,使显卡和插槽紧密结合,确定显卡插好后,用螺丝和螺丝刀将显卡固定在机箱上。将硬盘由里向外放入机箱的硬盘托架上,在机箱中,调整硬盘的位置,对齐硬盘和主板上螺丝孔的位置,用螺丝将硬盘两侧固定好,如图1-1-5所示。

图1-1-5 安装显卡和硬盘

(5)安装光驱:在机箱上取下光驱的前挡板,将光驱从外向里沿滑槽插入光驱托架中,调整好光驱位置后,用螺丝将其两侧固定,如图1-1-6所示。

(6)安装完机箱内部各个部件后,需要连接计算机各部件的电源线和数据线。连接电源线和数据线时,一定要做到认真、仔细,连接好每一条线。

2.连接计算机外部设备

外部设备的连接主要包括显示器、键盘、鼠标及音箱的连接。

(1)连接显示器:安装显示器的底座,将显示器的信号线与主机上显卡的接口连接,连接显示器的电源,如图1-1-7所示。

图1-1-6 安装光驱

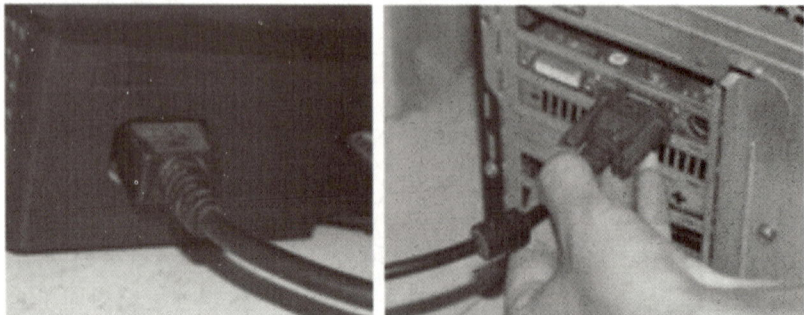

图1-1-7 连接显示器

（2）连接键盘、鼠标：将键盘、鼠标与主机上的相应接口连接，如图1-1-8所示。

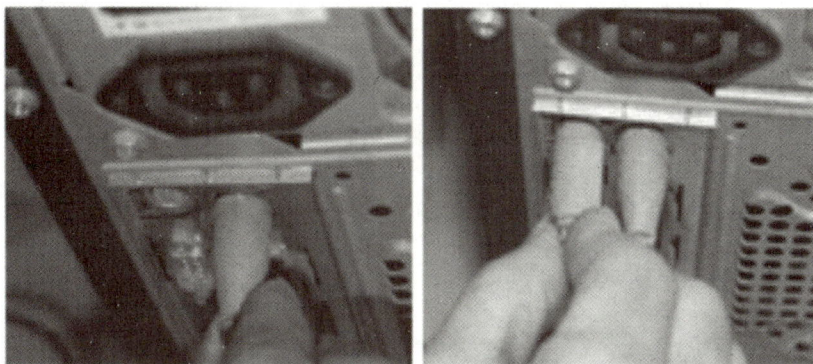

图 1-1-8 连接键盘和鼠标

（3）连接音箱或耳机：音箱或耳机的连接如图1-1-9所示。

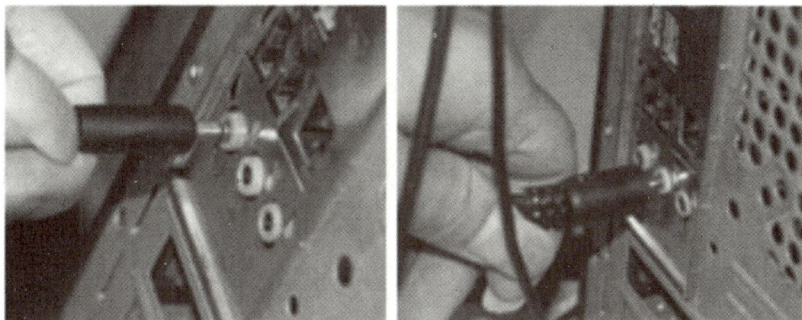

图 1-1-9 连接音箱或耳机

三、计算机系统与驱动安装

1. Windows 7 操作系统的安装

（1）启动计算机，将 Windows 7 系统光盘放入光驱，启动方式设置为从光驱启动，重新启动计算机，进入相应的界面，开始加载光盘上的文件，稍等片刻后，文件加载完成，进入程序运行界面，开始运行程序，并显示程序的运行进度。

（2）稍后将弹出"安装 Windows"对话框，在对话框中根据需要设置各选项，如图1-1-10所示。

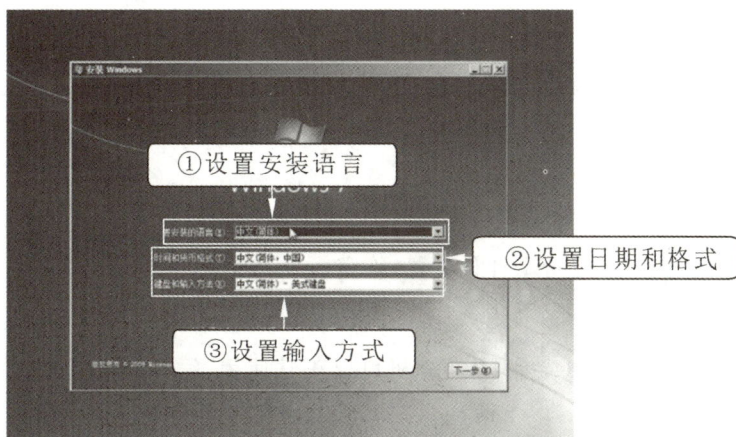

图 1-1-10 设置各选项

(3)单击"下一步"按钮,进入相应的界面,单击"现在安装"按钮,如图1-1-11所示。

(4)稍后将进入"请阅读许可条款"界面,选中相应的复选框,如图1-1-12所示。

图 1-1-11　单击"现在安装"按钮　　　　　　　　　图 1-1-12　选中相应的复选框

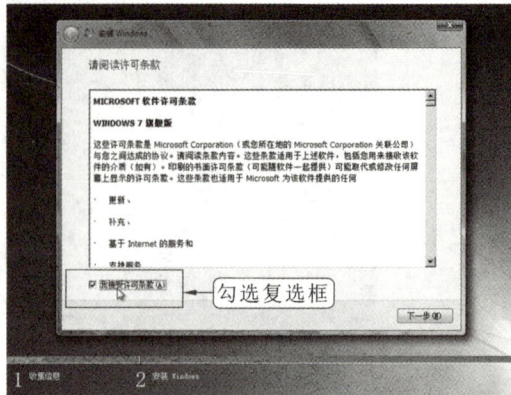

提醒:同意许可协议是对所使用软件的一种承诺,保护知识产权,是诚信品质的体现。

(5)单击"下一步"按钮,依次指定磁盘安装位置,并设置账户和密码。

提醒:对计算机设置密码是对计算机中的内容进行保护的一种手段,一定要记住。

(6)完成系统安装后,将进入"键入您的Windows产品密钥"界面,输入产品密钥,如图1-1-13所示。

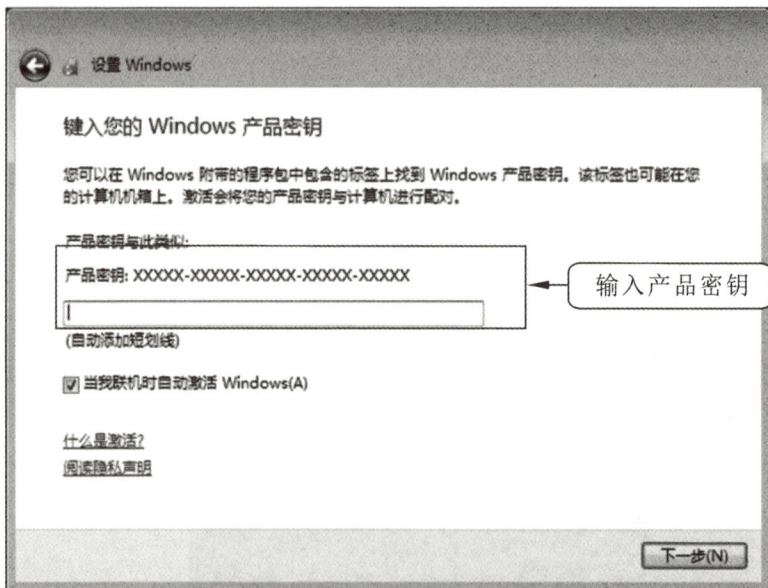

图 1-1-13　输入产品密钥

提醒:软件产品密钥一般在系统光盘的包装盒上可以找到,输入产品密钥是软件开发者对软件知识产权保护的一种手段。

(7)设置系统时间和日期、进行个性化设置,将完成Windows 7的安装。

2.驱动程序的安装

Windows 7操作系统已经安装完毕,计算机可以正常使用了。但一些设备还必须安装相关的驱动程序,安装驱动程序的方法有以下两种。

(1)自动安装驱动程序:自动安装驱动程序是指设备生产厂商将驱动程序做成一种可执行的安装程序,用户只需要双击Setup.exe程序文件,运行程序就可以安装驱动程序。

提醒：自动安装驱动程序是现在主流的安装方式，基本上不需要用户进行相应的操作就能装好驱动程序。

（2）手动安装驱动程序：手动安装驱动程序，相对来说要复杂一些。当一个系统不能识别设备时，系统会显示相应的提示信息来引导用户将驱动程序安装上。手动安装驱动程序通过在设备管理器窗口中手动扫描硬件信息，安装驱动程序如图1-1-14所示。

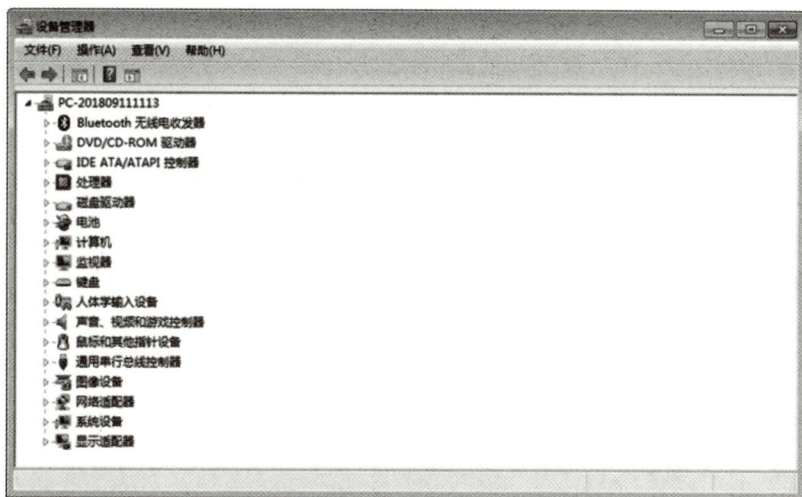

图1-1-14　设备管理器窗口

提醒：在Windows操作系统中，设备管理器是管理计算机硬件设备的工具，用户可以借助设备管理器查看计算机中所安装的硬件设备、设置硬件设备的属性、安装或更新硬件设备的驱动程序、停用或卸载硬件设备的驱动程序等。

四、认真检查与交流分享

1.认真检查

组装计算机之前，检查是否消除了静电，检查连接线是否正确，检查系统软件是否安装好，检查驱动程序是否安装、应用软件是否满足工作要求。确保主机与外设的连接；安装驱动软件，保证设备发挥功效；安装应用软件满足工作要求。

2.交流分享

展示成果，观看其他同学的硬件连接与软件安装并评价；认真倾听其他同学的意见和建议，采纳他人的意见，完成自己的工作。

在进行交流分享之前思考并讨论如下问题：软件安装的顺序是什么？为什么要安装驱动程序？

AD 知识链接

一、计算机系统

计算机系统由两大部分组成，即硬件系统和软件系统。计算机硬件系统和软件系统既相互依存，又互为补充。如计算机硬件的性能决定了计算机软件的运行速度和显示效果等，计算机软件决定了计算机可以进行的工作。

1.计算机硬件系统

计算机硬件系统是由运算器、控制器、存储器、输入设备以及输出设备五大部分组成的。下面将分别介绍硬件系统各组成部分的含义。

运算器:运算器负责计算机内部之间的各种算数运算(如加、减、乘、除等)和逻辑运算。

控制器:控制器负责指挥和监督其他单元的正常运行,如指挥算术逻辑运算单元的动作、程序的输入或输出以及将数据由辅助存储器移入主存储器中等。

存储器:存储器是计算机存储数据的地方,分为内存储器与外存储器。一般所说的"内存"和CPU的"缓存"为内存储器,硬盘和光盘为外存储器。其中硬盘是可以直接读和写的存储器,而光盘需要使用光驱读取数据,如果要在光盘上写入数据,需要借助刻录机才能完成。

输入设备:输入设备主要是将数据和指令转换为二进制代码,传输到计算机的内部。常见的输入设备有键盘、鼠标、麦克风以及扫描仪等。

输出设备:输出设备主要是将计算机中的数据传输到载体上,使操作者可以得到计算机运行的结果。常见的输出设备有显示器、打印机、音箱及投影仪等。

2.计算机软件系统

只安装了硬件、没有配置操作系统和其他软件的计算机称为"裸机",它不能独立完成任何具有实际意义的工作,只有给它安装了软件系统才能正常运行。软件系统分为系统软件和应用软件两大类。

(1)系统软件。

系统软件是用来控制、管理以及维护计算机资源的软件,主要分为服务性程序、操作系统、语言处理程序以及数据库管理系统4类。

服务性程序:也称为工具软件,它扩大了计算机的功能,一般包括诊断程序、调试程序等。

操作系统:它是计算机系统的核心软件,是用来管理计算机硬件资源的基本程序,通常具有进程管理、存储管理、文件管理、网络管理以及作业管理等功能。目前流行的操作系统有Windows XP和Windows 7等。

语言处理程序:它的任务是将各种高级语言编写的源程序翻译成机器语言。

数据库管理系统:它是对计算机中存放的数据进行组织、管理、查询,并提供一定处理的大型系统软件,如目前比较流行的Microsoft SQL Server、Oracle及MySQL等。

(2)应用软件。

应用软件实际上是一组具有通用性的程序,常见的应用软件有文字处理软件、表格制作软件、播放软件、计算机防护软件等。

二、计算机发展趋势

1.巨型化

巨型化是指为了适应尖端科学技术的需要,发展高速度、大存储容量和功能强大的超级计算机。随着人们对计算机的依赖越来越强,特别是在军事和科研教育方面对计算机的存储空间和运行速度等要求越来越高。

2.微型化

随着微型中央处理器的出现,使得计算机体积缩小了、成本降低了。另一方面,软件行业的飞速发展提高了计算机内部操作系统的便捷度,计算机外部设备也趋于完善。随着计算机体积的不断缩小,台式计算机、笔记本电脑、掌上电脑、平板电脑逐步微型化,为人们提供了更加便捷的服务。

因此,未来计算机仍会不断趋于微型化,体积将越来越小。平板电脑如图 1-1-15 所示。

3.网络化

互联网将世界各地的计算机连接在一起,计算机从此进入了互联网时代。计算机网络化彻底改变了人类世界,人们通过互联网进行沟通、教育资源共享(文献查阅、远程教育等)、信息查阅共享(百度、谷歌)等,特别是无线网络的出现,极大地提高了人们使用网络的便捷性,未来计算机将会进一步向网络化方面发展。

图 1-1-15　平板电脑

4.人工智能化

计算机人工智能化是计算机未来发展的必然趋势。现代计算机具有强大的功能和运行速度,但与人脑相比,其智能化和逻辑能力仍有待提高。人类不断在探索如何让计算机能够更好地反映人类思维,使计算机能够具有人类的逻辑思维判断能力,可以通过思考与人类沟通交流,抛弃以往的依靠编码程序来运行计算机的方法,直接对计算机发出指令。

5.多媒体化

传统的计算机处理信息主要是字符和数字。事实上,人们更习惯于图片、文字、声音、图像等多种形式的多媒体信息。多媒体技术可以集图形、图像、音频、视频、文字为一体,使信息处理的对象和内容更加接近真实世界。

自主实践活动

尝试组装一台计算机,或者通过网络或其他渠道进一步了解计算机各部件(如 CPU、硬盘等)的分类、性能及生产厂家等情况。

活动二　初识 Windows 7 操作系统

★ 微课

初识Windows 7 操作系统

活动要求

工作组成员安装完 Windows 7 系统后,首先熟悉 Windows 7 系统的使用,了解启动和退出步骤以及桌面、窗口、菜单、对话框等。

活动分析

一、思考与讨论

(1)为了更好地使用 Windows 7 系统,请思考,如何安全地开关计算机?

(2)Windows 7 系统的开始菜单有哪些分类?

(3)Windows 7 系统的窗口组成有哪些基本操作?

(4)计算机可以进行多用户设置,请思考,不同用户之间如何切换?"注销"和"切换用户"有什么区别?

(5)请思考,为什么计算机进入休眠状态会省电?

二、总体思路

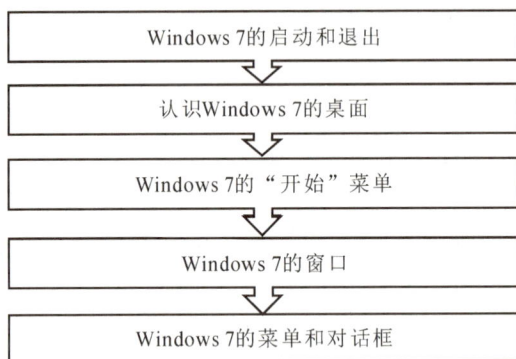

```
Windows 7的启动和退出
        ⇩
认识Windows 7的桌面
        ⇩
Windows 7的"开始"菜单
        ⇩
Windows 7的窗口
        ⇩
Windows 7的菜单和对话框
```

方法与步骤

一、Windows 7 的启动和退出

1. Windows 7 的启动

依次按下显示器和机箱上的开关,计算机会自动启动并首先进行开机自检。自检画面中将显示计算机的主板、CPU、显卡、内存等信息。

提醒:不同的计算机因配置不同,所以显示的信息自然也就不同。

通过自检后会出现欢迎界面,根据使用该计算机的用户账户数目,界面分为单用户登录和多用户登录两种。图 1-2-1 所示是 Windows 7 系统的欢迎界面。

单击需要登录的用户名,然后在用户名下方的文本框中输入登录密码。

输入登录密码后,按"Enter"键或者单击文本框右侧的按钮,开始加载个人设置。经过几秒钟之后就会进入 Windows 7 系统桌面,如图 1-2-2 所示。

图 1-2-1　欢迎界面

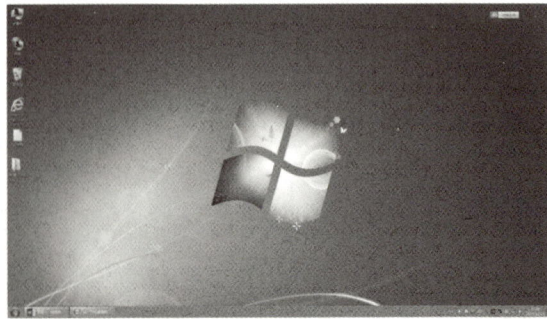

图 1-2-2　Windows 7 系统桌面

2. Windows 7 的退出

(1)关机。

计算机的关机与平常使用的家用电器不同,不是简单地关闭电源就可以了,而是需要在系统中进行关机操作。

正常关机。使用完计算机后都需要退出 Windows 7 系统并关闭计算机,单击"开始"按钮,在弹出的"开始"菜单中,单击"关机"按钮,如图 1-2-3 所示。

系统将自动保存相关的信息。系统退出后,主机的电源会自动关闭,指示灯灭,这样计算机就安全地关闭了,此时用户将显示器电源开关关闭即可。

非正常关机。当用户在使用计算机的过程中,突然出现"死机""黑屏"等情况时,不能通过"开始"菜单关闭计算机时,用户只能按住主机箱上的电源开关按钮,几秒钟后主机会关闭。然后关闭显示器的电源开关即可。

(2)睡眠。

睡眠是退出 Windows 7 操作系统的另一种方法,单击"开始"按钮,弹出"开始"菜单,单击"关机"按钮右侧的三角形按钮,在弹出的关机选项列表中,选择"睡眠"命令,如图 1-2-4 所示。

图 1-2-3　单击"关机"按钮

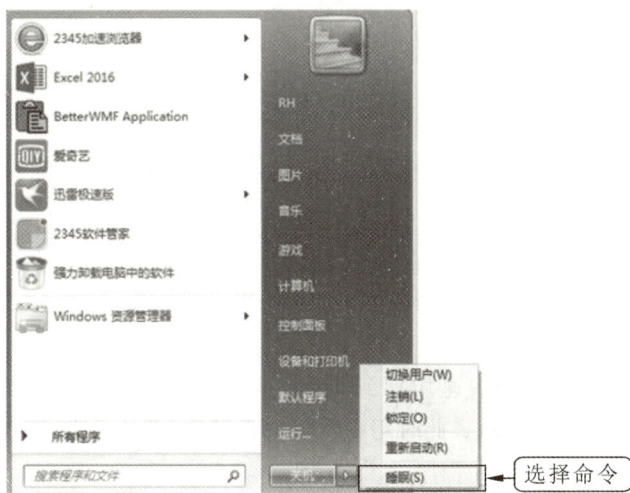

图 1-2-4　选择"睡眠"命令

此时计算机即进入休眠状态,如果用户要从计算机休眠状态中唤醒它,则必须重新启动计算机,按下主机上的"Power"按钮,启动计算机并再次登录,会发现计算机已恢复到休眠前的工作状态,用户可以继续完成休眠前的工作。

(3)锁定。

当用户有事情需要暂时离开,但是计算机还在进行某些操作不方便停止,也不希望其他人查看自己计算机里的信息时,就可以通过这一功能来使计算机锁定。单击"开始"按钮,在弹出的"开始"菜单中,单击"关机"按钮右侧的三角形图标,在弹出的关机选项列表中选择"锁定"命令,如图 1-2-5所示。

这样就可以将计算机锁定在"用户登录界面",此时用户只有输入登录密码才能再次使用计算机。

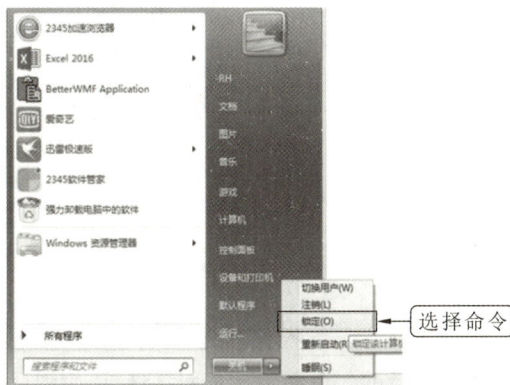

图 1-2-5　选择"锁定"命令

（4）注销。

Windows 7 与之前的操作系统一样,允许多用户共同使用一台计算机上的操作系统,每个用户都可以拥有自己的工作环境并对其进行相应的设置。单击"开始"按钮,弹出"开始"菜单,单击"关机"按钮右侧的三角形图标,然后从弹出的关机选项列表中,选择"注销"命令,如图 1-2-6 所示。

如果当前用户还有程序在运行,则会出现提示窗口,单击"取消"按钮,系统会取消"注销"操作,恢复到系统界面。如果单击"强制注销"按钮,系统会强制关闭运行程序,从而快速地切换到"用户登录"界面。

（5）切换用户。

通过"切换用户"也能快速地退出当前的用户状态,并回到"用户登录界面",按照上面的方法打开"开始"菜单,单击菜单中"关机"旁边的三角形图标,从弹出的关机选项列表中选择"切换用户"命令,如图 1-2-7 所示。

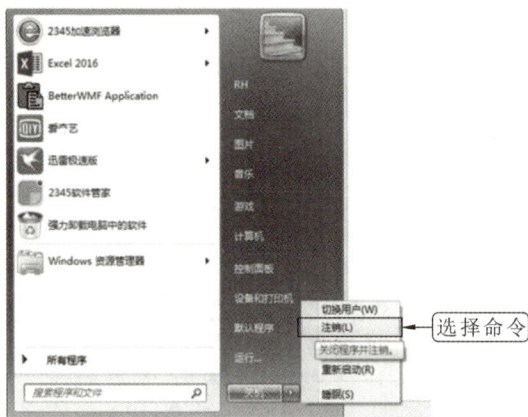
图 1-2-6　选择"注销"命令

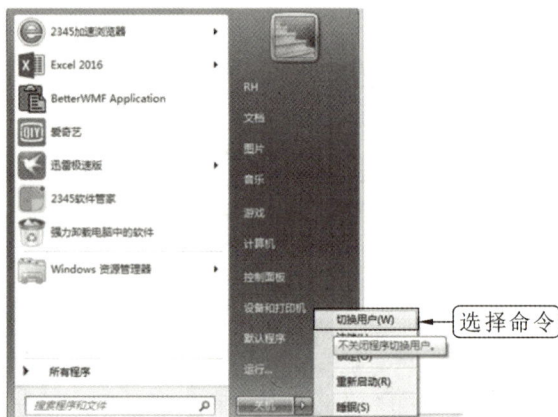
图 1-2-7　选择"切换用户"命令

系统会快速切换到"用户登录界面",同时会提示当前登录的用户为"已登录"的信息,如图 1-2-8 所示。此时用户可以选择其他的"用户账户"来登录系统,而不会影响"已登录"用户的账户设置和运行的程序。

图 1-2-8　切换界面

二、认识 Windows 7 的桌面

登录 Windows 7 操作系统后,首先展现在用户视线前面的就是桌面。用户完成的各种操作都是在桌面上进行的。桌面包括桌面背景、桌面图标、"开始"按钮和任务栏 4 个部分,如图 1-2-9 所示。

1.桌面背景

桌面背景是指 Windows 7 桌面的背景图案,又称为桌布或者墙纸,用户可以根据自己的喜好更改桌面的背景图案。

2.桌面图标

桌面图标是由一个形象的小图片和说明文字组成的,图片是它的标识,文字则表示它的名称或功能,如图 1-2-10 所示。

图 1-2-9　Windows 7 系统桌面　　　　　　　　　　　　图 1-2-10　桌面图标

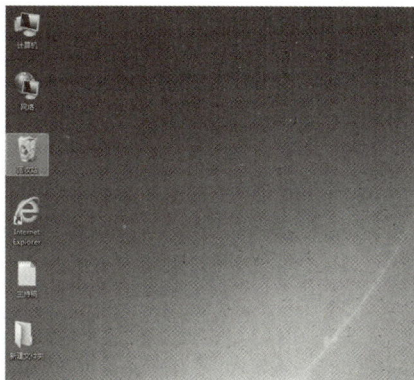

在 Windows 7 中,所有的文件、文件夹以及应用程序都用图标来形象表示,双击这些图标就可以快速地打开文件、文件夹或者应用程序。例如,双击"计算机"图标即可打开"计算机"窗口,如图 1-2-11 所示。

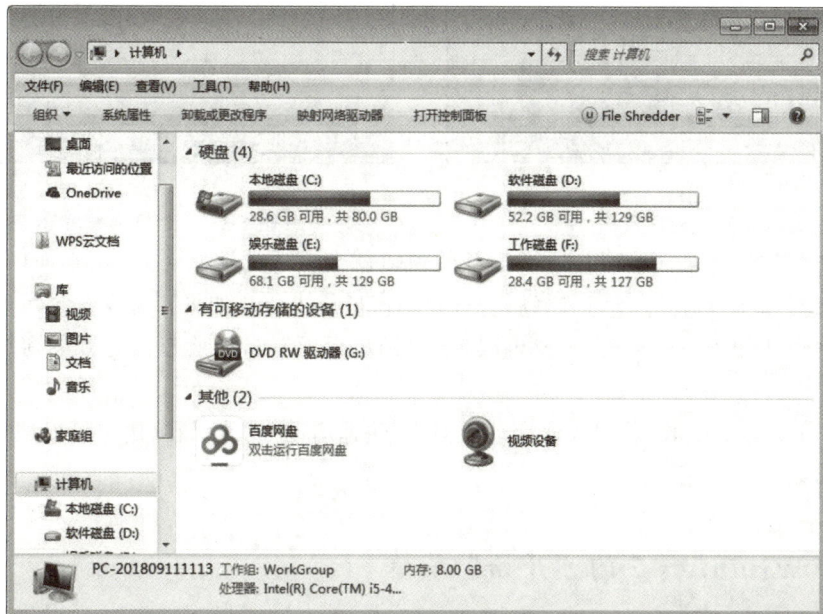

图 1-2-11　"计算机"窗口

3.任务栏

任务栏是位于屏幕底部的水平长条,与桌面不同的是,桌面可以被打开的窗口覆盖,而任务栏始终可见,它主要由程序按钮区、通知区域和"显示桌面"按钮 3 个部分组成。

在 Windows 7 中,任务栏已经是全新的设计了,它拥有了新的外观,Windows 7 的任务栏功能更加强大和灵活。

图 1-2-12　选择"将此程序锁定到任务栏"命令

（1）程序按钮区。

程序按钮区主要放置的是已打开窗口的最小化按钮，单击这些按钮就可以在窗口间切换。在任意一个程序按钮上单击鼠标右键，就会弹出快捷菜单，选择"将此程序锁定到任务栏"命令，如图 1-2-12 所示，用户可以将常用程序"锁定"到"任务栏"上，以方便访问，还可以根据需要通过单击和拖动操作重新排列任务栏上的图标。

Windows 7 任务栏还增加了 Aero Peek 新的窗口预览功能，可预览已打开文件或者程序的缩略图，单击任意一个缩略图，即可打开相应的窗口，如图 1-2-13 所示。

（2）通知区域。

通知区域位于任务栏的右侧，除了系统时钟、音量、网络和操作中心等一组系统图标之外，还包括一些正在运行的程序图标或提供访问特定设置的途径。用户看到的图标取决于已安装的程序或服务，以及计算机制造商设置计算机的方式。将鼠标指针指向特定图标，会看到该图标的名称或某个设置的状态。有时，通知区域中的图标会显示小的弹出窗口（成为通知），向用户通知某些信息。同时，用户可以根据自己的需要设置通知区域的显示内容。

（3）"显示桌面"按钮。

在 Windows 7 任务栏的最右侧增加了"显示桌面"按钮，如图 1-2-14 所示，作用是快速地将所有已打开的窗口最小化，这样查找桌面文件就会变得很方便。在以前的系统中，它被放在快速启动栏中。

图 1-2-13　窗口预览

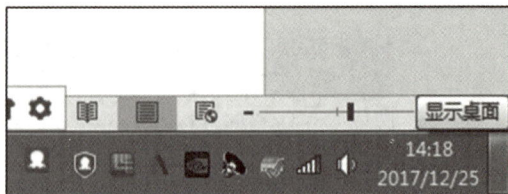

图 1-2-14　"显示桌面"按钮

鼠标指针指向"显示桌面"按钮，所有打开的窗口就会变成透明状态，显示桌面内容；移开鼠标指针，窗口则恢复原状，单击该按钮可将所有打开的窗口最小化。如果希望恢复显示这些已打开的窗口，也不必逐个从任务栏中单击，只要再次单击"显示桌面"按钮，所有已打开的窗口又会恢复为显示的状态。

虽然在 Windows 7 中取消了"快速启动"，但是"快速启动"功能仍在，用户可以把常用的程序添加到任务栏上，以方便使用。

三、Windows 7 的"开始"菜单

"开始"菜单是计算机程序、文件夹和设置的主通道，在"开始"菜单中几乎可以找到所有的应用程序，方便用户进行各种操作。Window 7 系统的"开始"菜单是由"固定程序"列表、"常用程序"列表、"所有程序"列表、"搜索"框、"启动"菜单和"关闭选项"按钮区等组成的。

四、Windows 7 的窗口

窗口是 Windows 7 环境中的基本对象，当用户打开程序、文件或者文件夹时，都会在窗口显示。

在 Windows 7 中，几乎所有的操作都是通过窗口来实现的。因此，了解窗口的基本知识和操作方法是非常重要的。

1. Windows 7 窗口的组成

在 Windows 7 中，虽然各个窗口的内容各不相同，但所有的窗口都有一些共同点。一方面，窗口始终显示在桌面上；另一方面，大多数窗口都具有相同的基本组成部分。双击桌面上的"计算机"图标，弹出"计算机"窗口。可以看到窗口一般由"标题栏""控制按钮区""搜索框""地址栏""菜单栏""导航窗格""状态栏""细节窗格"和"工作区"等部分组成，如图 1-2-15 所示。

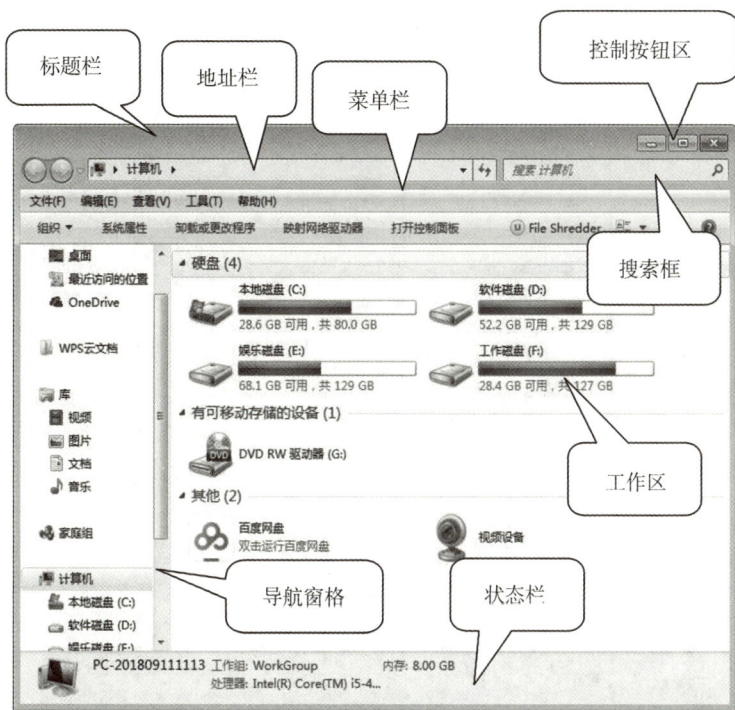

图 1-2-15　"计算机"窗口

（1）标题栏。

窗口上方的蓝条区域，标题栏左边有控制菜单图标和窗口中程序的名称。

（2）控制按钮区。

控制按钮区有 3 个窗口控制按钮，分别为"最小化"按钮、"最大化"按钮和"关闭"按钮。

（3）搜索框。

如图 1-2-16 所示，将要查找的目标名称输入"搜索"框中，然后按"Enter"键或者单击"搜索"按钮即可查找目标。窗口"搜索"框的功能和"开始"菜单中"搜索"框的功能相似，只不过在此处只能搜索当前窗口范围内的目标。可以添加搜索筛选器，以便更精确、更快捷地搜索到所需的内容。

（4）地址栏。

显示文件和文件夹所在的路径，通过它还可以访问互联网中的资源。

（5）菜单栏。

一般来说，可将菜单分为快捷菜单和下拉菜单两种。在窗口"菜单栏"中存放的就是下拉菜单，每一项都是命令的集合，用户可以通过选择其中的菜单项进行操作。例如，单击"查看"菜单，打开"查看"下拉菜单。

（6）导航窗格。

导航窗格位于工作区的左边区域，与以往的 Windows 系统版本不同的是，在 Windows 7 操作系统的导航窗格中一般包括"收藏夹""库""计算机"和"网络"4 个部分。单击每个选项前面的三角形按钮,可以打开相应的列表,选择该项既可以打开列表,还可以打开该项的内容,方便用户随时准确地查找相应的内容,如图 1-2-17 所示。

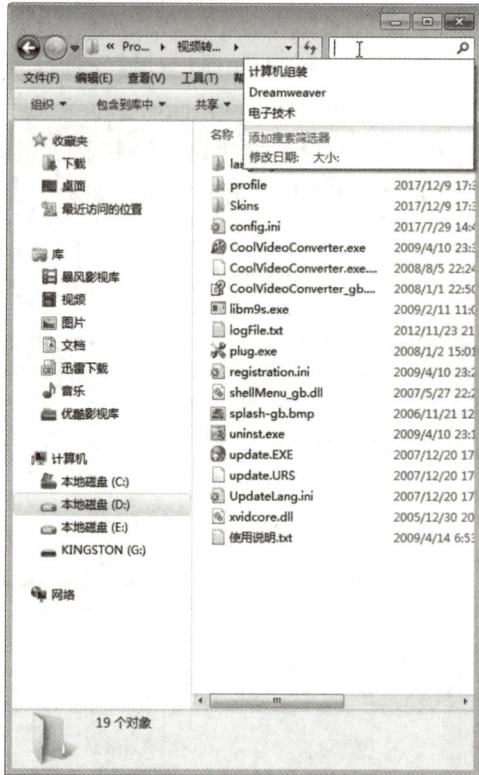

图 1-2-16 打开搜索框

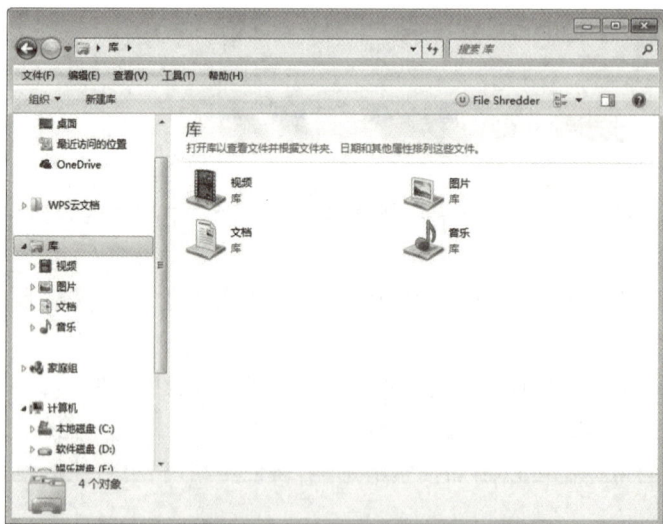

图 1-2-17 展开"库"列表

(7)状态栏。

状态栏位于窗口的最下方,显示当前窗口的相关信息和被选中对象的状态信息。

(8)细节窗格。

细节窗格位于窗口的下方,用来显示选中对象的详细信息。例如,要显示"本地磁盘(C:)"的详细信息,只需单击"本地磁盘(C:)",就会在窗口下方显示它的详细信息,如图 1-2-18 所示。

当用户不需要显示详细信息时,可以将细节窗格隐藏起来。单击"工具栏"上的"组织"按钮,从弹出的下拉列表中选择"布局"|"细节窗格"命令即可,如图 1-2-19 所示。

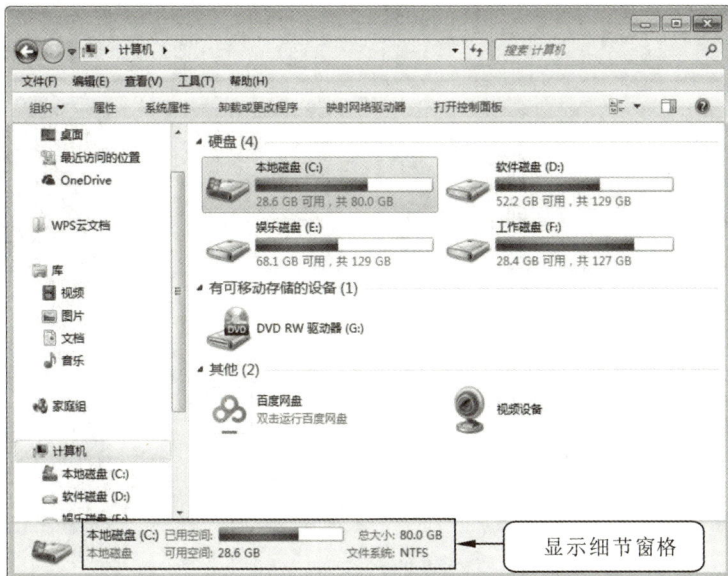

图 1-2-18　显示"细节窗格"

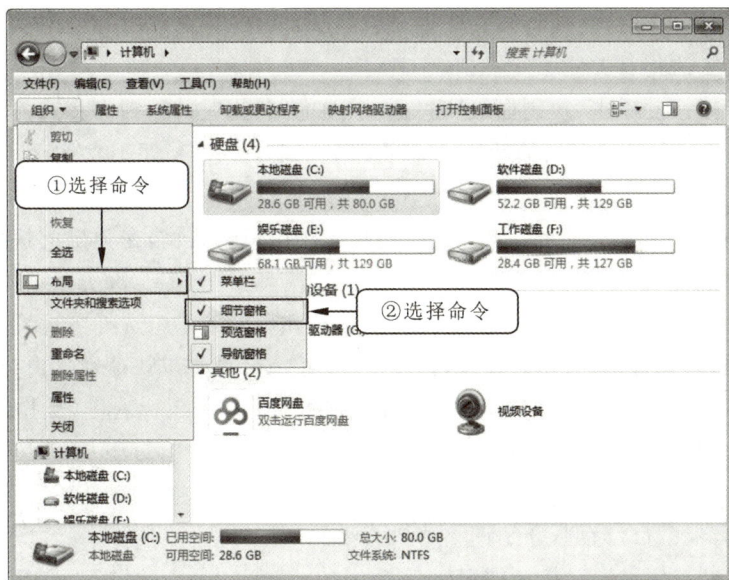

图 1-2-19　隐藏"细节窗格"

(9)工作区。

工作区位于窗口的右侧,是整个窗口中最大的矩形区域,用于显示窗口中的操作对象和操作结果。当窗口中显示的内容太多而无法在一个屏幕内显示出来时,单击窗口右侧/下侧垂直/水平滚动条两端的向上/右三角按钮和向下/左三角按钮,或者拖动滚动条,都可以使窗口中的内容垂直/水平滚动。

2.Windows 7 窗口的基本操作

(1)打开窗口。

这里以打开"控制面板"窗口为例,用户可以通过以下两种方法将其打开。

①利用桌面图标。双击桌面上的"控制面板"图标,或者在"控制面板"图标上单击鼠标右键,在弹出的快捷菜单中选择"打开"命令,都可以快速地打开该窗口,如图1-2-20所示。

②利用"开始"菜单。单击"开始"按钮，在弹出的"开始"菜单中选择"控制面板"命令即可，如图 1-3-21 所示。

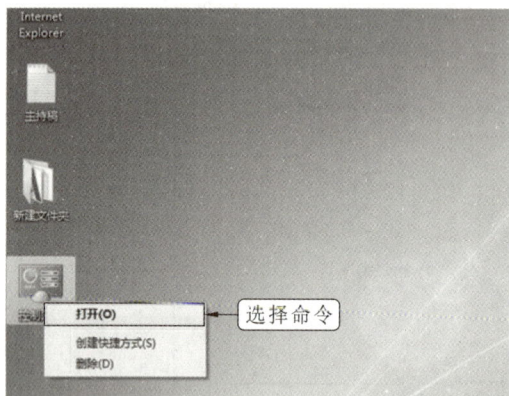

图 1-2-20　选择"打开"命令

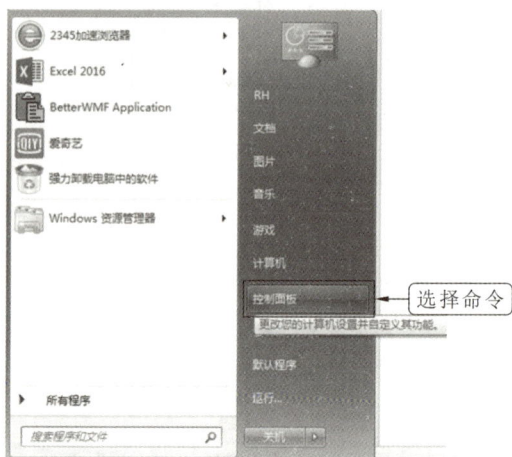

图 1-2-21　选择"控制面板"命令

（2）关闭窗口。

当某个窗口不再使用时，需要将其关闭以节省系统资源。下面以打开的"控制面板"窗口为例，用户可以通过多种方法将其关闭。

①利用"关闭"按钮。单击"控制面板"窗口右上角的"关闭"按钮，即可将其关闭。

②利用"文件"菜单。在"控制面板"窗口的菜单栏上选择"文件"|"关闭"菜单项，即可将其关闭。

③利用快捷菜单。在"控制面板"窗口的标题栏上单击鼠标右键，在弹出的快捷菜单中选择"关闭"菜单项，即可将其关闭。

④利用标题栏菜单。单击窗口标题栏的最左侧，从弹出的菜单中选择"关闭"菜单项即可。

⑤利用组合键选择当前要关闭的窗口，按"Alt＋F4"组合键可以快速地将窗口关闭。

⑥利用 Jump List 列表。在任务栏的"控制面板"图标上单击鼠标右键，从弹出的 Jump List 列表中选择"关闭窗口"选项，即可将窗口关闭。

（3）调整窗口大小。

这里以"控制面板"窗口为例，介绍调整窗口大小的 3 种方法。

①利用窗口控制按钮。窗口控制按钮包括"最小化"按钮、"最大化"按钮和"还原"按钮。

单击"最小化"按钮，即可将"控制面板"窗口最小化到任务栏上的程序按钮区中；单击任务栏上的程序按钮，即可恢复到原始大小。

单击"最大化"按钮，即可将"控制面板"窗口放大到整个屏幕，显示所有的窗口内容。此时"最大化"按钮会变成"还原"按钮，单击该按钮可以将"控制面板"窗口恢复到原始大小。

②利用标题栏调整。当打开"控制面板"窗口时，如果窗口默认不是最大化打开，只需在窗口标题栏上的任意位置双击鼠标，即可使窗口最大化，再次双击鼠标可以还原为原始的大小。

③手动调整。当窗口处于非最大化和最小化状态时，用户可以通过手动拖动的方式改变窗口的大小。

（4）移动窗口。

有时候桌面上会同时打开多个窗口，这样就会出现某个窗口被其他窗口挡住的情况，对此用户可以将需要的窗口移动到合适的位置。

将鼠标指针移动到其中一个窗口的标题栏上，此时鼠标指针变成"箭头"形状，如图 1-2-22 所示。按住鼠标左键不放，将其拖动到合适的位置后释放即可。

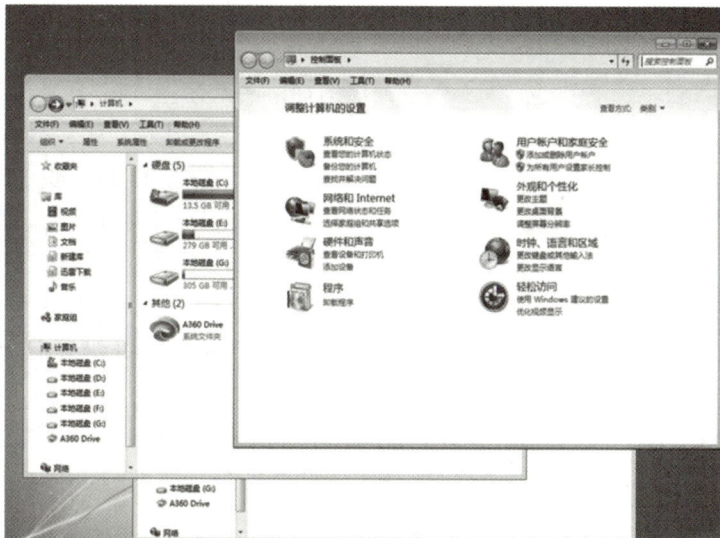

图 1-2-22　移动窗口

（5）排列窗口。

当桌面上打开的窗口过多时,就会显得杂乱无章,这时用户可以通过设置窗口的显示形式对窗口进行排列。

在任务栏的空白处单击鼠标右键,弹出的快捷菜单中包含了显示窗口的 3 种形式,即"层叠窗口""堆叠显示窗口"和"并排显示窗口",用户可以根据需要选择一种窗口的排列方式对桌面上的窗口进行排列,如图 1-2-23 所示。

（6）切换窗口。

在 Windows 7 系统环境下可以同时打开多个窗口,但是当前活动窗口只能有一个。因此,用户在操作的过程中非常需要在不同的窗口间切换。切换窗口的方法有以下几种。

①利用"Alt＋Tab"组合键。若想在多个程序中快速地切换到需要的窗口,可以通过按"Alt＋Tab"组合键来实现。在 Windows 7 中利用该方法切换窗口时,会在桌面中间显示预览小窗口,桌面也会即时切换显示窗口,如图 1-2-24 所示。

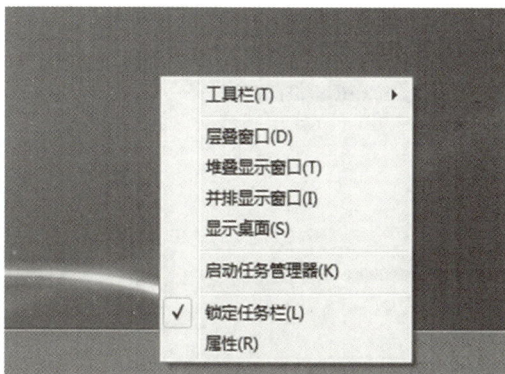

图 1-2-23　显示窗口排列方式

图 1-2-24　显示切换窗口

②利用"Alt＋Esc"组合键。用户也可以通过按"Alt＋Esc"组合键在窗口之间切换,而不会出现窗口图标方块。

③利用"Ctrl"键。如果用户想打开同类程序中的某一个程序窗口,如打开"任务栏"中多个Word 文档程序中的某一个,在按住"Ctrl"键的同时单击 Word 程序图标按钮,这样就会弹出不同的Word 程序窗口,直到找到想要的程序后停止单击即可。

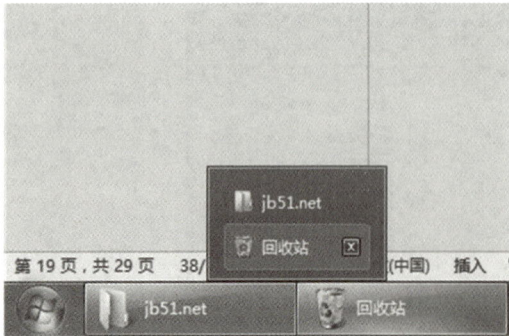

图 1-2-25　显示预览窗口

④利用程序按钮区。每运行一个程序,就会在"任务栏"上的程序按钮区中出现一个相应的程序图标。将鼠标停留在"任务栏"中某个程序图标按钮上,"任务栏"上方就会显示该程序打开的所有内容的小预览窗口。例如,将鼠标移动到"Internet Explore"浏览器上,就会在"任务栏"上方弹出打开的网页,然后将鼠标移动到需要的预览窗口上,就会在桌面上显示该内容的界面状态,单击该预览窗口即可快速打开该内容窗口,如图 1-2-25 所示。

用户也可以按住"Alt"键,然后在"任务栏"中已运行的程序图标上单击,"任务栏"中该图标上方就会显示该类型程序打开的文件预览窗口。然后松开"Alt"键,按下"Tab"键,就会在该类型程序的几个文件窗口间切换,选定后按下"Enter"键即可。

五、Windows 7 的菜单和对话框

在 Windows 7 中,除了窗口之外,还有两个比较重要的组件,那就是菜单和对话框。

1. Windows 7 的菜单

(1)菜单的分类。

Windows 7 操作系统中的菜单可以分为两类,一是普通菜单,即下拉菜单;二是右键快捷菜单。

①普通菜单。为了使用户更加方便地使用菜单,Windows 7 将菜单统一放在窗口的菜单栏中。选择菜单栏中的某个菜单即可弹出普通菜单,如图 1-2-26 所示。

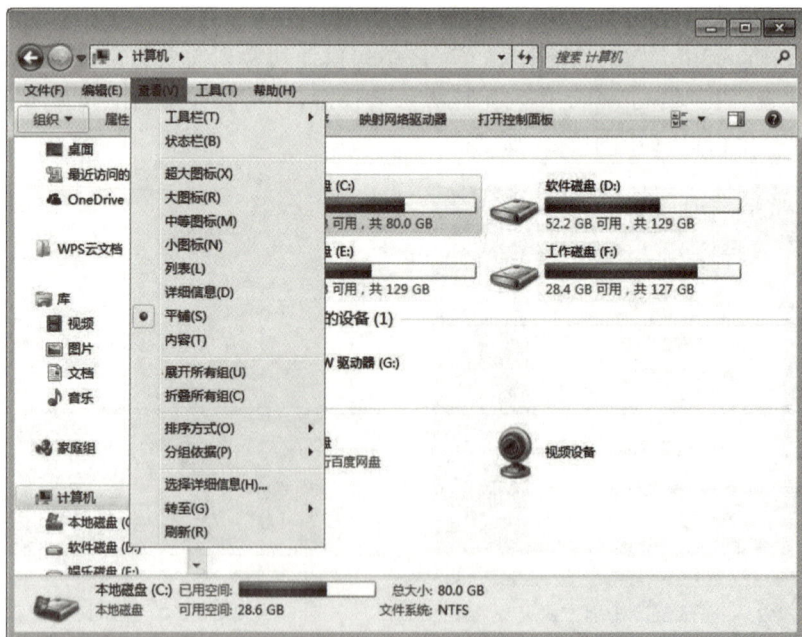

图 1-2-26　弹出普通菜单

②右键快捷菜单。在 Windows 7 操作系统中还有一种菜单被称为快捷菜单,用户只要在文件或文件夹、桌面空白处、窗口空白处、任务栏空白处等区域单击鼠标右键,即可弹出一个快捷菜单,其中包含选中对象的一些操作命令,如图 1-2-27 所示。

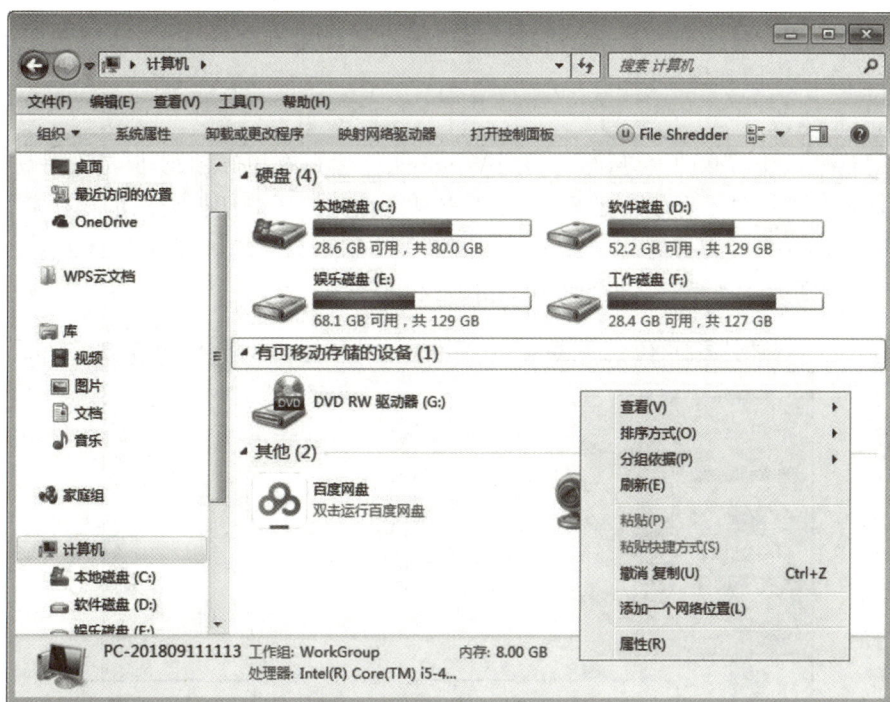

图 1-2-27　弹出快捷菜单

（2）菜单的使用。

Windows 7 操作系统的菜单中包含了很多命令，用户可以通过这些命令来完成各种操作。

这里以"回收站"为例，介绍右键快捷菜单的使用。

在桌面上的"回收站"图标上单击鼠标右键，即可弹出快捷菜单，如图 1-2-28 所示。

可以看到在菜单中列出了相关的菜单项，用户可以根据需要选择其中的某项进行操作，如选择"创建快捷方式"菜单项，即可在桌面上创建一个"回收站"的快捷方式图标，如图 1-2-29 所示。

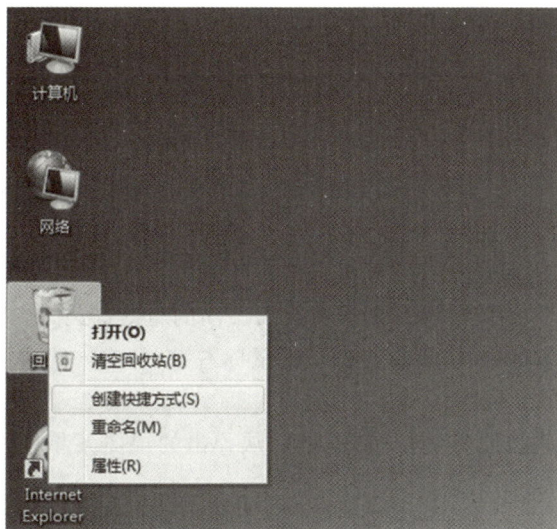

图 1-2-28　"回收站"快捷菜单

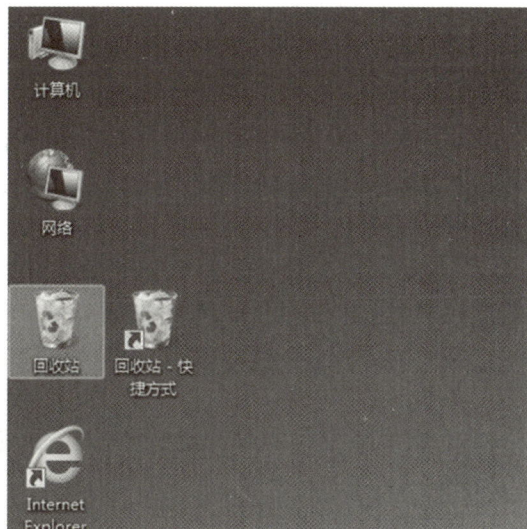

图 1-2-29　新建"回收站"快捷方式

2．Windows 7 的对话框

可以将对话框看作是一种人机交流的媒介，当用户对对象进行操作时，会自动弹出一个对话框，以给出进一步的说明和操作提示。

（1）对话框的组成。

可以将对话框看作特殊的窗口，与普通的 Windows 7 窗口有相似之处，但是比一般窗口更加简洁直观。对话框的大小是不可以改变的，并且用户只有在完成了对话框要求的操作后才能进行下一步的操作。以图片另存为为例，在"另存为"对话框中，用户只有输入要保存的文件名后，才能单击"保存"按钮，否则无法进行下一步的操作，如图 1-2-30 所示。

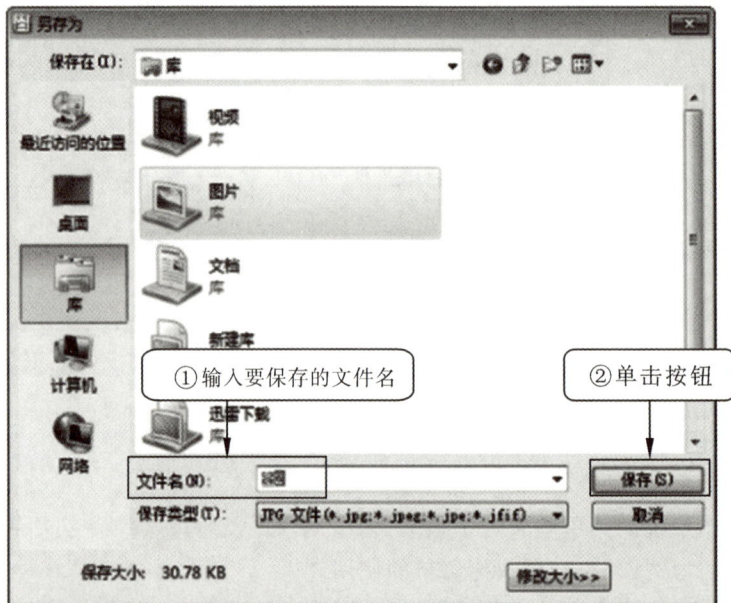

图 1-2-30　单击"保存"按钮

尽管 Windows 7 对话框的形态与其他操作系统有些不同，但是所包括的元素是相似的，一般来说，对话框都是由标题栏、选项卡、组合框、文本框、列表框、下拉列表文本框、微调框、命令按钮、单选框和复选框等部分组成的。

（2）对话框的操作。

对话框的基本操作包括对话框的移动和关闭，以及对话框中各选项卡之间的切换。

①移动对话框。移动对话框的方法有 3 种，分别是手动、利用右键快捷菜单和利用"控制"图标菜单。

②关闭对话框。和关闭窗口相似，关闭对话框可以通过以下 4 种方式来实现。

a．利用"关闭"按钮。单击对话框标题栏右侧的"关闭"按钮，即可将需要关闭的对话框关闭。

b．利用鼠标右键快捷菜单。将鼠标指针移动到对话框标题栏上，单击鼠标右键，从弹出的快捷菜单中选择"关闭"菜单项即可。

c．利用"控制"图标菜单。单击对话框标题栏左侧的"控制"图标，然后从弹出的快捷菜单中选择"关闭"命令，即可关闭对话框。

d．利用组合键。按"Alt＋F4"组合键可以快速地将对话框关闭。

③切换选项卡。通常情况下，一个对话框由几个选项卡组成，用户可以通过鼠标和键盘进行各选项卡之间的切换。

a．利用鼠标切换。通过鼠标来进行切换很简单，只需要用鼠标直接单击要切换的选项卡即可。

b.利用键盘切换。用户可以按"Ctrl＋Tab"组合键从左到右切换各个选项卡,按"Ctrl＋Shift＋Tab"组合键可以反方向切换。

六、检查与交流分享

1.认真检查

检查操作步骤与规范,确保完成以下操作。

(1)正确打开并了解各类型窗口。

(2)熟练使用 Windows 7 菜单和对话框。

2.交流分享

掌握 Windows 7 系统的各项基本功能,观看其他同学对 Windows 7 窗口的各项操作;认真倾听其他同学的意见和建议,汲取他人的意见,完善自己的操作。

在进行交流分享前思考并讨论:Windows 7 系统有哪些特点?

知识链接

一、设置 Windows 7 个性化桌面

桌面主题是指桌面背景、声音、图标以及其他元素组合而成的集合。可以设置个性化桌面,并对操作系统环境进行定制。

(1)在桌面空白处单击鼠标右键,在弹出的快捷菜单中选择"个性化"菜单项,弹出"个性化"窗口,在"Aero 主题"菜单中,选择"中国"选项,如图 1-2-31 所示。

(2)将主题设置为"中国"桌面主题,如图 1-2-32 所示。

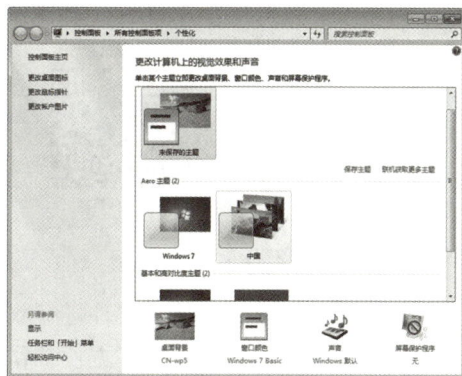

图 1-2-31　选择桌面主题

图 1-2-32　"中国"桌面主题

二、设置鼠标

鼠标的设置在控制面板中的"鼠标 属性"对话框中进行。在"控制面板"中,单击"鼠标"图标,打开"鼠标 属性"对话框,如图 1-2-33 所示。

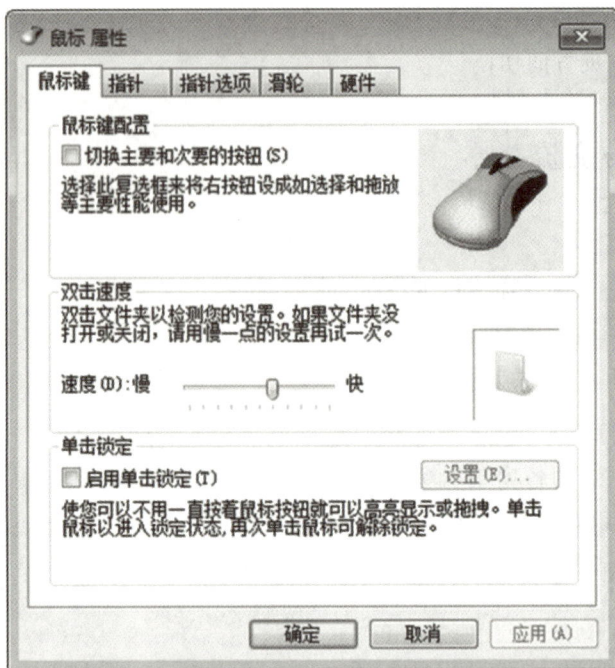

图 1-2-33 "鼠标 属性"对话框

在"鼠标 属性"对话框中有"切换主要和次要的按钮"复选框,选中后会将右按钮设置为选择和拖放等主要性能使用。双击速度不能选取"过快",一般选取中间为好。

自主实践活动

了解在 Windows 7 中使用多种方式打开"控制面板"窗口的操作,熟悉 Windows 7 的桌面、窗口以及文件夹的使用方法。

活动三 文件管理

★ 微课

文件管理

活动要求

小王所在的工作组成员需要将某公司近七年来的视频文件、财务表格、办公文档等文件进行收集与整理,将各个文件保存在不同目录下,然后将关于公司的文件保存在数据库中。为了方便工作组成员的协同工作,还要建立一个共享网盘,方便在不同时间、地点讨论工作。下面以某公司(科信集团)数据为例进行讲解。

活动分析

一、思考与讨论

(1)管理文件夹时,如何建立合理的文件夹名称? 如何隐藏与显示文件夹?

(2)管理文件夹中的文件时,如何搜索、移动与复制文件?

(3)运用库功能时,如何建立库?怎样将库与文件夹(含文件)相互关联?

(4)如何申请百度网盘?怎样协同工作?

二、总体思路

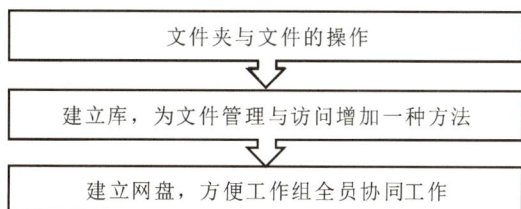

方法与步骤

一、文件夹与文件的操作

1.新建文件夹

(1)双击桌面上的"计算机"图标,打开"计算机"窗口,双击"娱乐磁盘(E:)"盘符,进入 E 盘窗口,右键单击窗口空白处,打开快捷菜单,选择"新建"|"文件夹"命令,如图 1-3-1 所示。

(2)新建一个文件夹,然后进入文件夹名称输入状态,输入文件夹名称,如图 1-3-2 所示。

图 1-3-1　新建文件夹

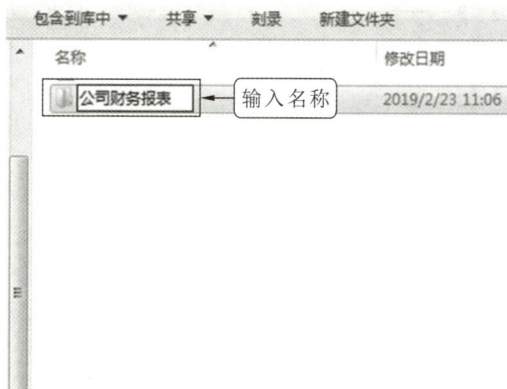

图 1-3-2　输入文件夹名称

2.移动文件与文件夹

(1)选择要移动的文件夹,单击工具栏中的"组织"下拉按钮,展开列表,选择"剪切"命令,如图 1-3-3 所示。

(2)打开目标磁盘或目录窗口,在"组织"列表框中选择"粘贴"命令,如图 1-3-4 所示,开始移动所选文件夹,如果文件夹较大,则会弹出"复制"对话框显示文件的复制进度。

提醒:选中要移动的对象,按"Ctrl+X"组合键进行剪切,选择目标位置后按"Ctrl+V"组合键进行粘贴,也可以将选中的文件或文件夹移动到目标位置处。

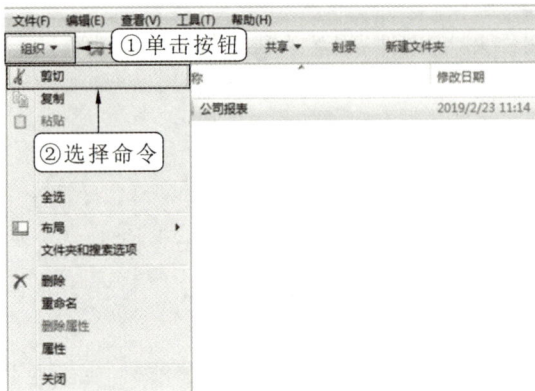

图 1-3-3　剪切文件夹

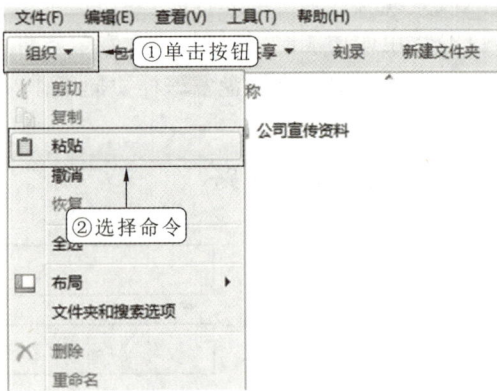

图 1-3-4　移动文件夹

3.复制文件与文件夹

(1)选择要复制的文件夹,单击工具栏中的"组织"下拉按钮,展开列表,选择"复制"命令,如图 1-3-5 所示。

(2)打开目标磁盘或目录窗口,在"组织"列表框中选择"粘贴"命令,即可粘贴文件夹,如图 1-3-6 所示。

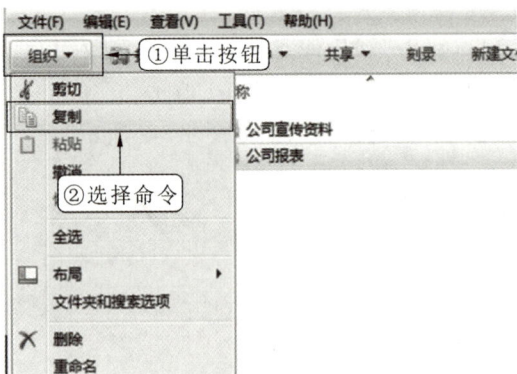

图 1-3-5　复制文件夹

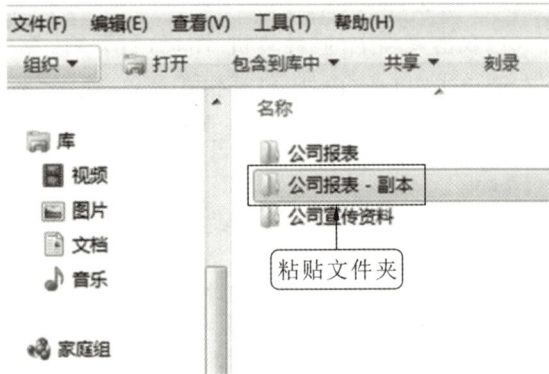

图 1-3-6　粘贴文件夹

提醒:复制与移动是管理文件过程中经常需要进行的操作。复制用于创建文件或文件夹的副本,多用于拷贝与备份文件;而移动则是将文件或文件夹从指定位置移动到其他位置,多用于转移文件。

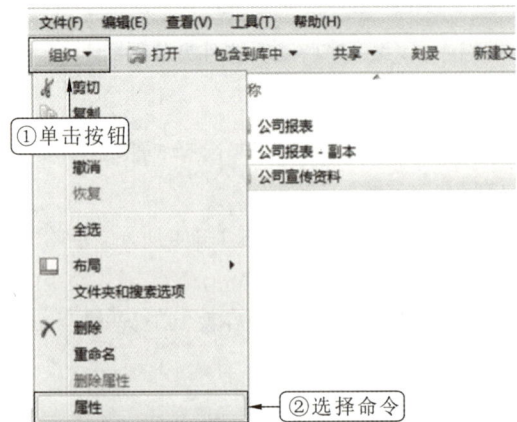

图 1-3-7　选择"属性"命令

4.隐藏文件和文件夹

(1)选择要进行隐藏的文件夹,单击工具栏中的"组织"下拉按钮,展开列表,选择"属性"命令,如图 1-3-7 所示。

(2)打开"公司宣传资料 属性"对话框,勾选"隐藏"复选框,单击"确定"按钮,如图 1-3-8 所示,即可隐藏文件夹。

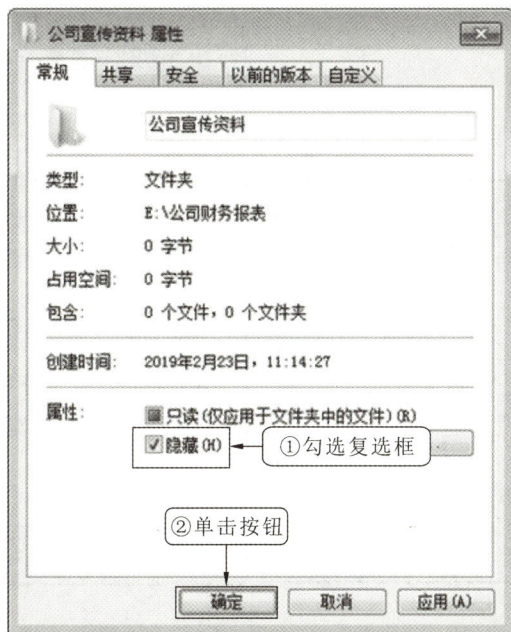

图 1-3-8 勾选"隐藏"复选框

二、善用库管理文件

1.创建"科信集团公司"库

(1)双击桌面上的"计算机"图标,打开"计算机"窗口,在左侧任务窗格中,单击"库"选项,进入"库"窗口,单击"新建库"按钮,如图 1-3-9 所示。

(2)在库名称输入框内输入"科信集团公司",按"Enter"键确定,如图 1-3-10 所示。

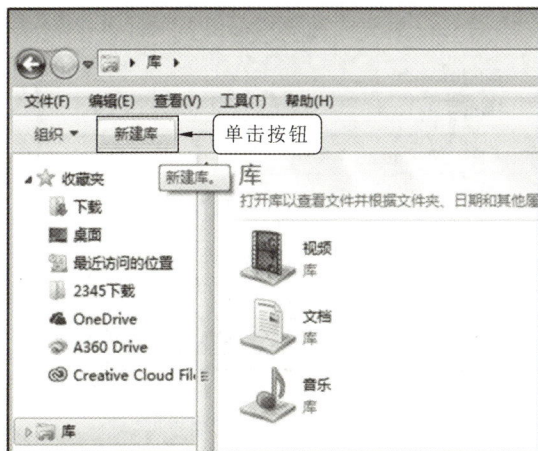

图 1-3-9 "库"窗口

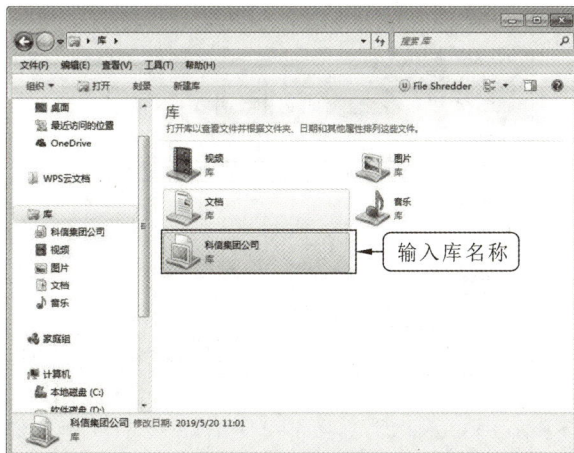

图 1-3-10 新建库

2.将相关文件夹包含到"科信集团公司"库中

(1)在 G 盘根目录下,右击"战略发展规划"文件夹,在弹出的快捷菜单中选择"包含到库中"命令,如图 1-3-11 所示。

(2)在"库"窗口中,右击"科信集团公司"库,在弹出的快捷菜单中,单击"属性"命令,出现"科信集团公司 属性"对话框,如图 1-3-12 所示。

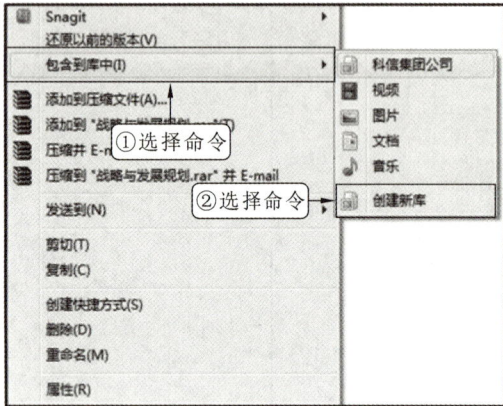

图 1-3-11　文件包含到库中

图 1-3-12　"科信集团公司 属性"对话框

（3）单击"包含文件夹"按钮,出现"将文件夹包括在'科信集团公司'中"对话框,选中 G 盘目录下的"联系群众"文件夹,单击"包括文件夹"按钮,如图 1-3-13 所示。

（4）返回"科信集团公司 属性"对话框,单击"应用"和"确定"按钮,如图 1-3-14 所示,完成文件夹包含。

图 1-3-13　"将文件夹包括在'科信集团公司'中"对话框

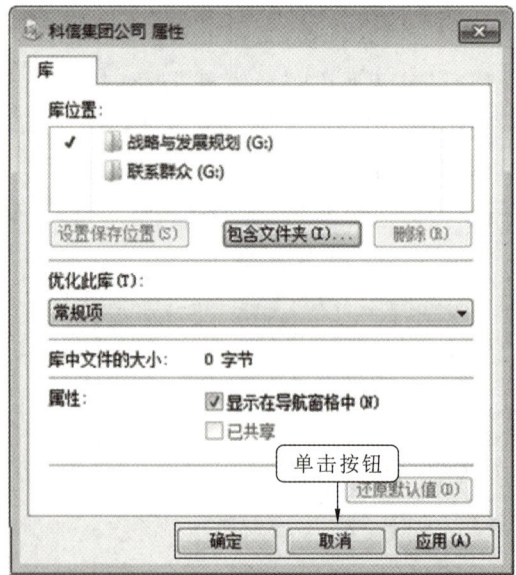

图 1-3-14　单击"应用"和"确定"按钮

（5）使用上述方法,将 D 盘的"公司宣传视频""三十周年庆"文件夹包含到"科信集团公司"库中,结果如图 1-3-15 所示。

提醒:将文件和文件夹添加到库,不是将文件和文件夹复制到库中,而是存放到库中一个访问路径,文件和文件夹在原来的存放位置不动。

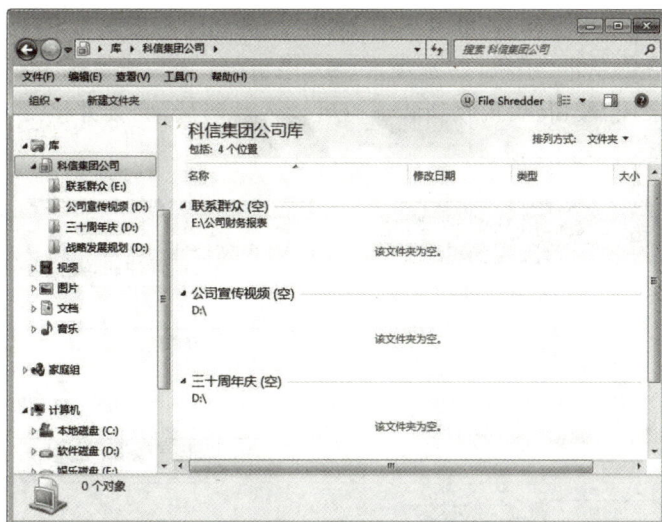

图 1-3-15　科信集团公司库

三、创建工作组网盘

1.网盘账号注册

(1)在浏览器中打开百度网盘主页,如图 1-3-16 所示。

(2)出现网页界面后,找到相应版本的"百度网盘"并单击下载,如图 1-3-17 所示。

图 1-3-16　百度网盘主页

图 1-3-17　下载"百度网盘"

(3)弹出"新建下载任务"对话框,单击"浏览"设置下载路径,单击"下载"按钮开始下载,如图 1-3-18 所示。

(4)下载完毕后,对应的路径会出现百度网盘的图标,即为百度网盘软件,然后双击该图标,将弹出"安装百度网盘"的界面,设置安装路径后,单击"极速安装"按钮,该软件开始安装,如图 1-3-19 所示。

图 1-3-18　"新建下载任务"对话框

图 1-3-19　安装界面

(5)安装结束后,出现"百度网盘"登录界面,单击"立即注册百度账号"按钮,如图 1-3-20 所示。

(6)出现注册页面后,单击"手机号"选项卡,在"手机号"文本框中输入手机号码,然后输入密码,单击"获取短信验证码"按钮,手机收到验证码后输入后勾选"阅读并接受"复选框,单击"注册"按钮,即可完成注册,如图 1-3-21 所示。

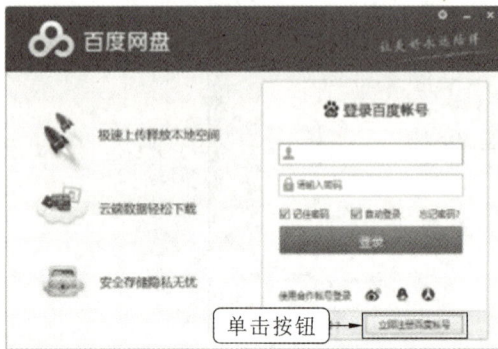

图 1-3-20　注册百度账号

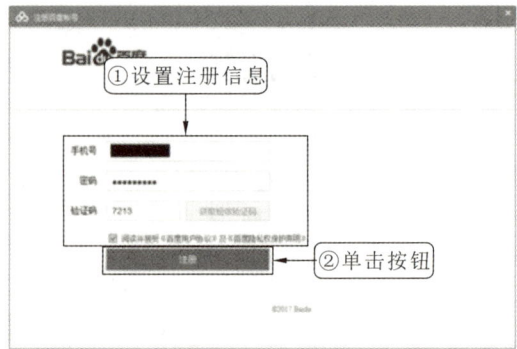

图 1-3-21　注册页面

2.网盘同步使用

网盘申请好后,告知工作组所有成员网盘登录的账号与密码,工作组成员可以在任何地方上网访问网盘空间。网盘通过设置也可以实现有针对性的文件分享。

(1)登录网盘后的界面,如图 1-3-22 所示,单击"分享"按钮。分享功能用于不同的账户间共享文件。

(2)A 账户为教师账户,账户名为"yrykiss",单击左侧的"群组"按钮,弹出"创建群组"界面,单击"创建群组"按钮,如图 1-3-23 所示。

图 1-3-22　单击"分享"按钮

图 1-3-23　创建群组

(3)创建群组后,教师 A 单击"添加成员"按钮,分别把 B、C、D、E 学生的账号添加进组,如图 1-3-24 所示。

(4)A 教师在群组内单击"分享文件"按钮,将需要学生操作的文件共享到群组中,B、C、D、E 学生可以同时查看到文件。

(5)以 B 学生为例,进入 A 教师的群组后,B 学生的账号内会出现 A 教师设置的协作文件内容。

图 1-3-24　创建群组

(6)学生 B 将自己的作业"实习作业 1"直接分享到群组里或单独分享给 A 教师;A 教师可登录自己的账号,在群组里查看 B 同学的分享文件,实现有针对性的工作协作。

四、检查与交流分享

1.认真检查

检查操作步骤与规范,确保完成以下操作。

(1)管理文件和文件夹。

(2)"库"式管理,包含相关文件夹。

(3)网盘的安装与协同设置。

2.交流分享

展示成果,观看其他同学的成果并评价;认真倾听其他同学的意见和建议,汲取他人的意见,完善操作。

在进行交流分享前思考并讨论以下问题。

(1)文件夹该怎么管理比较好?

(2)"库"式管理的机制是什么?

(3)在文件数据使用中,网盘协同与网络共享的区别?

知识链接

一、选择文件和文件夹

(1)选取单个文件或文件夹。在窗口中用鼠标单击某个文件或文件夹,即可选取该文件或文件夹,如图 1-3-25 所示。

(2)选取连续的文件或文件夹。在窗口中按下鼠标左键拖动鼠标,拖动范围中的文件或文件夹即可被全部选中;在目标窗口中单击选择第一个文件或文件夹,然后按住"Shift"键不放,单击最后一个文件或文件夹,也可以选择之间的所有对象,如图 1-3-26 所示。

图 1-3-25　选取单个文件或文件夹

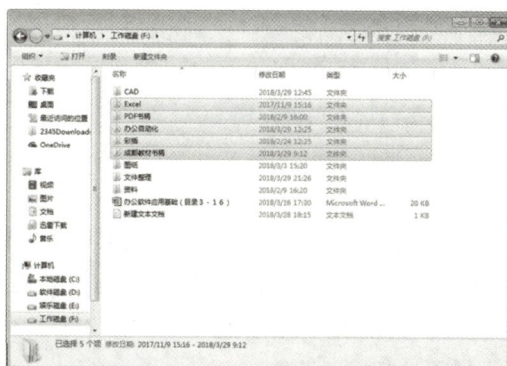

图 1-3-26　选取连续的文件或文件夹

(3)选取不连续的文件或文件夹。选中一个文件或文件夹后,按住"Ctrl"键不放,再单击其他文件,被单击的文件将被全部选中,如图 1-3-27 所示。

(4)选取全部文件和文件夹。单击工具栏中的"组织"按钮,在弹出的菜单中单击"全选"命令,如图 1-3-28 所示,可将当前窗口中的所有文件和文件夹全部选中。

图 1-3-27　选取不连续的文件或文件夹

图 1-3-28　全选文件和文件夹

二、删除文件和文件夹

为了节省磁盘空间,可以将一些没有用处的文件或文件夹删除。文件或文件夹的删除可以分为暂时删除(暂存到回收站里)和彻底删除(回收站不存储)两种。

1.暂时删除文件或文件夹

可以通过以下 4 种方法删除文件或文件夹,将其放置在回收站中。

(1)通过右键快捷菜单。

在需要删除的文件或文件夹上单击鼠标右键,在弹出的快捷菜单中选择"删除"命令,如图 1-3-29 所示。此时会弹出"删除文件"对话框,询问是否需要将文件放入回收站,如图 1-3-30 所示,单击"是"按钮,即可将选中的文件或文件夹放入回收站中。

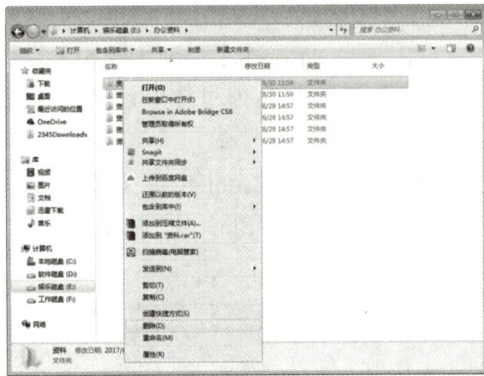

图 1-3-29　选择"删除"命令

图 1-3-30　"删除文件夹"对话框

(2)通过工具栏上的"组织"下拉按钮。

选中要删除的文件或文件夹,单击工具栏中的"组织"按钮,在弹出的下拉列表中选择"删除"命令,此时会弹出"删除文件"对话框,询问是否需要将文件放入回收站,单击"是"按钮,即可将选中的文件或文件夹放入回收站中。

(3)通过"Delete"键。

选中要删除的文件或文件夹,然后按"Delete"键,此时会弹出"删除文件"对话框,询问是否需要将文件或文件夹放入回收站,单击"是"按钮,即可将选中的文件或文件夹放入回收站中。

(4)通过鼠标拖动。

选中需要删除的文件或文件夹,按住鼠标左键不放将其拖动到桌面上的"回收站"图标上,然后释放鼠标左键即可。

2.彻底删除文件或文件夹

一旦文件或文件夹被彻底删除,就不能再恢复了,此时在回收站中将不再存放。可以通过以下4种方法彻底删除文件或文件夹。

(1)"Shift"键+右键菜单。

选中要删除的文件或文件夹,按住"Shift"键的同时在该文件或文件夹上单击鼠标右键,从弹出的快捷菜单中选择"删除"命令,此时会弹出"删除文件夹"对话框,提示是否永久删除此文件夹,单击"是"按钮,即可将选中的文件或文件夹彻底删除。

(2)"Shift"键+"组织"下拉列表。

选中要删除的文件或文件夹,按住"Shift"键的同时单击工具栏上的"组织"按钮,在弹出的下拉列表中选择"删除"命令,此时会弹出"删除文件夹"对话框,提示是否永久删除此文件夹,单击"是"按钮,即可将选中的文件或文件夹彻底删除。

(3)"Shift+Delete"组合键。

选中要删除的文件或文件夹,按住"Shift+Delete"组合键,在弹出的对话框中单击"是"按钮即可。

(4)"Shift"键+鼠标拖动。

选中要删除的文件或文件夹,按住"Shift"键的同时,按住鼠标左键将要删除的文件或文件夹拖动到"回收站"图标上,然后释放鼠标左键即可。

三、Windows 7 的库功能

库是 Windows 7 操作系统推出的一个有效文件管理模式。库是一个特殊的文件夹,可以向其中添加硬盘上任意的文件夹。但是这些文件夹及其中的文件实际还是保存在原来的位置,并没有移动到库中,只是在库中登记了它的信息和索引,添加一个指向目标的快捷方式。这样就可以在不改动文件存放位置的情况下集中管理,提高工作效率。

打开 Windows 7 资源管理器,就可以看到库,默认的库有 4 个,分别是"视频""图片""文档"和"音乐"。可以向其中导入各种文件和文件夹,也可以自建新库。

新建的库及导入的文件夹列表,所有的层级关系在左侧库列表中以树状显示,如图 1-3-31 所示。单击其中的节点可在右侧的文件列表中看到每个文件的信息,并双击打开。

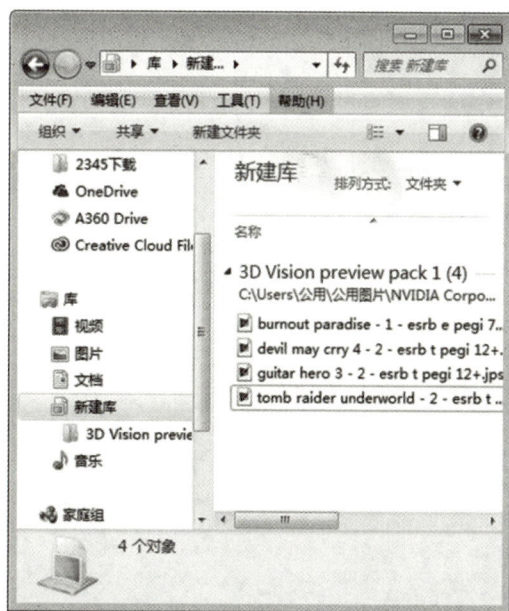

图 1-3-31　库列表的树状显示

自主实践活动

1.背景与任务

学校要举办艺术节,你作为艺术节领导小组的成员,负责管理艺术节期间的文件。

2.设计与制作要求

(1)建立"艺术节"库,包含艺术节期间的相关文件。

(2)构建学习小组网盘,小组成员协同工作。

归纳与小结

在日常工作、生活和学习中,时常要购买计算机整机或配件,要给计算机安装软件,为计算机添加新的辅助设备;有时还要负责管理数据和协同工作。其过程和方法如图 1-3-32 所示。

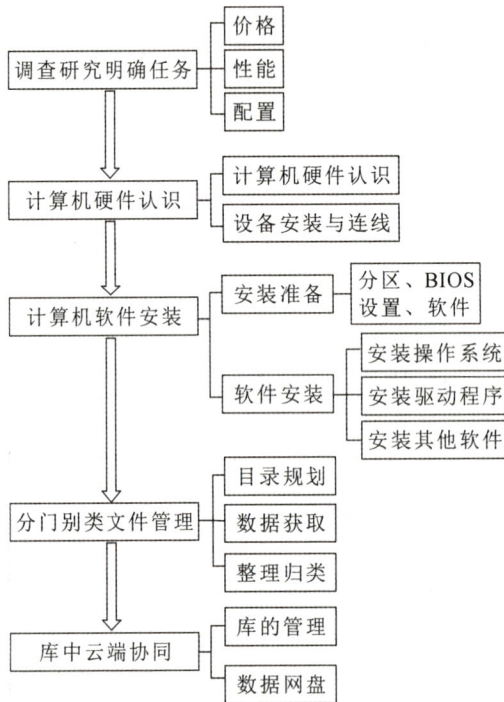

图 1-3-32　计算机使用

项目二
互联网及其应用——玩转网络

　　技术力量不断推动人类创造新的世界。互联网正在全球范围内掀起一场影响人类所有层面的深刻变革，人类正处在一个新的时代。

　　身处这个时代的我们应该掌握计算机上网和办公技能，如利用网络浏览器浏览网络新闻、检索网络资源以及收发电子邮件等，通过各种网络工具帮助我们的学习、生活和工作。

活动一　网页浏览器基本操作

★ 微课

网页浏览器
基本操作

📐 **活动要求**

　　在 Internet 中，用户单击鼠标漫无目的地在网上畅游，而且现在大多数传统媒介，如报刊、电台、购物中心都有了网络版，让用户足不出户就可以尽知天下事。浏览器是一个把互联网上找到的文本文档或者其他类型的文件翻译成网页的软件，通过网络浏览器软件浏览 Internet 上的信息。

📋 **活动分析**

✍ 一、思考与讨论

　　(1)浏览器是用来浏览和搜索各种资源、新闻的网络工具。请思考，一般进行网页浏览时，哪种浏览器最常用，具有什么特点？

(2)在计算机中需要安装浏览器后才可以浏览网页。请思考,在计算机中如何安装网页浏览器?

(3)在浏览网页时,需要将有用的信息资源进行收藏和保存。请思考,如何收藏网页?怎样管理收藏的网页?

(4)如何分类型保存网页中的相关资料?

二、总体思路

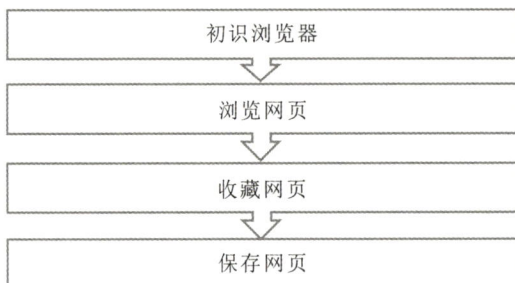

方法与步骤

一、初识浏览器

Internet Explorer 简称 IE 浏览器,是微软公司开发的 Web 浏览器,也是目前应用较广泛的浏览器。

1.什么是浏览器

浏览器是一个把互联网上找到的文本文档或者其他类型的文件翻译成网页的软件。用户通过网络浏览器软件可以浏览 Internet 上的信息。

浏览器除了微软公司自带的 IE 浏览器之外,用户还可以根据需要安装其他浏览器,如腾讯 QQ 浏览器、火狐浏览器、360 浏览器等,如图 2-1-1 所示为 IE 浏览器窗口。

图 2-1-1　IE 浏览器窗口

2.IE 浏览器的特点

使用 Internet Explorer,能够让用户从 Internet 中轻松获得丰富的信息,如自动完成网页地址和表单,以及自动检测网络和连接状态。IE 浏览器的特点和功能有以下 3 点。

(1)浏览网页的捷径。

用户可以在地址栏中输入常用的地址来访问相应的网页信息,如果网页地址有误,Internet Explorer 会自动搜索类似的地址找出匹配的地址。

单击工具栏上的"搜索"按钮,可以进入搜索网站,用户可以在搜索文本框中输入搜索内容的关键字,如图 2-1-2 所示为搜索列表框。

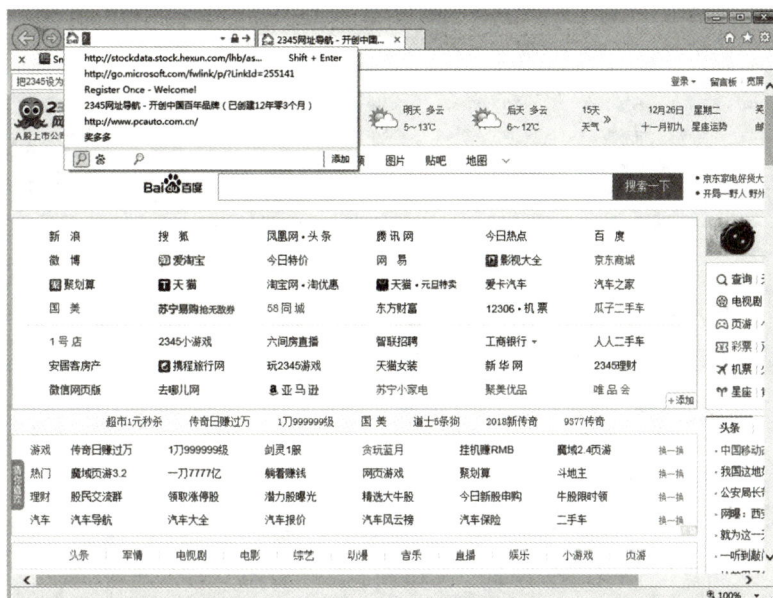

图 2-1-2　搜索列表框

(2)保护浏览网页时的安全和隐私。

使用 Internet Explorer 中的安全和隐私功能,可以保护计算机和个人识别信息更安全。使用安全区域可以为不同的网页区域设置不同的安全级,有助于保护计算机。

(3)使用不同的语言显示网页。

如果浏览 Web 时进入用其他语言编写的站点,Internet Explorer 可以使用正确查看这些站点所需要的字符更新计算机。

3.启动 IE 浏览器

Internet Explorer 是 Windows 系统自带的浏览器。其出色的功能深受广大用户的喜爱。

(1)单击"开始"按钮,在弹出的"开始"菜单中,选择"Internet"命令,如图 2-1-3 所示。

(2)执行操作后,即可启动 IE 浏览器,如图 2-1-4 所示。

4.关闭 IE 浏览器

当用户浏览完 IE 浏览器后,可以根据需要将其关闭。

图 2-1-3　选择"Internet"命令

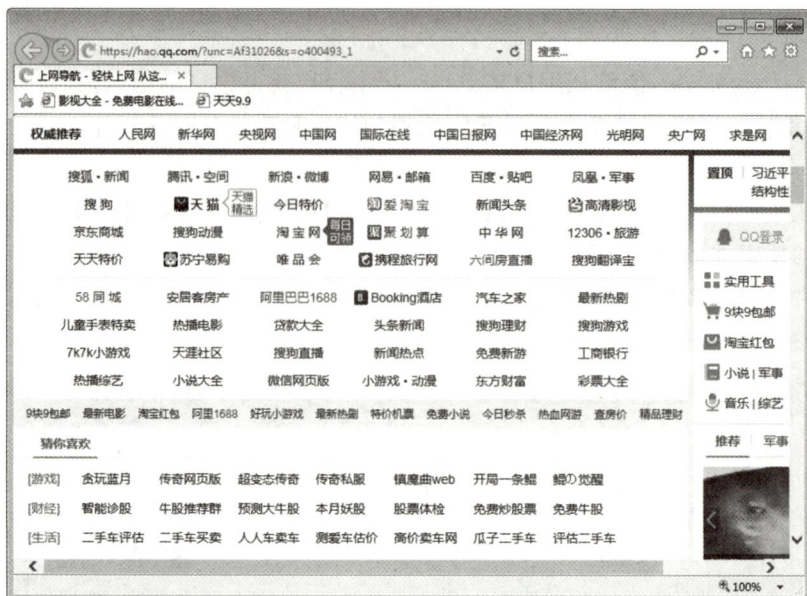

图 2-1-4　启动 IE 浏览器

在打开的 IE 浏览器网页中,单击"关闭"按钮，或者右键单击标题栏,打开快捷菜单,选择"关闭"命令,如图 2-1-5 所示,即可关闭 IE 浏览器。

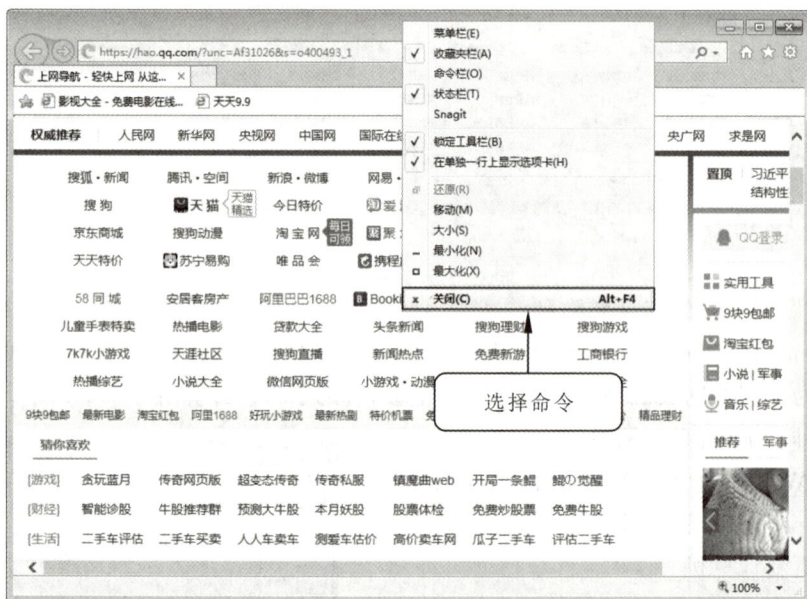

图 2-1-5　选择"关闭"命令

提醒:用户还可以按"Alt＋F4"组合键关闭 IE 浏览器。

二、浏览网页

任何一个 Web 站点均由若干网页组成,每一个网页都有 Web 地址。在启动 IE 浏览器后,用户可以浏览网页中的新闻、图片等信息。

1.使用地址栏浏览网页

用户在访问一个网页时,需要在地址栏的文本框中输入该网站的地址,然后确认,就可以浏览网页中的信息了。

（1）启动 IE 浏览器，在浏览器界面的地址栏中，输入网址 www.tom.com，如图 2-1-6 所示。

（2）单击"访问"按钮，进入相应的页面，即可使用地址栏浏览网页，如图 2-1-7 所示。

图 2-1-6　输入网址

图 2-1-7　使用地址栏浏览网页

提醒：在 Internet 上，每一个网页界面的主要元素都是一样的。用户在输入网址后，按"Enter"键确认，一样可以使用地址栏浏览网页。

2．多窗口同时浏览

当用户在浏览网页的时候，同时浏览多个网页，可以提供更多的方便。

（1）启动 IE 浏览器，进入需要浏览的网页，如图 2-1-8 所示。

（2）选择喜欢的超链接，单击鼠标右键，在弹出的快捷菜单中，选择"在新窗口中打开"选项，如图 2-1-9 所示。

图 2-1-8　IE 浏览器窗口

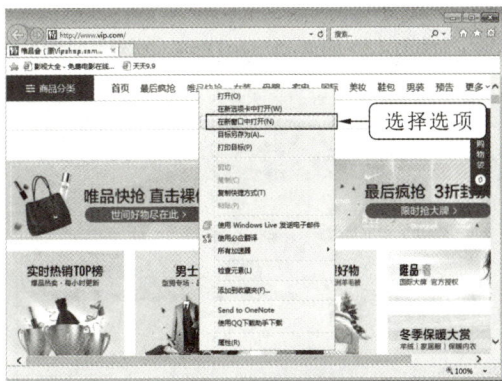

图 2-1-9　选择"在新窗口中打开"选项

（3）执行操作后，IE 会在一个新的窗口中打开刚才选中的超链接，这样就可以同时浏览两个网页中的内容，如图 2-1-10 所示。

3．全屏浏览

当用户在窗口中浏览网页的时候，有时候会由于窗口太小影响浏览，用户可以根据需要，全屏幕浏览网页。

（1）启动 IE 浏览器，在浏览器窗口中，单击"设置"按钮，展开列表，选择"文件"|"全屏"命令，如图 2-1-11 所示。

（2）全屏浏览网页的效果如图 2-1-12 所示。

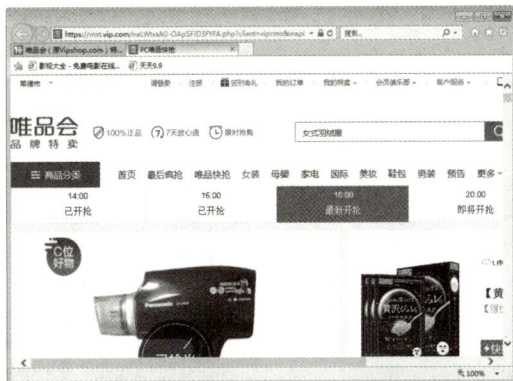

图 2-1-10　多窗口同时浏览

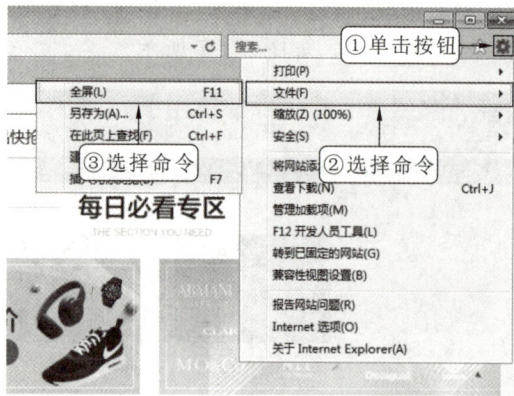

图 2-1-11　选择"全屏"命令

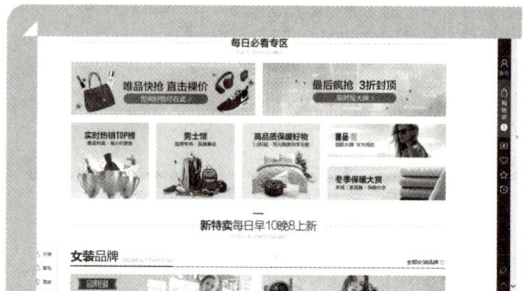

图 2-1-12　全屏浏览网页

三、收藏网页

将网页地址添加到收藏夹中,可以使开启网页的操作更加简单。方便用户快速地选择需要浏览的网页,免去了用户输入地址的麻烦,也不用用户记住复杂的网站域名。

1.收藏喜欢的网页

在浏览网页的过程中,用户可以将自己喜欢的网页用收藏夹保存起来,方便以后浏览。

(1)启动 IE 浏览器,进入相应的网页,单击"收藏"按钮,弹出列表,单击"添加到收藏夹"按钮,如图 2-1-13 所示。

(2)弹出"添加收藏"对话框,保持默认选项,单击"添加"按钮,如图 2-1-14 所示。

图 2-1-13　单击"添加到收藏夹"按钮

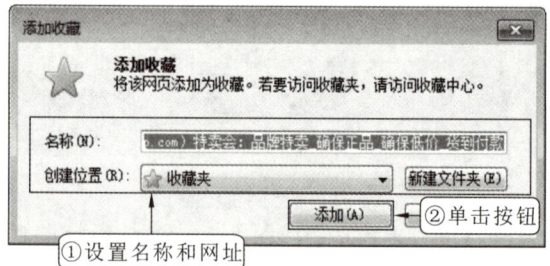

图 2-1-14　单击"添加"按钮

(3)收藏喜欢的网页到收藏夹中,如图 2-1-15 所示。

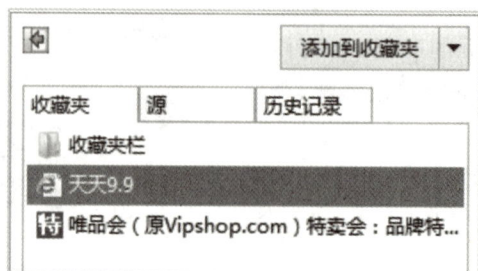

图 2-1-15　收藏网页

提醒：在 IE 浏览器中，单击"收藏夹"按钮，在弹出的列表框中，单击"添加"按钮，一样可以弹出"添加到收藏夹"对话框。

2.打开收藏的网页

在 IE 浏览器中，用户根据需要打开收藏的网页。

(1)启动 IE 浏览器，在窗口中，单击"收藏夹"按钮，弹出相应的列表，如图 2-1-16 所示。

(2)在弹出的列表中，单击相应的收藏网页超链接，即可打开收藏的网页，如图 2-1-17 所示。

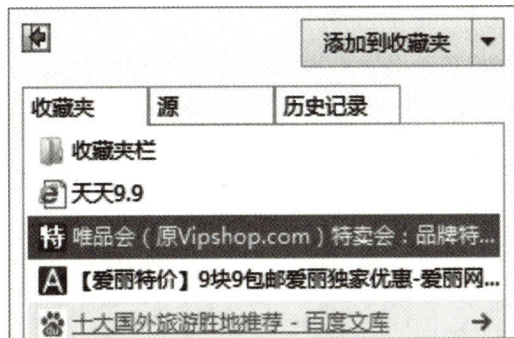

图 2-1-16　"收藏夹"列表

图 2-1-17　打开收藏的网页

3.删除收藏的网页

当收藏夹中所添加的网页越来越多时，用户可以根据需要删除一些收藏的网页，节省磁盘空间。

(1)启动 IE 浏览器，单击"收藏夹"按钮，弹出相应的列表，选择需要删除的网页，如图 2-1-18 所示。

(2)单击鼠标右键，在弹出的快捷菜单中选择"删除"命令，即可删除收藏的网页，如图 2-1-19 所示。

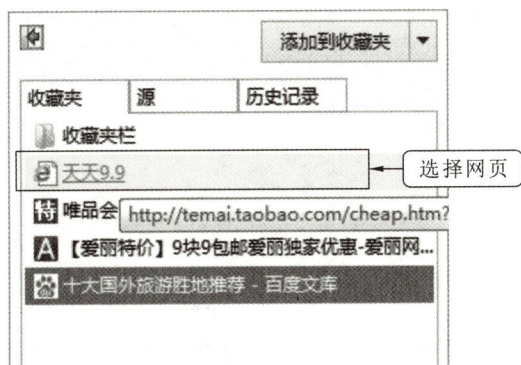

图 2-1-18　选择需要删除的网页

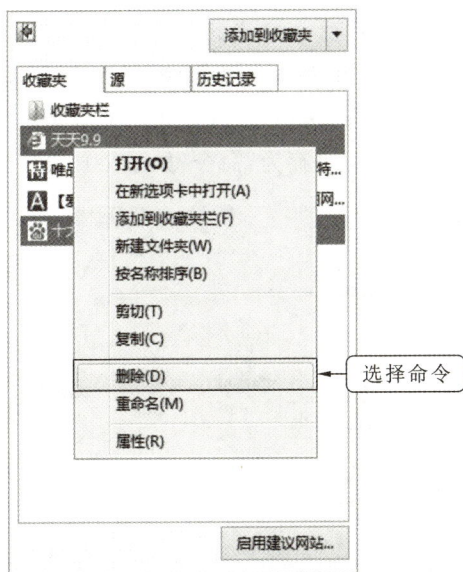

图 2-1-19　删除收藏的网页

四、保存网页

在浏览网页时,常常会遇到有用的网页和图片等,用户可以将这些网页和图片保存在本地磁盘中以供查阅、使用。

1.保存整个网页

(1)启动 IE 浏览器,进入相应的网页,单击"设置"按钮,展开列表框,选择"文件"|"另存为"命令,如图 2-1-20 所示。

(2)弹出"保存网页"对话框,设置网页保存路径、文件名,单击"保存"按钮,如图 2-1-21 所示。

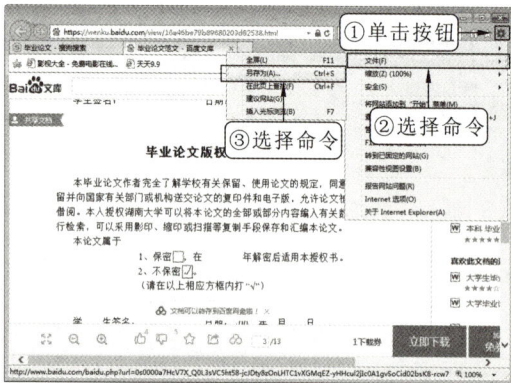

图 2-1-20　选择"另存为"命令

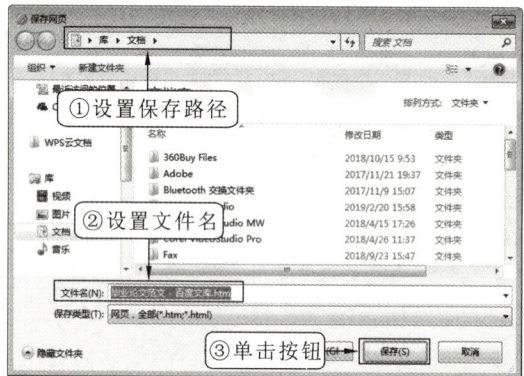

图 2-1-21　"保存网页"对话框

(3)弹出信息提示框,显示保存进度,保存完成后,即可保存整个网页。

2.保存网页中的图片

启动 IE 浏览器,进入相应的网页,在网页中选择合适的图片,单击鼠标右键,在弹出的快捷菜单中选择"图片另存为"命令,弹出"保存图片"对话框,设置文件名和保存路径,如图 2-1-22 所示。单击"保存"按钮,即可将图片保存在本地磁盘中。

3.保存网页中的超链接

用户可以根据需要保存网页中的超链接。启动搜索引擎,在搜索文本框中输入关键字"毕业论文",单击"搜索"按钮,进入毕业论文搜索页面,选择合适的超链接,单击鼠标右键,在弹出的快捷菜单中选择"目标另存为"命令,如图 2-1-23 所示。

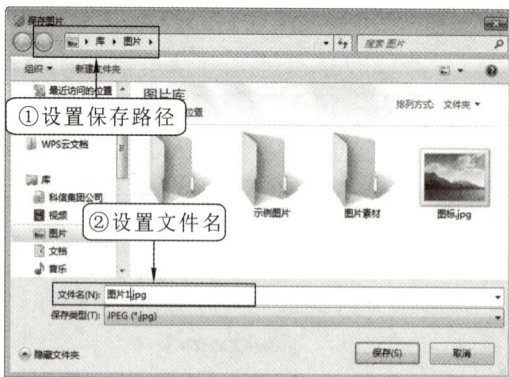

图 2-1-22　设置文件名和保存路径

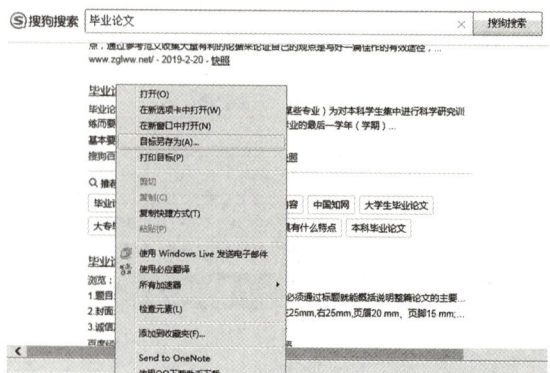

图 2-1-23　选择"目标另存为"命令

弹出"新建下载任务"对话框,设置文件名和文件路径,单击"下载"按钮,即可将网页中的超链接保存到磁盘中。

4.设置当前网页为主页

主页就是每次打开 IE 浏览器时自动显示的页面,用户可以选择一个经常浏览的网页或者喜欢的网站主页,并将其设置成 IE 浏览器的主页,这样每次打开 IE 浏览器时可以直接进入相应的主页,省去了输入网址的麻烦。

打开 IE 浏览器,选择"工具"|"Internet 选项"命令,弹出"Internet 选项"对话框,在"主页"选项组的文本框中,单击"使用当前页"按钮。依次单击"应用"和"确定"按钮,即可设置当前网页为主页。

知识链接

一、熟悉 IE 浏览器界面

启动 IE 浏览器后,用户可以看到 IE 浏览器的界面。IE 浏览器的界面主要由标题栏、菜单栏、工具栏、地址栏、Web 窗口、链接栏和状态栏组成,如图 2-1-24 所示。

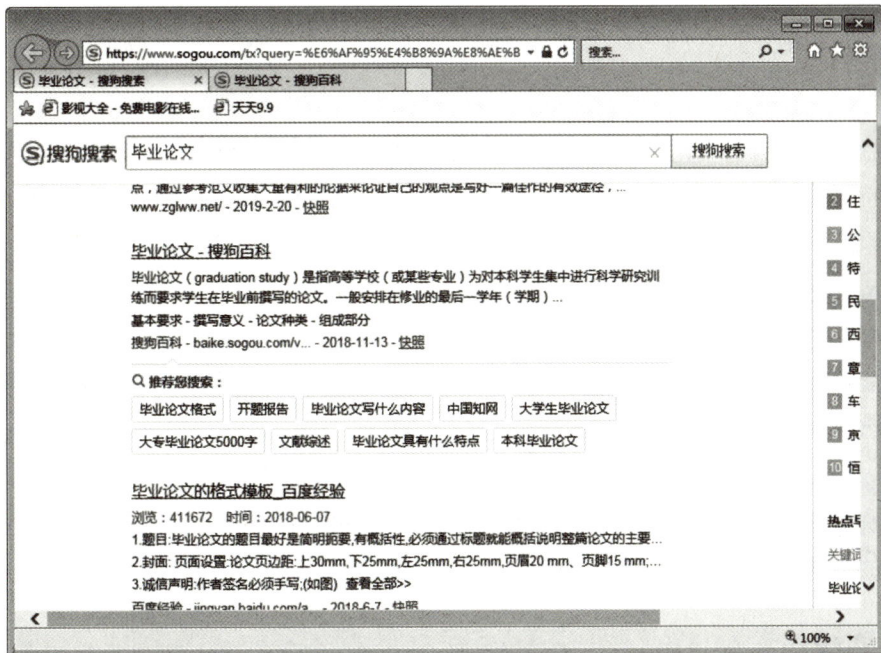

图 2-1-24　IE 浏览器界面

1.标题栏

IE 浏览器的标题栏位于窗口的顶部,它的左上角显示了所打开的 Web 页的名称,在标题栏的右边是窗口控制按钮,以控制窗口的大小。

2.菜单栏

IE 浏览器的菜单栏有"文件""编辑""查看""收藏""工具"和"帮助"5 个菜单,这 5 个菜单包括了 IE 浏览器所有的操作指令,用户可以通过这些菜单,实现保存 Web 页、查找内容、收藏站点等操作。

3.工具栏

IE 浏览器的工具栏列出了所有用户在浏览 Web 页时所需要的工具按钮,如"后退""前进""停止"等按钮,用户可以根据需要自定义工具栏上的按钮种类和个数。

4.地址栏

在工具栏的下方是地址栏,它用来显示用户当前所打开的 Web 页的地址,通常称为网址。在地址栏的文本框中输入网页地址并确认,就可以打开相应的网页。

5.Web 窗口

浏览 Web 页的主窗口显示的是 Web 页的信息,用户主要通过它达到浏览的目的。如果 Web 页较大,用户可以使用主窗口右侧和下方的滚动条来进行浏览。

6.链接栏

链接栏位于地址栏的右侧或下方。

7.状态栏

IE 浏览器的状态栏显示了 IE 浏览器当前状态的信息,用户通过状态栏可以查看 Web 页的打开过程。

≡ 二、认识常用浏览器

常用浏览器如下。

1.腾讯 QQ 浏览器

腾讯 QQ 浏览器具有亲切、友好的用户界面,不仅提供了完善的多页面浏览功能,还新增了多项人性化的特色功能,如广告过滤、快捷体贴的鼠标手势、最近浏览表等,使得浏览网页变得更加轻松、自如。

2.傲游浏览器

傲游浏览器是符合中国人使用习惯的浏览器,其拥有业界最优秀的在线收藏和广告过滤功能,并囊括了智能填表、超级拖放、鼠标手势、分屏浏览等功能;高浏览效率给用户带来更便捷、更稳定、更安全的上网体验。

3.火狐浏览器

火狐浏览器英文名称 Firefox,是著名的开源组织 Mozilla 开发的开源浏览器,火狐浏览器全面提升了用户的上网体验,且极大地提高了用户的自由度。

◎ 自主实践活动

1.背景与任务

志愿服务是一项高尚的工作。志愿者所体现和倡导的"奉献、友爱、互助、进步"的精神,是中华民族助人为乐的传统美德和雷锋精神的继承、创新和发展。学生可以尝试体验各种志愿者服务工作,如机场志愿者、社区志愿者、环保志愿者等。让我们体验一次地铁志愿者活动。

2.设计与制作要求

利用浏览器了解志愿者服务工作及价值,不同领域志愿者的服务内容、对志愿者的素质和能力要求以及需要做的准备工作,收集相关信息。

★ 微课

搜索网络资源

活动二　搜索网络资源

活动要求

　　Internet 是一个巨大的信息库,但过多的信息会造成用户查找有用资料的难度,使用搜索引擎可以帮助用户快速地查找所需要的信息。

　　在网络海洋中包含的信息内容数不胜数,那么如何在网上查找自己需要的信息呢? 了解网络资源、熟练掌握几种搜索引擎的使用方法和技巧十分重要。

活动分析

一、思考与讨论

　　(1)网络资源指的是什么? 有哪些分类? 具体举例说明。

　　(2)不同信息技术工具获取信息的方法有所不同。常见的信息获取工具有哪些? 不同工具各有哪些优势? 本活动打算使用哪些工具获取不同类型的信息?

二、总体思路

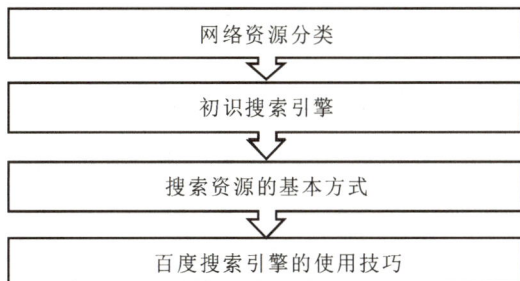

方法与步骤

一、网络资源分类

　　网络资源是指 Internet 网上的信息,包括新闻、软件、电影、音乐等。网络资源种类繁多,掌握网络资源的分类对有效搜索资源、利用资源有很大的帮助。

1.信息资源

　　信息资源包括商业、体育、财经、科技等方面的资源,很多网站都提供这样的专业资源。如新浪网(www.sina.com)、网易(www.163.com)、搜狐(www.sohu.com)等。

2.软件资源

软件资源指的是网上发布的各种软件,包括免费软件与共享软件等,将这些软件下载下来之后,可以为工作或学习提供方便。比较著名的软件资源下载站点有:华军软件园(www. newhua. com)、天空下载站(www. skycn. com)等。

3.在线电影和音乐资源

很多网站提供了电影和音乐资源,可以方便用户的视听需要。

4.电子读物

电子读物是通过电子计算机阅读的出版物。它将文字或图像通过电子计算机记录在磁盘或光盘上,需要时又通过电子计算机处理,在显示器屏幕上显示出来供人们阅读,并可将屏幕上显示的内容复制下来予以保存,还可以供用户下载之后进行阅读。

二、初识搜索引擎

搜索引擎是一个服务器程序,它可以周期性地在 Internet 上收集新的信息,并将其分类存储,这样搜索引擎所在的计算机上就建立了一个不断更新的信息数据库。当搜索某一类特定信息时,实际上是借助搜索引擎在该信息数据库中进行查询。

1.搜索引擎的分类

搜索引擎按其工作方式主要可以分为 3 种,分别是全文搜索引擎、目录索引类搜索引擎和元搜索引擎。

(1)全文搜索引擎。

全文搜索引擎是名副其实的搜索引擎,如百度等。它们都是通过从互联网上提取各个网站的数据库资源,检索与用户查询条件匹配的相关记录,然后按一定的排列顺序将结果返回给用户,因此它们是真正的搜索引擎。

(2)目录索引类搜索引擎。

目录索引类搜索引擎虽然有搜索功能,但在严格意义上算不上是真正的搜索引擎,仅仅是按目录分类的网站链接列表而已。用户完全可以不用进行关键字查询,仅靠分类目录就可以找到需要的信息。搜狗、新浪、网易搜索也属于目录索引类搜索引擎。

(3)元搜索引擎。

元搜索引擎在接受用户查询请求时,同时在其他多个引擎上进行搜索,并将结果返回给用户。在搜索结果排列方面,有的直接按来源引擎排列搜索结果,有的则按自定的规则将结果重新排列组合。

2.搜索引擎的选择

用户可以根据以下 4 点来选择适合自己的搜索引擎。

(1)速度。

查询速度当然是搜索引擎的重要指标,优秀的搜索工具内部都应该有一个含时间变量的数据库,能够保证所查询的信息是最新的和最全面的。这是衡量一个搜索引擎好坏的重要指标。

(2)准确性。

准确性高是我们使用搜索引擎的宗旨。好的搜索引擎内部应该含有一个相当准确的搜索程序,搜索精度高,查到的信息总能与我们的要求相符。

(3)易用性。

易用性也是用户选择搜索引擎的参考标准之一,一个搜索引擎是否能够搜索整个互联网,而不仅限于万维网。

(4)功能完善。

理想的搜索引擎应该既有简单的查询功能,也有高级搜索的功能。高级搜索具备图形界面,并带有选项功能的下拉菜单。

三、搜索资源的基本方式

每个搜索引擎都有自己的查询方式,只有熟练掌握了才能运用自如。不同的搜索引擎所提供的查询方式也有所不同。

1.分类目录式的检索

最初搜索引擎的工作方式是将 Internet 中资源服务器的地址收集起来,再按照资源类型将其分为不同的目录,以便用户按分类目录查询。随着 Internet 中的信息量的急剧增长,出现了一种能搜索网页上的超链接的分类目录式搜索引擎,并且它可以将超链接所使用的所有名词放入其数据库中。

分类目录式检索的具体操作步骤是,打开浏览器,在地址栏中输入 www. xiami. com,按"Enter"键确认,进入虾米音乐网主页,如图 2-2-1 所示。

单击"艺人"|"欧美"超链接进入搜索结果页面,在页面中单击相应的超链接,执行操作后进入相应的界面,即可使用分类目录式搜索信息,如图 2-2-2 所示。

图 2-2-1 虾米音乐网主页   图 2-2-2 搜索页面

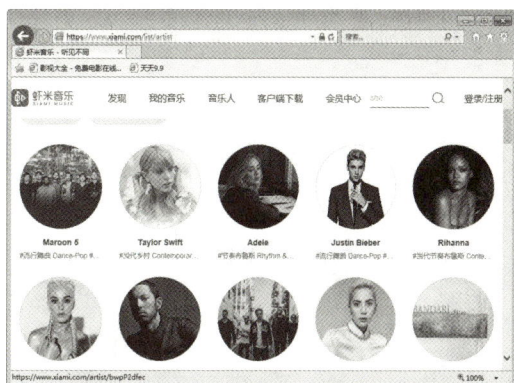

提醒:用户还可以在地址栏中输入网址后,单击"转到"按钮,进入网页。

2.基于关键字的搜索

一般的搜索引擎都提供了一个供输入关键字的文本框和一个可以发送搜索指令的按钮。单击相应的搜索指令按钮,搜索引擎就会自动在其数据库中进行查找,最后将与所输入的关键字相符或相近的网站资料显示出来。

使用关键字搜索的具体操作步骤是,打开 IE 浏览器,进入相应的主页页面,在主页页面的搜索文本框中输入关键字"长江大桥",如图 2-2-3 所示。

在主页页面中,单击"搜索"按钮,进入相应的页面,并显示出搜索信息,单击"长江大桥"百度百科超链接,进入相应页面,如图 2-2-4 所示。

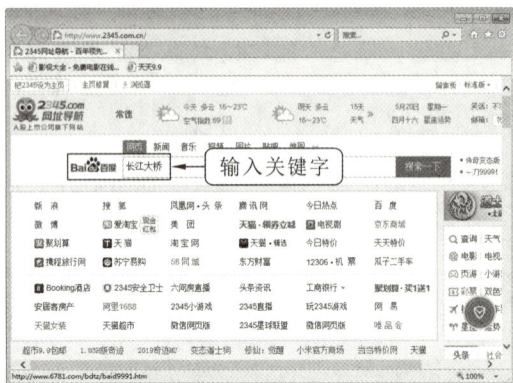

图 2-2-3　输入关键字

图 2-2-4　使用关键字搜索

四、百度搜索引擎的使用技巧

百度是目前世界上最大的中文搜索引擎,其功能也非常强大,号称能搜索数十亿中文网页。其主要作用是向广大网络用户提供获取信息的便捷方式。

1.搜索网页

百度网站默认的页面就是网页搜索页面,启动浏览器,在浏览器的地址栏中,输入"www.baidu.com",按"Enter"键确认,打开百度搜索引擎,在搜索文本框中输入"北京",单击"百度一下"按钮,如图 2-2-5 所示。

进入相应的页面,显示搜索信息,单击需要查看的网站链接,即可链接到相应的网页,如图 2-2-6 所示。

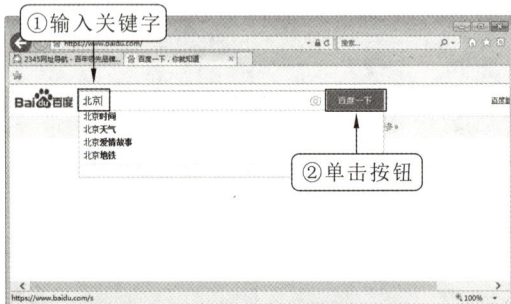

图 2-2-5　单击"百度一下"按钮

图 2-2-6　搜索网页

2.搜索图片

百度图片搜索引擎具有非常强大的图片搜索功能,它能够从数十亿网页中提取出各类图片。

打开百度搜索引擎,单击"图片"超链接,进入"百度图片"搜索页面,如图 2-2-7 所示。

在搜索引擎中的搜索文本框中,输入相应的关键字,单击"百度一下"按钮,进入相应的界面,并显示搜索图片的结果,如图 2-2-8 所示。

图 2-2-7　"百度图片"搜索页面

图 2-2-8　显示搜索图片的结果

在页面中,选择合适的图片,单击鼠标左键,可查看图片,即可使用百度搜索到的图片,如图 2-2-9 所示。

3.搜索音乐

音乐搜索功能是百度搜索引擎的一个特色,它可以在每天更新的中文网页中提取包含链接的网页,从而建立起庞大的歌曲链接库。

打开百度搜索引擎,单击音乐超链接,并打开百度音乐搜索页面,如图 2-2-10 所示。

在"搜索"文本框中输入相应的音乐关键字,单击"百度一下"按钮,进入相应的页面,并显示搜

图 2-2-9　查看图片

索音乐的结果,在页面中,选择合适的音乐,并单击"播放"按钮,即可试听音乐,如图 2-2-11 所示。

图 2-2-10　"百度音乐"搜索页面

图 2-2-11　播放音乐

4.高级搜索功能

对有时效性的资源进行搜索时,用户可以通过百度网站中的高级搜索功能,缩小查找范围,以便更快捷地查找所需的资源。进入"高级搜索"页面,并输入相应的信息,如图 2-2-12 所示。

单击"百度一下"按钮,显示使用高级搜索查找出的信息,单击需要查看的网页超链接,即可链接到相应的网页,如图 2-2-13 所示。

提醒:(1)获取信息的技术工具有很多,可以根据需要选择合适的工具获取信息。

(2)可以使用只能终端下载的具有写、录、拍、摄等功能的软件,利用软件来获取信息。

图 2-2-12　输入信息

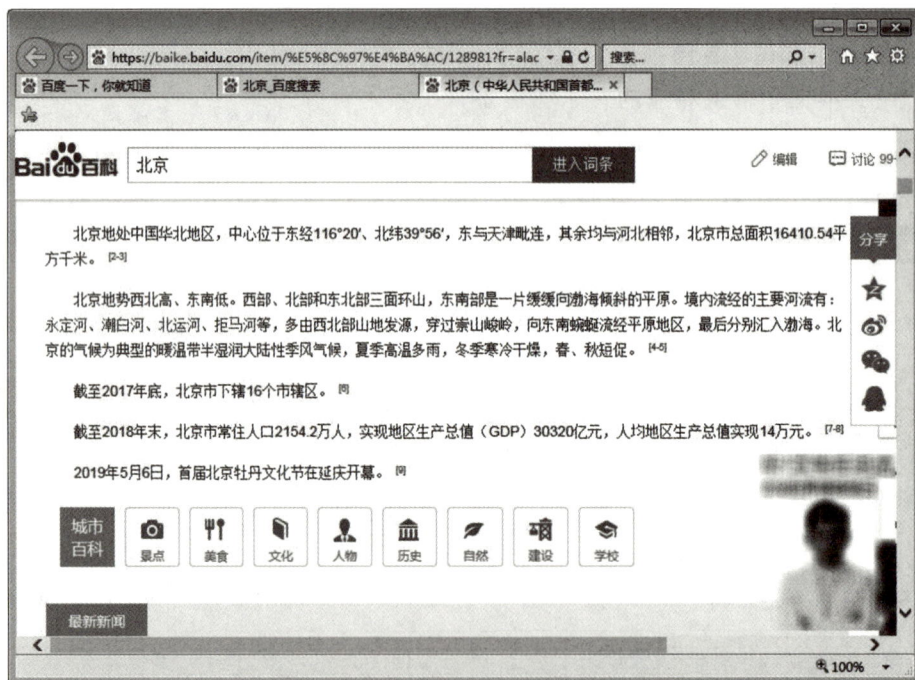

图 2-2-13　显示高级搜索内容

知识链接

其他搜索引擎简介

在 Internet 中有很多搜索引擎,当使用某个搜索引擎未能搜索到所需要的资料时,可以使用其他的搜索引擎再次搜索。下面将介绍几个常用的中文搜索引擎,方便用户在网络中查找所需要的信息资料。

1. 搜狗搜索引擎

搜狗是全球首个第三代互动式中文搜索引擎,其网页收录量已达到 100 亿,并且每天以 5 亿的速度更新。它凭借独有的 Sogou Rank 技术及人工智能算法,为用户提供了最快、最准、最全的搜索服务。

2. soso 搜索引擎

soso 搜索引擎是腾讯旗下的一款搜索引擎,使用它可以方便、快捷地搜索网页、图片、音乐、视频、游戏、知识,并提供对比搜索、综合搜索、聚合搜索。

3. 网易搜索引擎

网易搜索引擎提供了多种语言检索,如英语、日语、俄语等几十种语言关键词,这些关键词都可以直接输入搜索框检索网页资料。拥有全国最大的开放式管理目录,各行业目录管理员负责管理网站注册信息。

4. 新浪搜索引擎

新浪搜索引擎是互联网上规模最大的中文搜索引擎之一,它设有 18 个目录、1 万多个子目录、20 多万个收录的网站,提供网站、英文网页、新闻、汉英辞典、沪深股市行情和游戏等各种信息的查询。

自主实践活动

尝试自己制作参与志愿者服务的策划书,在自己的计算机中安装各种浏览器软件,并在网络上自己搜索出相关的志愿者网络资源。

活动三　使用即时通信

★ 微课

使用即时通信

活动要求

即时通信是用户在网上进行实时交流的一种方式,它省钱、方便、快捷,已经成为用户十分喜爱的一项网络服务。即时通信可以通过专门的软件进行。

活动分析

一、思考与讨论

(1)网络聊天是网络中的一种常用聊天手段。请思考,一般在网络上用哪些软件进行聊天?

(2)即时通信软件也有多种,如 QQ 和微信等。请思考,这些软件有哪些区别和特点?

(3)QQ 是目前最流行的即时通信软件之一。请思考,QQ 可以进行哪些功能操作?具有哪些优势?

(4)微信具有哪些功能？使用微信可以做些什么？

二、总体思路

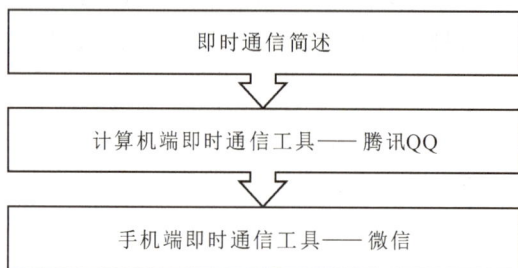

即时通信简述

↓

计算机端即时通信工具——腾讯QQ

↓

手机端即时通信工具——微信

方法与步骤

一、即时通信简述

即时通信是指能够即时发送和接收互联网消息等。

即时通信自 1998 年面世以来,经过迅速发展,即时通信不再是一个单纯的聊天工具,它已经发展成集交流、资讯、娱乐、搜索、电子商务、办公协作和企业客户服务等为一体的综合化信息平台。

二、计算机端即时通信工具——腾讯 QQ

腾讯 QQ 是由腾讯公司开发的、基于 Internet 的即时通信软件,是目前使用广泛的聊天工具。该软件具有强大的功能,支持在线聊天、视频电话、传送文件、共享文件、QQ 邮箱等多种功能,而且操作界面也非常简易、方便。

图 2-3-1　登录 QQ

1.登录 QQ

安装 QQ 软件后,就可以登录 QQ 并使用 QQ 与好友联系了。

在桌面上双击"腾讯 QQ"图标,弹出 QQ 登录对话框,输入 QQ 账号和密码,单击"登录"按钮,即可登录 QQ,如图 2-3-1 所示。

2.编辑个人资料

登录 QQ 以后,用户可以根据自身需要,设置个人资料。

登录 QQ 软件,显示 QQ 界面,在 QQ 界面上方的 QQ 图像上,单击鼠标左键,在弹出的页面中,单击"编辑资料"按钮,如图 2-3-2 所示,输入相关个人信息后,单击"保存"按钮,即可完成个人资料的编辑。

提醒:编辑个性签名,在 QQ 名字下方单击"编辑个性签名"按钮,在文本框中,输入相应的个性签名,单击其他任意位置,QQ 界面上方将显示个性签名信息,如图 2-3-3 所示。

图 2-3-2 编辑个人资料

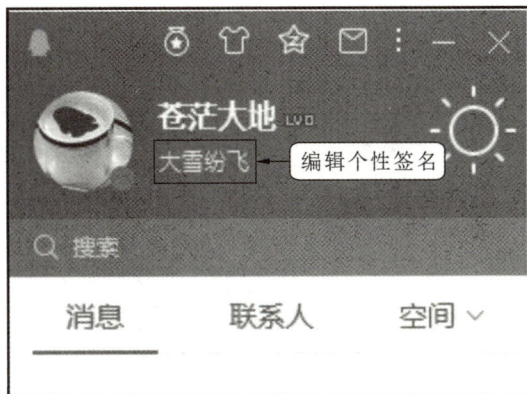

图 2-3-3 编辑个性签名

3.查找与添加好友

第一次登录的 QQ 界面中并没有好友,用户需要添加对方的 QQ 号码才能与其聊天。

(1)登录 QQ 后,单击 QQ 界面下方的"加好友"按钮,弹出"查找"对话框,如图 2-3-4 所示。

(2)在"账号"文本框中输入 QQ 好友的账号,单击"查找"按钮,即可查找到 QQ 好友,如图 2-3-5 所示。

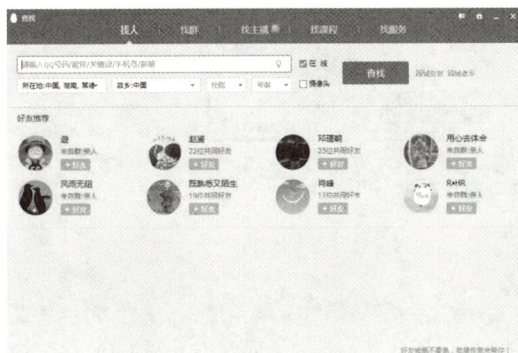

图 2-3-4 弹出"查找"对话框

图 2-3-5 显示查找到的好友

(3)弹出"添加好友"对话框,在"请输入验证信息"文本框中输入相应的信息,单击"确定"按钮,弹出信息提示框,单击"完成"按钮,如图 2-3-6 所示,等待对方确认,即可添加 QQ 好友。

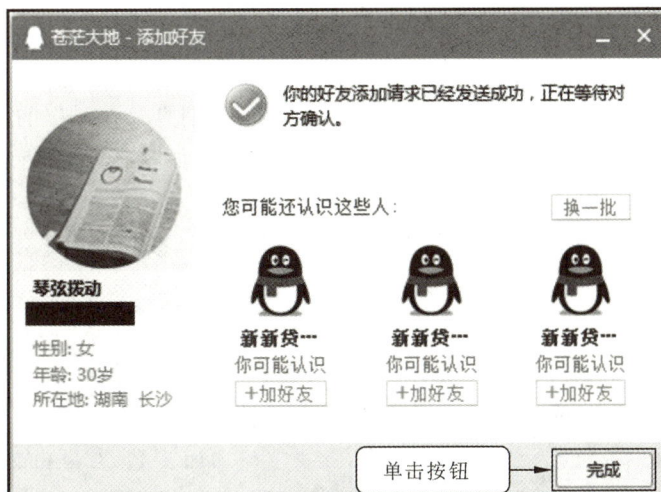

图 2-3-6 添加 QQ 好友

4.在线畅谈

加入好友之后,就可以和好友进行聊天了,在聊天的过程中,文本是最为常见的发送内容。

登录 QQ 程序,在"我的好友"列表框中选择需要聊天的 QQ 好友,双击选择 QQ 好友,弹出聊天窗口,在聊天窗口下方的文本框中输入聊天的内容,单击"发送"按钮,即可发送消息,如图 2-3-7 所示。

图 2-3-7　发送消息

三、手机端即时通信工具——微信

微信(WeChat)是腾讯公司于 2011 年 1 月 21 日推出的为智能终端提供即时通信服务的免费应用程序。微信支持跨通信运营商,跨操作系统平台,通过网络发送语音、视频、图片和文字,同时可以共享流媒体资料和支持基于位置的社交插件"朋友圈""漂流瓶""摇一摇"等服务插件。

1.微信聊天

微信的聊天功能很强大,可以实时地发送文字、语音、视频以及图片等消息。

(1)文字信息。

打开微信,点击"通讯录",选择需要聊天的好友,点击"发消息",在弹出的聊天界面中的文本框里,直接输入内容,点击"发送"按钮即可给好友发送文字信息,如图 2-3-8 所示。

(2)发送语音。

在与好友的聊天界面中,在文本框的左侧点击语音图标,按住语音按钮,即可开始说话,如图 2-3-9 所示,松开按钮即可完成语音的发送。

(3)发送图片。

打开微信的聊天界面,点击文本框右侧的"+"按钮,在弹出的选择界面中,点击"相册"按钮,选择要发送的图片,点击右上角的发送按钮,即可完成图片消息的传送,如图 2-3-10 所示。

提醒:微信聊天工具还具有撤回消息的功能,点击要撤回的消息,在弹出的快捷菜单中点击"撤回"选项,即可撤回刚刚发送的消息,如图 2-3-11 所示。

图 2-3-8　发送文字信息

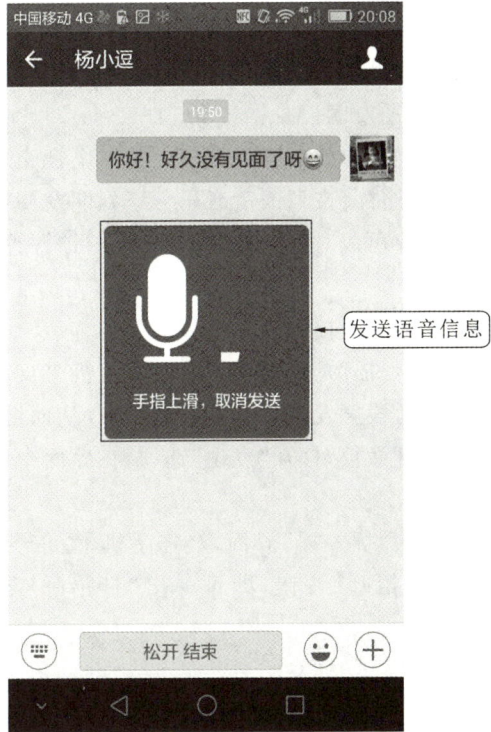

图 2-3-9　发送语音信息

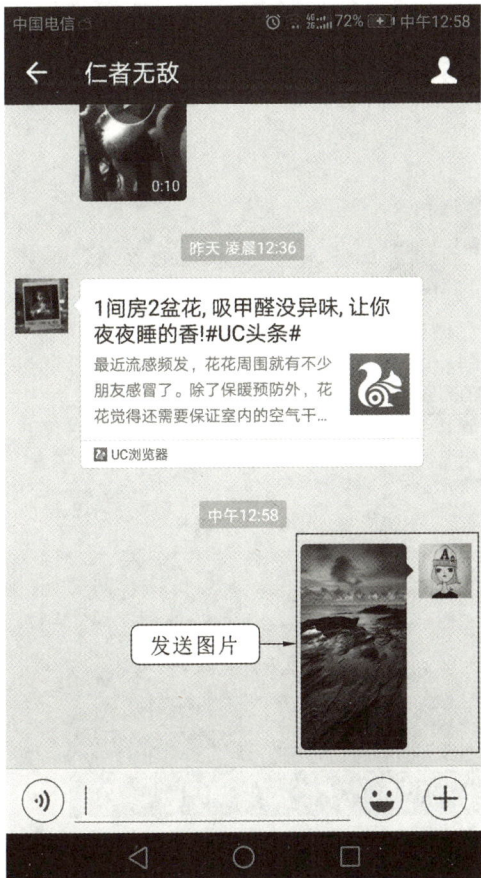

图 2-3-10　发送图片

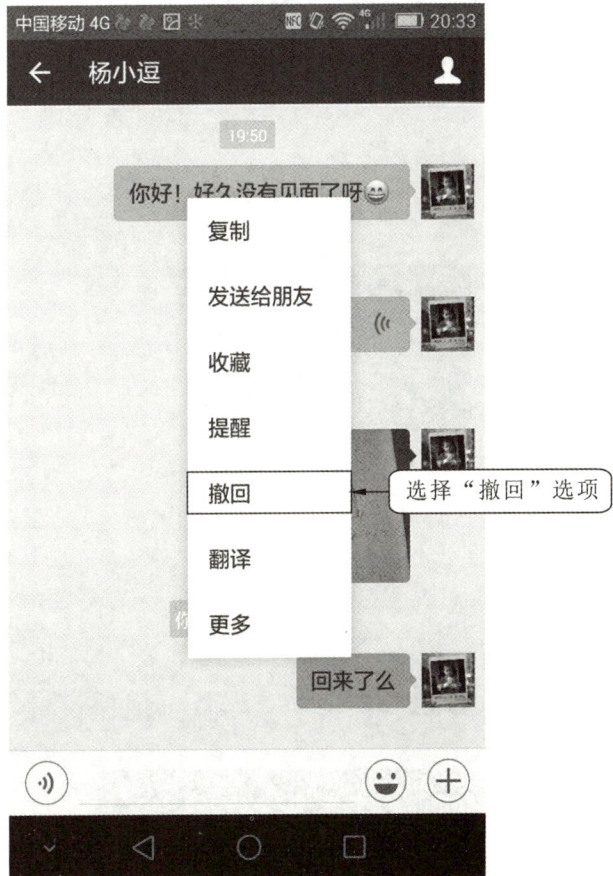

图 2-3-11　撤回消息

2.微信插件

微信的插件功能很丰富,在"发现"选项中涵盖了"朋友圈""摇一摇"等诸多功能。

(1)朋友圈。

朋友圈指的是腾讯微信上的一个社交功能,用户可以通过朋友圈发表文字和图片,同时可以通过其他软件将文章或者音乐分享到朋友圈,如图2-3-12所示。

用户可以对好友新发的照片进行"评论"或"赞",用户只能看相同好友的评论或赞,如图2-3-13所示。

(2)"摇一摇"。

"摇一摇"是微信推出的一个随机交友应用,通过摇手机或点击手机按钮模拟"摇一摇",可以匹配同一时段触发该功能的微信用户,从而增加用户间的互动和微信黏度。

打开微信,打开"发现"选项,在界面中选择"摇一摇"选项,即可进入"摇一摇"界面,如图2-3-14所示。

进入"摇一摇"界面,轻摇手机,微信会搜寻同一时刻摇晃手机的人,点击摇出来的微信用户,点击"打招呼"按钮,即可弹出"打招呼"界面,编辑一段文字,点击"发送"按钮,就可以开始聊天了。

提醒:微信"摇一摇"功能,还可以通过环境的声音识别正在听的歌曲或者正在看的电视的信息。

图 2-3-12　微信朋友圈

图 2-3-13　评论微信朋友圈

图 2-3-14　微信"摇一摇"界面

知识链接

一、基础功能编辑

1.图片动态

(1)微信朋友圈可以直接发布图片动态。图片可以选择拍照或者从相册中选取,一次最多可以分享九张图片。

(2)微信朋友圈的图片发布出来后会有压缩,不同平台的压缩比率不同。通常来说,iOS 下发布的图片清晰度高于其他平台。

(3)在微信朋友圈中发布的图片可以配上文字说明。

2.小视频

微信朋友圈可以在选择发布内容的时候,选择拍摄小视频发布分享。朋友圈中显示的小视频默认自动播放,但无声音。点击小视频进入单独播放画面时才可播放声音。

在微信设置中可以关闭小视频的自动播放以节省流量。小视频也可以通过在聊天列表界面下拉直接拍摄发布,以达到快捷分享的需要。最新 iOS 版本微信中,小视频已支持拍摄完暂时保存稍后发送。但发布后的小视频无法转发或收藏。

3.纯文字信息

长按发布朋友圈的相机图标,可以进入发布纯文字动态界面。纯文字动态支持保存最近一次的草稿,上次编辑未发送或者清空的内容在下次打开时会自动恢复。纯文字动态无法被转发或收藏,不支持位置标示、分组查看和@某人(提醒某人查看)。

4．网页和链接

微信朋友圈支持其他应用的分享。其他应用可以通过接入微信的分享端口，在应用内部直接分享内容到朋友圈中。

分享到朋友圈中的内容以链接形式存在。音乐类应用分享的歌曲可以在朋友圈中点击播放图标直接播放而不需要打开链接。

5．广告

微信朋友圈广告形式和一般朋友圈类似，为"图片＋文字"。广告朋友圈会在右上角显示"推广"字样。广告朋友圈会随着时间而被新的朋友圈往后推进，并不是固定位置。

6．评论和点赞

朋友圈分享可以评论和点赞。自己发表的评论可以随时删除，点赞也可以取消。每条消息只能进行一次点赞操作。朋友圈的评论只有同时也是自己的朋友时才可以看到。

二、高级功能编辑

(1)自己的朋友圈分享可以随时删除。图片和链接可以收藏和转发，收藏支持标签管理。图片还可以编辑权限为"仅自己可见"。

(2)分组。朋友圈支持分组分享。在发送图片和小视频时可以选择"谁可以看"，可以选择已经创建的分组，将朋友圈消息发送给指定分组好友，或者指定分组好友不可查看；也可以在此页面中管理分组。

(3)地点和地标。发送图片和小视频时支持添加地点信息，需要手机打开"允许应用使用位置信息"。位置可以选择已有地标也可以创建新地标。

高级玩法：目前对于地标的创建无审核，通过创建个性化的地标可以起到为朋友圈分享添加"小尾巴"的效果。

发送图片和小视频时可以@某联系人，被@的联系人会收到提示消息。

自主实践活动

尝试在计算机中安装 QQ 和微信聊天软件，并通过已安装的软件与同学进行聊天、发送朋友圈、添加好友等操作。

活动四 收发电子邮件

★ 微课

收发电子邮件

活动要求

电子邮件是 Internet 发展的产物，就像日常生活中的信件一样，只不过它的传递速度更快，使用起来更方便。它是一种使用电子手段提供信息交换的通信方式。通过电子邮件系统，用户可以用非常低廉的价格，以非常快速的方式，与世界上任何一个角落的网络用户联系。

认识电子邮件给人们的学习、生活和工作带来的便捷性，熟练掌握几种不同的电子邮箱收发电子邮件的操作技巧。

活动分析

一、思考与讨论

(1)认识电子邮件,认识电子邮箱的地址,分析电子邮件有哪些特点。
(2)如何发送一封电子邮件?
(3)不同的电子邮箱之间是否能够通信?
(4)电子邮箱中的电子邮件太多,如何对邮箱中的电子邮件进行管理、删除等操作?

二、总体思路

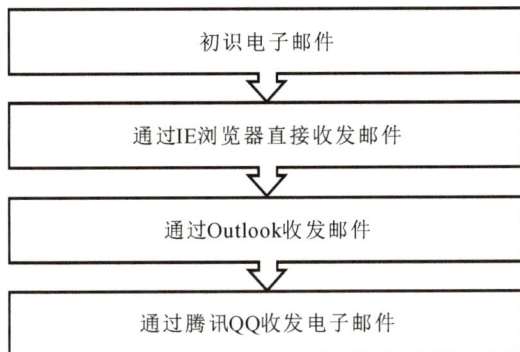

方法与步骤

一、初识电子邮件

电子邮件(E-mail)是通过计算机网络进行信息传输的一种现代化通信方式。

1.电子邮件简介
电子邮件是 Internet 应用最广泛的服务,用户通过电子邮件系统将邮件发送到世界上任何指定的目的地,这些电子邮件可以是文字、图像、声音等方式。同时,用户可以收到大量免费的新闻、专题邮件、并实现轻松的信息搜索。

电子邮件地址是一个类似于用户住家门牌号码的邮箱地址,或者更准确地说,相当于用户在邮局租用了一个信箱。因为传统的信件是由邮递员送到家门口,而发送/接收电子邮件却不需要跨出家门一步。

2.电子邮箱的地址
电子邮件如同平常收信、发信需要有目的地址一样,也需要有电子邮件的地址。一个电子邮件地址通常由 3 个部分组成:邮箱名称＋@＋收取 E-mail 的服务器。

其中,@是电子邮件地址的专用标识符;在@前面的是用户的邮箱名称,用来表明用户;在@后面的是收发邮件的服务器名,也是表示电子邮箱所在的网站地址。

3.收费邮箱与免费邮箱

电子邮箱可分为收费邮箱与免费邮箱两种。免费邮箱通常是针对广大用户而设计的,其功能较收费邮箱而言,显得比较单一。收费邮箱一般会按月向电子邮件服务商缴纳邮箱使用费。相对免费邮箱而言,收费邮箱功能强大、界面友好、容量大、稳定可靠、安全高速,其备份、杀毒、自由制定界面等都要优于免费邮箱。

如今各大网站都推出有免费邮箱服务,与往年相比,免费邮箱的服务品质也有了很大的提高,像网易的免费邮箱容量已经达到了 3G。不过,免费邮箱防垃圾邮件的功能没有收费邮箱强。另外,免费邮箱的广告也偏多一些。

二、通过 IE 浏览器直接收发邮件

使用 IE 浏览器收发邮件是用户使用 Internet 最常用的一种方式。目前电子邮箱综合了多种娱乐、生活、新闻功能,使电子邮箱越来越人性化、多元化、丰富化。

1.登录免费电子邮箱

成功申请邮箱后,即可登录电子邮箱。打开"网易163"首页,输入申请成功的用户名和密码,单击"登录"按钮,即可登录电子邮箱,如图 2-4-1 所示。

提醒:用户在登录电子邮箱输入密码时,要保证计算机的安全性,以防邮箱被盗。

2.编辑并发送电子邮件

登录电子邮箱后,用户可以根据需要编写电子邮件并发送邮件。单击"写信"按钮,进入"写信"界面,在其中输入收件人地址、主题以及信件内容,如图 2-4-2 所示。

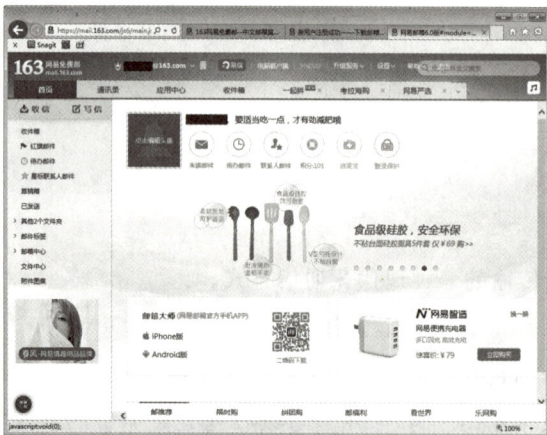

图 2-4-1　登录电子邮箱

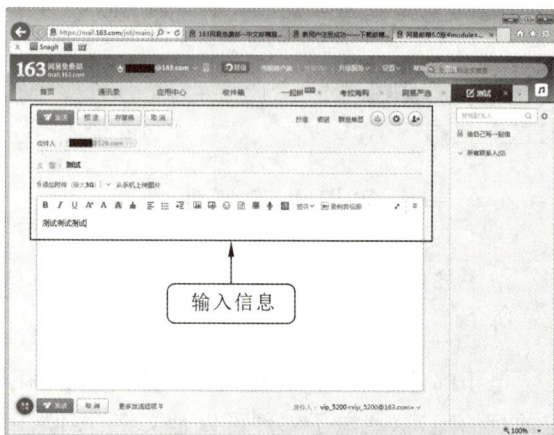

图 2-4-2　输入信息

在写信界面的上方,单击"发送"按钮,即可发送邮件,并显示邮件发送成功信息,如图 2-4-3 所示。

3.接收和查阅电子邮件

用户登录电子邮箱后,可以接收和查阅电子邮件。单击"收件箱"按钮,进入收件箱界面,显示收到的邮件,单击需要查看的邮件超链接,即可查阅电子邮件,如图 2-4-4 所示。

图 2-4-3　邮件发送成功

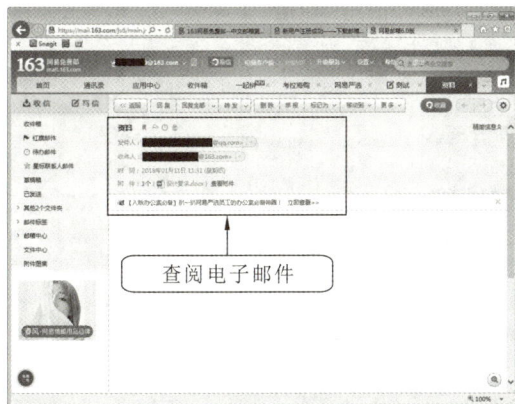

图 2-4-4　接收和查阅电子邮件

4.回复与转发电子邮件

若用户接收邮件后需马上回复,可以使用回复和转发功能,这样可以节省填写收件人地址的时间。

(1)回复电子邮件。

登录邮箱,在收件箱界面中,单击需要查看的邮件链接,进入阅览邮件界面,单击"回复"按钮,进入写信界面,在其中输入邮件内容,如图 2-4-5 所示,单击"发送"按钮,即可回复邮件。

(2)转发电子邮件。

进入邮箱的阅览信件界面,单击"转发"按钮,进入邮件转发界面,在"收件人"文本框中,输入收件人地址,单击"发送"按钮,即可转发电子邮件,如图 2-4-6 所示。

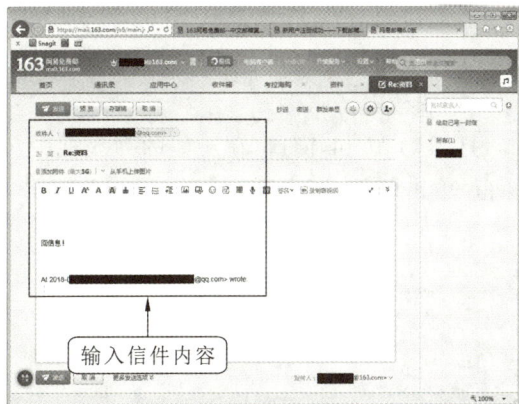

图 2-4-5　输入邮件内容

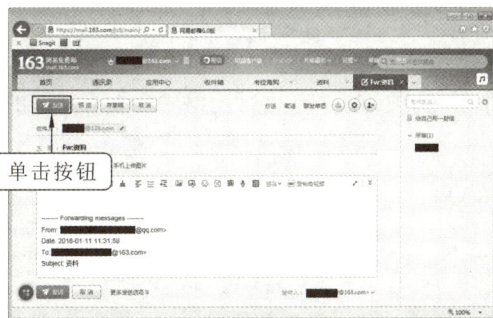

图 2-4-6　单击"发送"按钮

三、通过 Outlook 收发邮件

Outlook 是一款功能强大的电子邮件客户端管理软件,它捆绑在 Internet 中,同时它也是一个基于 NNTP 协议的 Usenet 客户端。通过它用户可以方便地收、发、写和管理电子邮件。

1.设置电子邮件账户

若要使用 Outlook 发送或接收电子邮件,则需要对邮件账户进行设置,建立其与邮件服务器的通信。

选择"开始"|"所有程序"|"Outlook"命令,启动 Outlook 程序窗口,单击"下一步"按钮,在弹出的账户配置对话框中单击"下一步"按钮,弹出"添加新账户"对话框,如图 2-4-7 所示。

输入相关信息,单击"下一步"按钮,在文本框中输入电子邮件地址以添加账户。完成账户设置,进入邮件界面,如图 2-4-8 所示。

图 2-4-7 "添加新账户"对话框

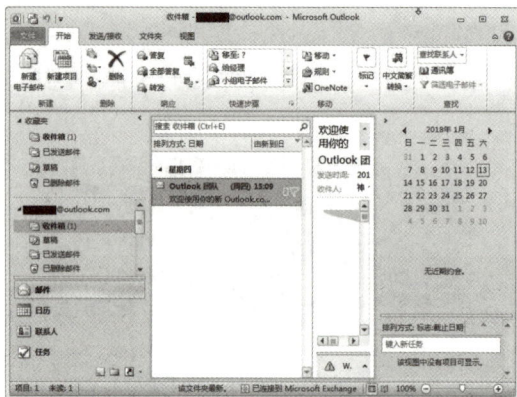

图 2-4-8 进入邮件界面

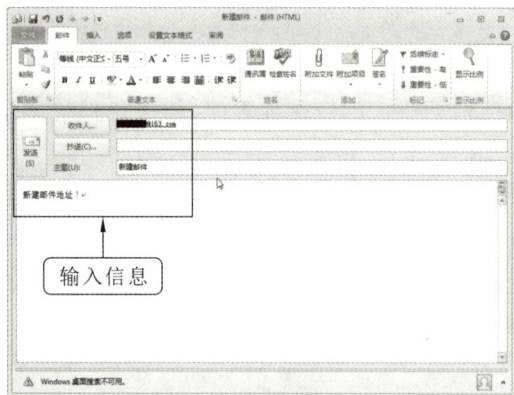

图 2-4-9 编辑新邮件

2.新建电子邮件并发送

设置好电子邮件账户后,用户即可使用 Outlook 撰写邮件并发送,打开 Outlook 窗口,在窗口中,单击"新建电子邮件"按钮,弹出"新邮件"对话框,输入相应的信息,如图 2-4-9 所示。

单击"发送"按钮,即可开始发送邮件。

3.阅读和另存为邮件

当连接到 Internet 后,Outlook 将会根据用户所建立的账号,建立与相应服务器的连接。

(1)阅读电子邮件。

打开 Outlook 窗口,在左侧的列表框中,选择"收件箱"选项,在右侧的列表框中,选择合适的收件箱,单击邮件,即可弹出邮件信息,如图 2-4-10 所示。

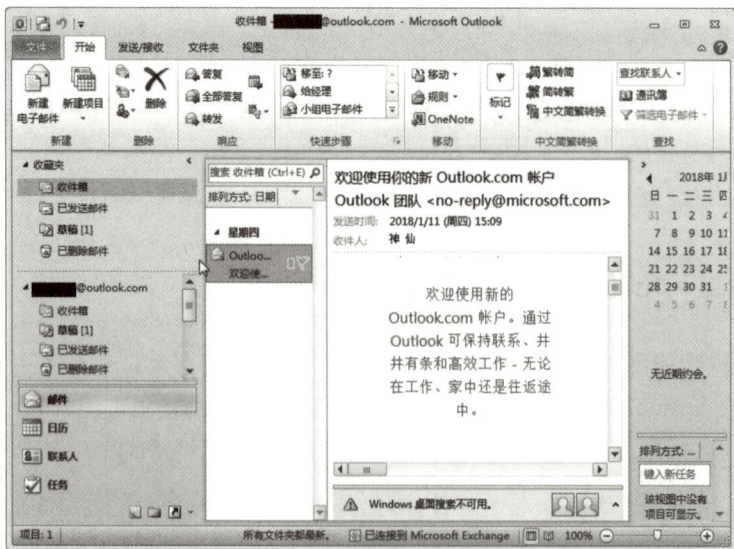

图 2-4-10 显示文件信息

（2）另存为电子邮件。

用户除了可以阅读电子邮件中的所有信息，还可以将邮件储存在计算机中，选择"文件"|"另存为"命令，弹出"另存为"对话框，设置文件保存路径，单击"保存"按钮，执行操作后，即可另存为电子邮件。

知识链接

一、电子邮件的特点

与传统的通信方式相比，电子邮件有着巨大的优势，它的特点主要有以下 4 个方面。

1. 速度快

电子邮件比传统书信收发速度快，单击鼠标就可以在瞬间将电子邮件发送到世界各地。

2. 费用低

只需要支付日常上网费用就可以在世界范围内收发电子邮件，不受距离的限制。

3. 收发方便

电子邮件使用更方便、更省时，不受天气、地点和时间的限制，也不必专门到邮局，只要有网络的地方都可以收发邮件。

4. 形式丰富

电子邮件不仅可以收发文字信息，还可以收发图片和视频等多媒体信息。

二、电子邮件服务器

电子邮件服务器是处理邮件交换的软硬件设施的总称，包括电子邮件程序、电子邮箱等。它是为用户提供 E-mail 服务的电子邮件系统，人们通过访问服务器可以实现邮件的交换。服务器程序通常不能由用户启动，而是一直在系统中运行，它一方面负责把本机上的 E-mail 发送出去；另一方面负责接收其他主机发过来的 E-mail，并把各种电子邮件分发给每个用户。

现阶段，基本的电子邮件传输大致遵循以下几种协议。

1. SMTP

SMTP（simple mail transfer protocol）即简单邮件传输协议，它是一组用于由源地址到目的地址传送邮件的规则，由它来控制信件的中转方式。SMTP 协议属于 TCP/IP 协议族，它帮助每台计算机在发送或中转信件时找到下一个目的地。通过 SMTP 协议所指定的服务器，就可以把 E-mail 寄到收信人的服务器上了，整个过程只要几分钟。SMTP 服务器则是遵循 SMTP 协议的发送邮件服务器，用来发送或中转发出的电子邮件。

2. POP3

POP3（post office protocol version 3）即邮局协议的第 3 个版本，它是规定个人计算机如何连接互联网上的邮件服务器收发邮件的协议。它是互联网电子邮件的第一个离线协议标准，POP3 协议允许用户从服务器上把邮件存储到本地主机（即自己的计算机）上，同时根据客户端的操作删除或保存在邮件服务器上的邮件。POP3 协议是 TCP/IP 协议族中的一员，由 RFC 1939 定义。本协议主要用于支持使用客户端远程管理在服务器上的电子邮件。POP3 服务器则是遵循 POP3 协议的接收邮件服务器,用来接收电子邮件。

3. IMAP

IMAP(internet mail access protocol)交互式邮件存取协议,IMAP 是斯坦福大学在 1986 年研发的一种邮件获取协议。它的主要作用是邮件客户端(如 Microsoft Outlook Express)可以通过这种协议从邮件服务器上获取邮件的信息,下载邮件等。当前的权威定义是 RFC3501。IMAP 协议运行在 TCP/IP 协议之上,使用的端口是 143。它与 POP3 协议的主要区别是用户可以不用把所有的邮件全部下载,可以通过客户端直接对服务器上的邮件进行操作。

自主实践活动

尝试自己在计算机上使用 QQ 邮箱发送、回复电子邮件,并对电子邮件进行删除和分类操作。也可以尝试通过登录 Office 软件中的 Outlook,收发电子邮件。

综合活动与评估

通过网络定制黄金周短途旅游方案

活动背景

十一国庆节小长假马上就要到了,小周同学打算利用 7 天假期到北京周边城市去旅游。由于对旅游目的地城市不是很了解,需要在旅游前查询旅游信息。此时可以通过网络途径,获取旅游中所涉及的交通、住宿、饮食、天气、景点等信息,并制定出一个完整的黄金周短途旅游方案。

活动分析

一、活动任务

(1)通过互联网、与人沟通交流等方式确定旅游目的地,明确信息需求。
(2)利用各种网络搜索技巧搜索出旅游目的地的交通、住宿、饮食、景点信息。
(3)通过网络保存所获取的各种信息,并制作完整的黄金周短途旅游计划。

二、任务分析

(1)不同城市有不同的特色,通过假期时间等确定将要旅游的城市,明确目的地。之后总体思考制定旅游方案,思考需要获取哪些信息才能使旅途愉快、舒适。

（2）信息获取的途径有很多，根据实际信息需求的特点，选择最便捷、快速的方法获取相关信息，并对信息进行筛选和价值判断。如需要获取景点、住宿等信息，可以把其他用户的评价信息作为选择参考的依据。

方法与步骤

一、确定旅游目的地，明确信息需求

（1）不同的城市具有不同的特色，且只有 7 天假期，因此要选择距离合适的、能满足家庭兴趣需求的城市去旅游。利用互联网搜索周边旅游城市，了解不同城市的特点、旅游景点，确定旅游目的地。

（2）旅游需要提前做好准备的工作有很多。例如，需要通过网络了解交通出行信息、天气、旅游景点及票价、住宿及价格、特色美食等。不同的信息可以采用不同的方法和工具获取。

二、通过不同途径获取旅游信息

1. 交通出行信息的获取
（1）若采用自驾游方式旅游，需要知道行驶路线。可以使用手机地图导航软件，提供路线导航，指引司机快速到达目的地。

（2）若选择公共交通，可以乘坐火车、高铁或飞机，需要提前购买火车票、高铁票或飞机票。

2. 获取旅游城市的景点信息和票价信息
（1）通过互联网搜索城市旅游景点信息，了解景点情况，将所需要的图片和文字保存到计算机中。

（2）在百度搜索框中输入"旅游景点门票"，有很多提供门票预订的网站，可以考虑使用网络购票的方式购买更为优惠的景点门票。

3. 获取住宿及价格信息
根据旅游的线路、景点的地理位置、酒店或宾馆的评价信息等内容确定住宿地点，在提供宾馆服务的网站（如携程、同城旅行、艺龙网等）预定。

在查看用户评价时，要学会筛选和正确判断用户评价信息，参考大部分用户的评价信息。

4. 了解城市特色美食
如在百度搜索输入框中输入"北京特色美食"或"北京小吃"等消息，可以获取当地的特色美食等信息。可以通过访问旅游类网站获取此信息，也可以使用手机客户端软件（如大众点评、拉手网等）获取信息。

5. 做好旅游的其他准备
出行前可以通过多种途径了解旅游城市的天气情况，还可以利用互联网搜索旅游攻略，了解其他游客的经验，获得更全面的旅游信息。

评估

一、综合实践活动的评估

根据综合实践活动,完成下面的评估检查表,先由小组范围内学生进行自我评估,再由教师对学生进行评估。

综合活动评估表

学生姓名:_____ 　　　　　　　　　　　　　　　　　　　日期:_____

学习目标		自评		教师评	
		继续学习	已掌握	继续学习	已掌握
1. 网页浏览器	网页浏览器的概念与特点				
	网页浏览器的基本操作				
	使用浏览器浏览网页、收藏网页				
	保存浏览器中的网页、图片和文字				
2. 搜索网络资源	网络资源的分类				
	网络资源的搜索方式与技巧				
3. 使用即时通信	使用 QQ 通信				
	使用微信聊天				
4. 收发电子邮件	用 IE 浏览器收发电子邮件				
	通过 Outlook 收发电子邮件				
	通过 QQ 邮箱收发电子邮件				

二、整个项目的评估

复习整个项目的学习内容,完成下面的评估表。

整个项目学生学习评估表

学生姓名:_____

在整个项目的所有活动中喜爱的活动:_____

1.本项目中哪项技能最有挑战性?为什么?

_____

_____

_____

2.本项目中对哪项技能最感兴趣?为什么?

_____

_____

_____

3.本项目中哪项技能最有用?为什么?

_____

_____

_____

4.搜索网络资源的方法有很多,举例说明如何在网络上搜索合适的网络资源。

_____

_____

_____

5.通过网络进行即时通信与收发电子邮件时,常用的即时通信软件有哪些? 收发电子邮件的软件有哪些?

_____

_____

_____

项目三

文字处理——制作校园特刊

情境描述

　　为弘扬正能量，激励在校学生积极进取、学好技能、丰富全校师生校园生活，学生会决定成立校刊编辑部，创办以"春风绿"为标题的校园特刊。校刊既体现学校的文化建设方针和政策，也体现同学们对于校园文化建设的思考、愿望和实践，它作为学校校园文化的重要内容和成果，显示着学校校园文化建设的现状，同时，校园文化的进一步发展有待于校刊的完善。因此，为搞好校园文化建设，必须首先搞好校刊建设。

　　本项目通过校刊刊头的制作、内容的排版及美化、页眉页脚和页码的添加等活动，逐步掌握使用 Word 进行文本信息处理的基本方法和技巧。

活动一　设计刊头

微课

设计刊头

活动要求

　　小张同学是校刊的总编辑，接到制作"春风绿"特刊的任务，他决定先从刊头入手。刊头与标题在报刊设计中起到画龙点睛的作用。对标题位置、字体、大小、形状、方向的处理，直接关系整个版面的视觉效果。在设计刊头时，刊头和标题的内容要和报刊主题思想一致，可以采用纯文字或者文字与装饰图片相结合的构成形式。

活动分析

一、思考与讨论

（1）刊头部分由哪些元素组成？为什么要设计刊头？

(2)刊头分为哪些类型?

(3)刊头的设计形式有哪些?

二、总体思路

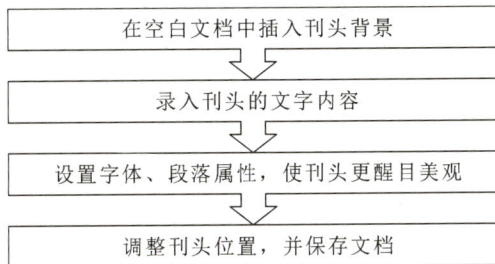

在空白文档中插入刊头背景

↓

录入刊头的文字内容

↓

设置字体、段落属性,使刊头更醒目美观

↓

调整刊头位置,并保存文档

方法与步骤

一、认识 Word 工作界面

选择"开始"|"所有程序"|"Microsoft Office"|"Microsoft Word 2010"命令,或者双击桌面上的"Word 2010"程序图标,将启动 Word 文字处理软件,这时 Word 会默认新建一个空白文档,并命名为"文档1"。

Word 工作界面主要由标题栏、功能区、文档编辑区、状态栏和视图切换区组成,如图 3-1-1 所示。

1.标题栏

标题栏位于窗口的最上方,由控制菜单图标、快速访问工具栏、工作簿名称和控制按钮等组成。

在标题栏中,快速访问工具栏位于标题栏的左侧,用户可以单击"自定义快速访问工具栏"按钮 ,在弹出的下拉列表中选择常用的工具命令,将其添加到快速工具栏,以方便使用。

控制按钮位于标题栏的最右侧,包括"最小化"按钮 、"最大化"按钮 、"向下还原"按钮 和"关闭"按钮 。

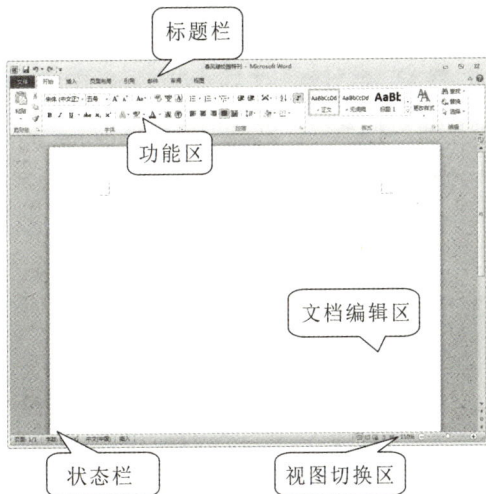

图 3-1-1　Word 工作界面

2.功能区

功能区主要由选项卡、组和命令按钮等组成。通常情况下,Word 2010 工作界面中显示"文件""开始""插入""页面布局""引用""邮件""审阅"以及"视图"等 8 个选项卡。用户可以切换到相应的选项卡中,然后单击相应组中的命令按钮完成所需的操作。

功能区的右上角还包含"功能区最小化"按钮、"Microsoft Word 帮助"按钮和 3 个窗口控制按钮,即"窗口最小化"按钮、"还原窗口"按钮和"关闭窗口"按钮,这 3 个窗口控制按钮是用来控制工作区窗口的。

3.文档编辑区

文档编辑区是用来输入和编辑文字的区域。在文档编辑区中有一条竖直的、黑色的、不断闪动的短线,它就是光标,也称为"插入点",用来控制用户在编辑区中输入字符的位置。

4.状态栏

状态栏位于窗口的最下方,主要用于显示当前文档的状态信息。

5.视图切换区

视图切换区位于状态栏的右侧,用来切换文档的视图方式,一般包含有"普通"视图、"页面布局"视图和"分页预览"视图3种方式。

二、创建文档

(1)打开文字处理软件 Word 2010,单击"文件"选项卡,单击"新建"命令,再双击"空白文档",或者单击选中"空白文档"后单击右侧的"创建"按钮,建立新文档,如图 3-1-2 所示。

(2)单击"文件"选项卡,单击"保存"选项,在弹出的"另存为"对话框中,选择保存位置,指定文件夹;输入文件名"春风绿校园特刊";设置保存类型为"Word 文档";单击"保存"按钮,如图 3-1-3 所示,得到文件"春风绿校园特刊.docx"。

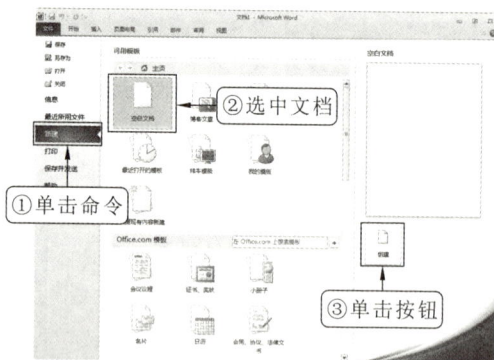

图 3-1-2　创建新文档

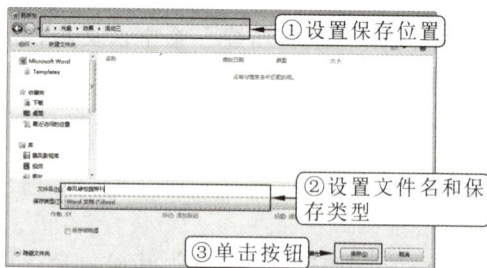

图 3-1-3　保存文档

三、插入刊头背景

(1)打开"春风绿校园特刊"Word 文档,在"插入"选项卡的"插图"组中单击"图片"按钮,如图 3-1-4 所示。

图 3-1-4　单击"图片"按钮

(2)弹出"插入图片"文本框,找到文件路径,选择"刊头背景1"图片,单击"插入"按钮,如图3-1-5所示。

(3)完成刊头背景图片的插入,其效果如图3-1-6所示。

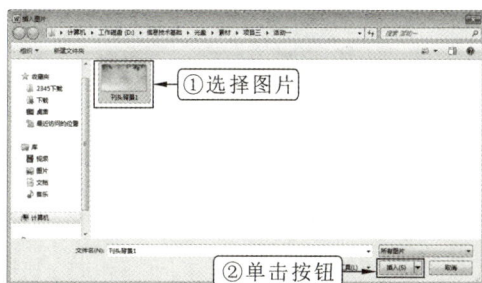

图 3-1-5　单击"插入"按钮

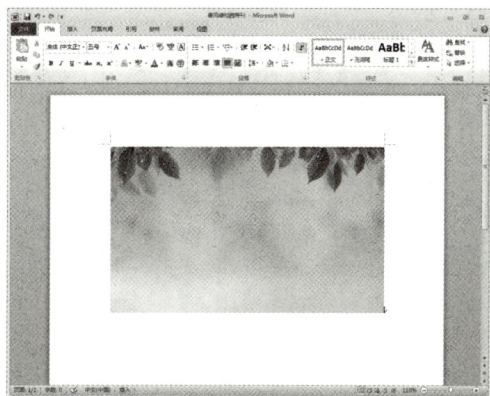

图 3-1-6　刊头背景效果图

四、添加文字标题

(1)在"插入"选项卡的"文本"组中,单击"文本框"下拉按钮,在弹出的"内置"列表中选择"简单文本框"选项,如图3-1-7所示。

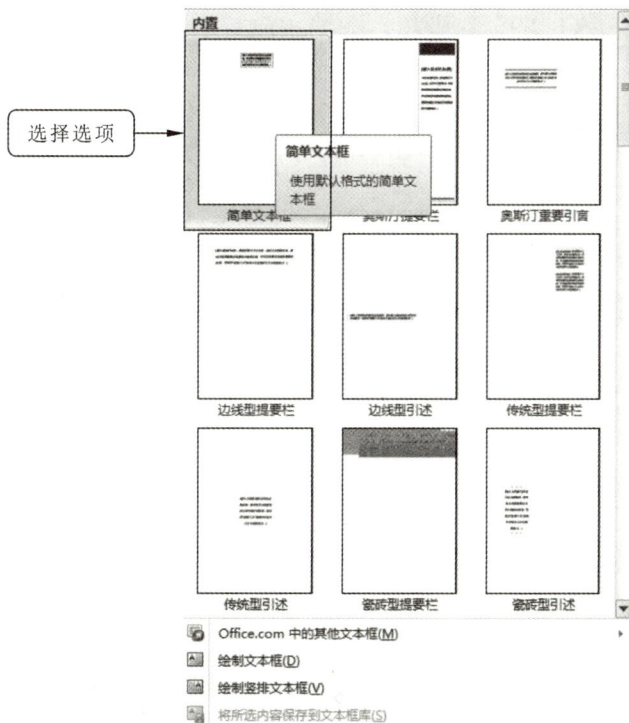

图 3-1-7　选择"简单文本框"选项

(2)在弹出的文本框中输入刊头标题"春风绿"文本,单击图片任意位置完成刊头文字输入,如图 3-1-8 所示。

(3)使用相同的方法再次插入文本框,并输入"××职教中心学校 编辑部"和"2018 年 4 月 12 日 星期四"文本,如图 3-1-9 所示。

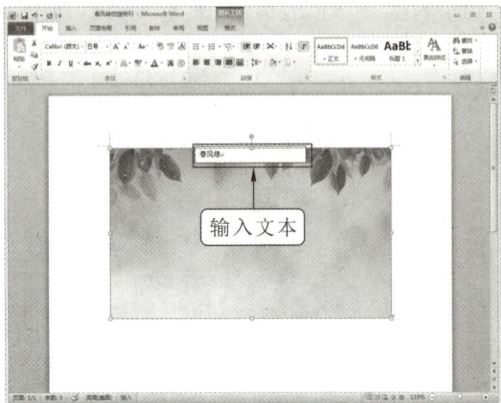

图 3-1-8　输入刊头文本

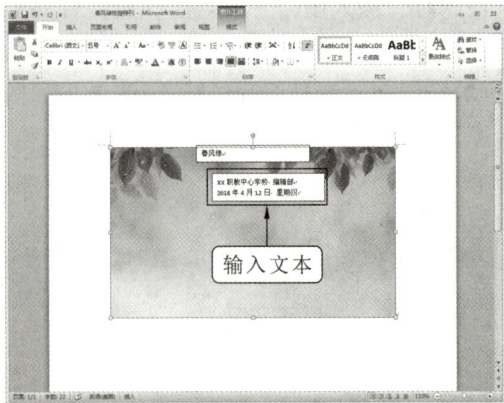

图 3-1-9　输入刊头标题文本

✍ 五、美化刊头

(1)同时选择两个文本框,在"格式"选项卡的"形状样式"组中,单击"形状填充"下拉按钮,在弹出的下拉列表中,选择"无颜色填充"命令,如图 3-1-10 所示。

　　提醒:先选中一个文本框,按住"Shift"键,再单击另一个文本框,即可同时选中两个文本框。

(2)单击"春风绿"文本框,在"格式"选项卡的"形状样式"组中,单击"形状轮廓"下拉按钮,在弹出的下拉列表中,选择"无轮廓"命令,如图 3-1-11 所示。

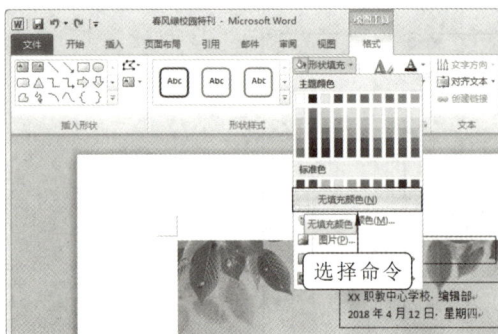

图 3-1-10　选择"无颜色填充"命令

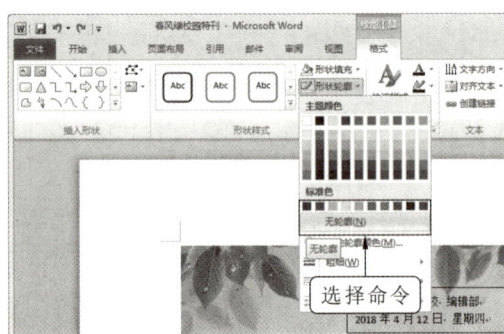

图 3-1-11　选择"无轮廓"命令

(3)单击另一个文本框,在"格式"选项卡的"形状样式"组中,单击"形状轮廓"下拉按钮,弹出下拉列表,在"标准色"中选择"蓝色"选项,在"粗细"选项中选择"2.25 磅"选项,在"虚线"选项中选择"圆点"选项,其效果如图 3-1-12 所示。

(4)单击"春风绿"文本框,全选文本框中的文本内容,在"开始"选项卡的"字体"组中,设置文本字体为"华文行楷",字号为"小初",如图 3-1-13 所示。

(5)单击另一个文本框,全选文本框中的文本内容,在"开始"选项卡的"字体"组中,设置文本字体为"黑体",字号为"小四",如图 3-1-14 所示。

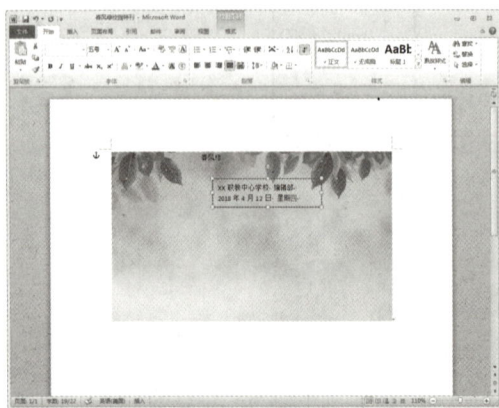

图 3-1-12　设置文本框边框

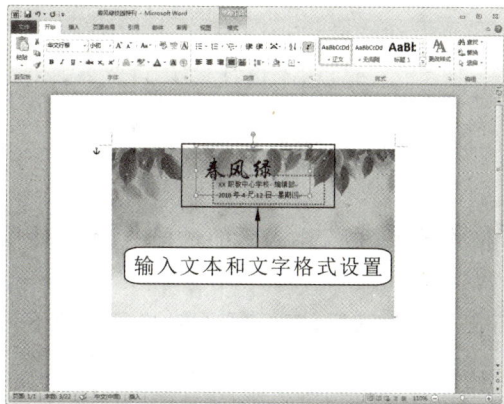

图 3-1-13　设置字体格式

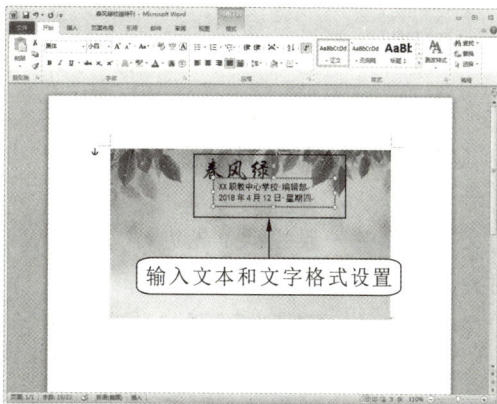

图 3-1-14　设置字体格式

（6）单击"春风绿"文本框，将鼠标指针移动到文本边框上，当指针变成"十"字箭头时，按住鼠标左键不放，拖动文本框到合适的位置，释放鼠标左键，即可完成文本框位置的调整，如图 3-1-15 所示。

（7）使用相同的方法，调整另一个文本框的位置，其效果如图 3-1-16 所示。

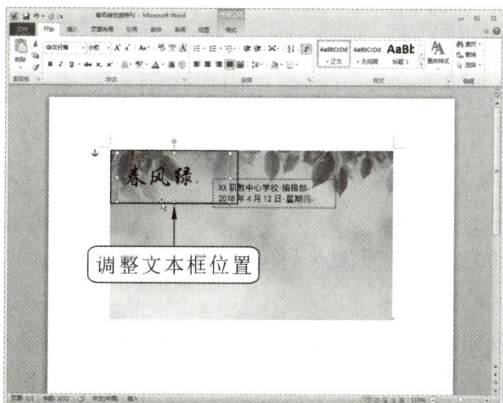

图 3-1-15　调整文本框位置

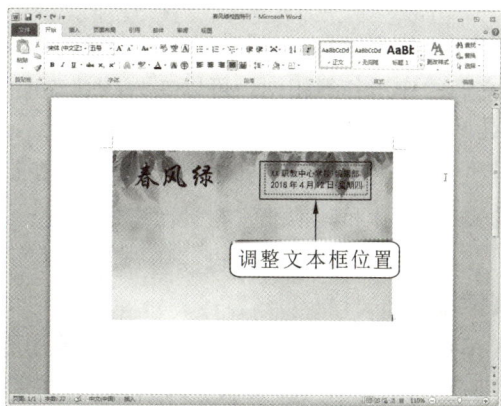

图 3-1-16　调整文本框位置

（8）选中背景图片，在"格式"选项卡的"大小"组中，单击"裁剪"按钮，如图 3-1-17 所示。

（9）弹出图片的裁剪状态，将鼠标指针移动到边框裁剪图标上，按住鼠标左键不放，拖动到合适的位置释放鼠标左键，即可完成图片背景的裁剪，如图 3-1-18 所示。

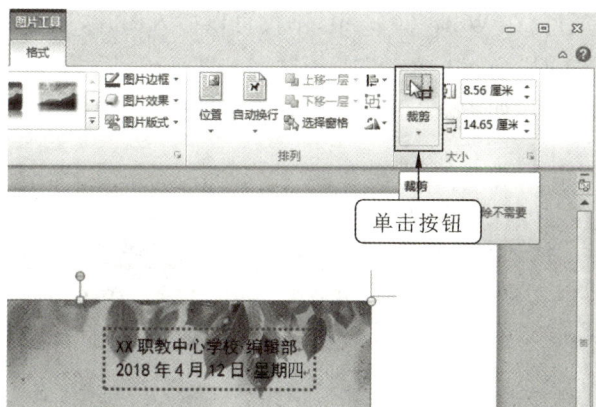

图 3-1-17　单击"裁剪"按钮

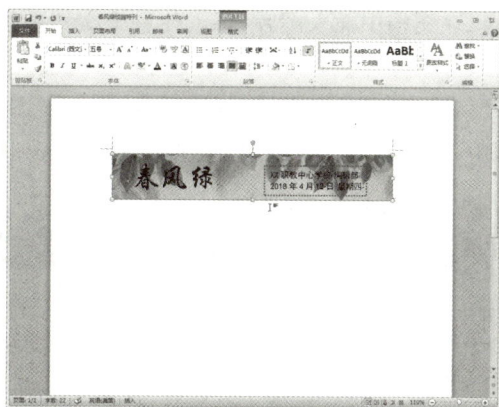

图 3-1-18　裁剪背景图片

知识链接

一、文本录入

文档制作的一般原则是先进行文本录入,后进行格式排版,在文本录入的过程中,不要使用空格对齐文本。

文本录入一般都是从页面的起始位置开始,当一行文字输入满后,Word 会自动换行开始下一行的输入,整个段落录入完毕后按"Enter"键结束(在一个自然段内切忌使用"Enter"键进行换行操作)。

文档中的标记称为段落标记,一个段落标记代表一个段落。

编辑文档时,有"插入"和"改写"两种状态,双击状态栏中的"插入"或"改写"按钮,或者按"Insert"键可以切换这两种状态。在"插入"状态下,输入的字符将插入到插入点处;在"改写"状态下,输入的字符将覆盖现有的字符。

二、选择视图模式

Word 中有"页面视图""阅读版式视图""Web 版式视图""大纲视图"和"草稿"5 种文档视图模式,它们的作用各不相同。可以在"视图"选项卡的"文档视图"组中单击不同选项来进行模式的切换,如图 3-1-19 所示。

(1)"页面视图"模式:该模式依照真实页面显示,用于查看文档的打印外观,可以显示出预览打印的文字、图片和其他元素在页面中的位置。

(2)"阅读版式视图"模式:该模式是进行了优化的视图,以便于在计算机屏幕上利用最大的空间阅读或批注文档。

(3)"Web 版式视图"模式:该模式一般用于创建网页文档,或者查看网页形式的文档外观。

(4)"大纲视图"模式:该模式能够查看文档的结构,并显示大纲工具。

(5)"草稿"模式:该模式一般用于快速编辑文本。在草稿中简化了页面的布局,不会显示某些文档要素,比如页边距、页眉和页脚、背景、图形对象,以及除了"嵌入型"以外的绝大部分图片。

三、插入图片

在文档中插入图片,可以使整个文档更加多彩。在 Word 2010 中,不仅可以插入图片,还可以插入背景图片。Word 2010 支持更多的图片格式,如".jpg"".jpeg"".tiff"".png"".bmp"等。

在"插入"选项卡的"插图"组中,单击"图片"按钮,如图 3-1-20 所示,在弹出的"插入图片"对话框中,选择需要插入的图片,单击"插入"按钮即可。

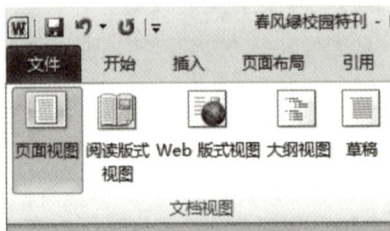

图 3-1-19　选择视图模式

图 3-1-20　单击"图片"按钮

自主实践活动

通过网络搜索相关资源,使用 Word 2010 软件自主制作一个校园特刊的刊头。要求在一张 A4 线上排版制作,版面布局合理,设置合理的字体、背景图片以及边框。

活动二　排版及美化

★ 微课

排版及美化

活动要求

得知学校成立编辑部并筹备创办校园特刊的消息,同学们纷纷投稿,有校园新闻、诗歌摘抄、风土人情、人文地理、美文欣赏、文言文欣赏等。

编辑部通过筛选,选定了 6 篇稿件。主编小张决定安排两个版面进行刊登,要求在页面版式的安排上,尽量做到简洁清晰、灵活多变,以便于浏览,增加读者的阅读兴趣。

活动分析

一、思考与讨论

(1)稿子一共有 6 篇,假如你是主编,你打算怎样在两个版面上安排 6 篇文章,使得它们各具特色、浑然一体。

(2)在 Windows 中,我们学过如何选择不相邻的文件,那么在 Word 中如何选择不相邻的文字或段落?

(3)可否使用段落缩进进行文字编排? 如何使用? 在哪里使用好?

二、总体思路

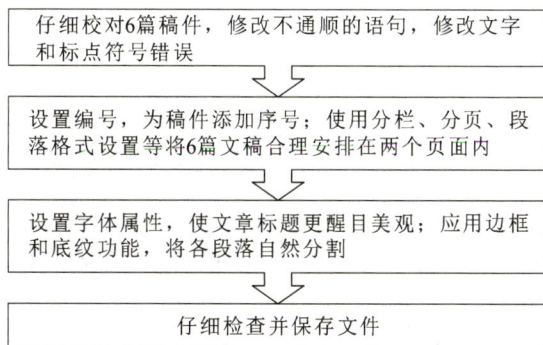

方法与步骤

一、审核稿件

（1）打开文字处理软件 Word 2010，单击快速访问工具栏中的最后一个"新建"按钮，或者直接按"Ctrl＋N"组合键，建立空白文档，如图 3-2-1 所示。

（2）在文档开头输入特刊标题"春风绿特刊稿件"文本，如图 3-2-2 所示。

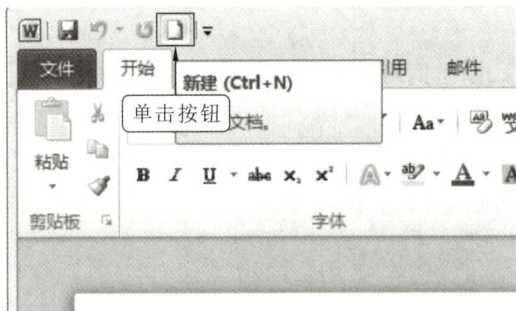

图 3-2-1　建立空白文档

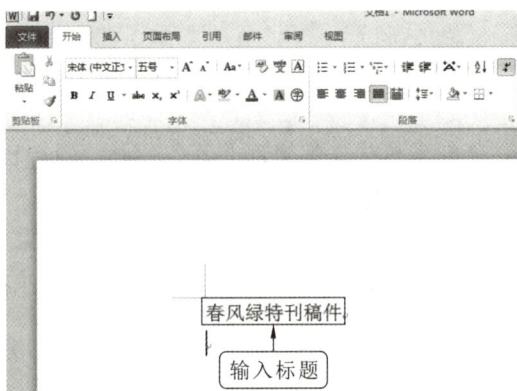

图 3-2-2　输入特刊标题

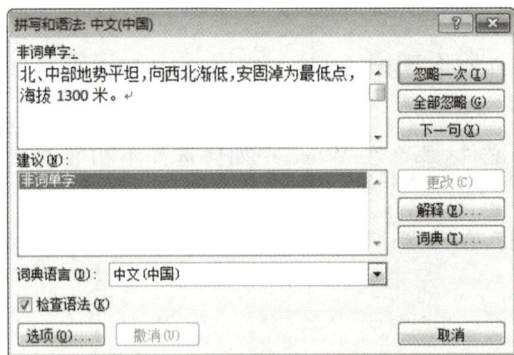

图 3-2-3　检查拼写和语法错误

（3）打开"素材\项目三\稿件"中的 6 篇稿件，复制文本内容，并依次粘贴到空白文档中，各篇稿件之间留一个空行。

（4）除认真阅读文档内容，修改不通顺的语句外，还可以在"审阅"选项卡的"校对"组中，打开"拼写和语法"对话框，检查拼写和语法错误，如图 3-2-3 所示。

（5）选择"文件"选项卡，单击"保存"选项，在弹出的"另存为"对话框中，选择保存位置，指定文件夹，输入文件名"春风绿特刊稿件"，设置保存类型为"Word 文档"，单击"保存"按钮，得到文件"春风绿特刊稿件.docx"。

二、页面排版

（1）按"Ctrl＋A"组合键，选中整篇文档；单击鼠标右键，在弹出的快捷菜单中，选择"复制"命令。

（2）打开刊头所在文档，单击鼠标右键，在弹出的快捷菜单中选择"粘贴"命令。即可将审阅后的稿件添加到文档中，其效果如图 3-2-4 所示。

（3）删除首行"春风绿特刊稿件"文本，按住"Ctrl"键选中 6 篇稿件的小标题；单击鼠标右键，在弹出的快捷菜单中选择"编号"命令，在展开的级联菜单中选择编号格式，如图 3-2-5 所示。

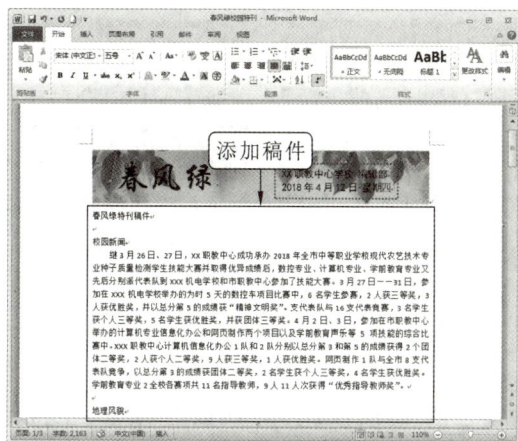

图 3-2-4 添加稿件

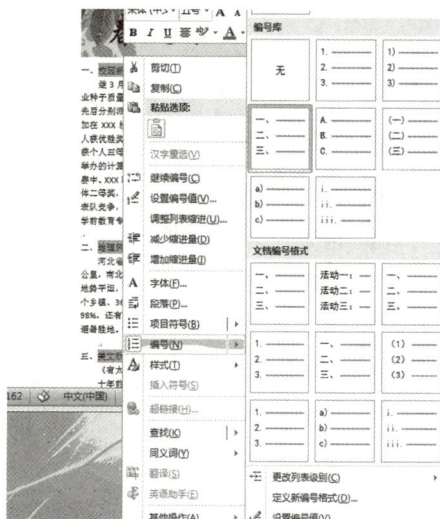

图 3-2-5 选择编号格式

（4）选择"定义新编号格式"命令，在弹出的"定义新编号格式"对话框中设置"编号样式"为"一，二，三(简)…"，"编号格式"为"一、"，"对齐方式"为"左对齐"，如图 3-2-6 所示。单击"确定"按钮，为 6 篇稿件标题添加小节序号。

（5）选中前两篇文稿，在"页面布局"选项卡的"页面设置"组中，单击"分栏"下拉按钮，在弹出的列表中，选择"偏右"命令，如图 3-2-7 所示。其分栏效果如图 3-2-8 所示。

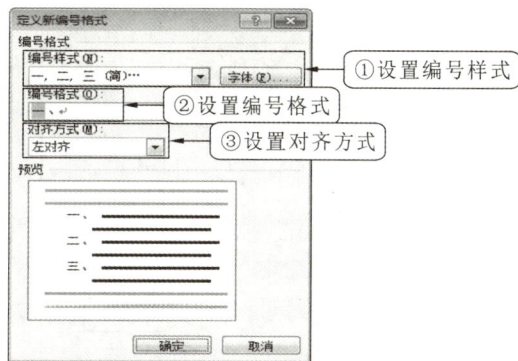

图 3-2-6 自定义编号格式

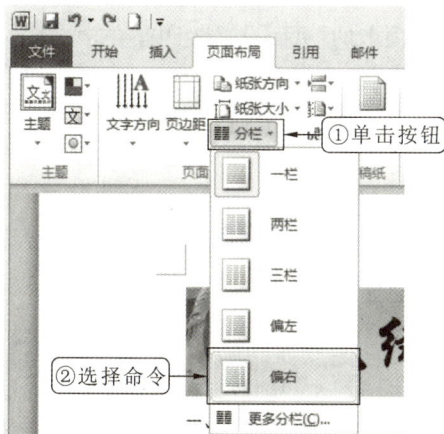

图 3-2-7 选择"偏右"命令

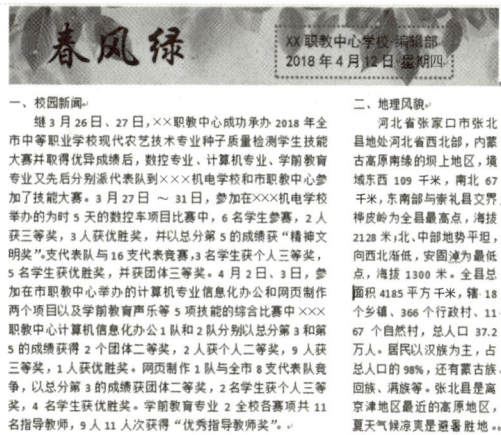

图 3-2-8 分栏效果

提醒：进行分栏设置的时候，可以在两栏文档之间加上分隔线。在"页面布局"选项卡的"页面设置"组中，单击"分栏"下拉按钮，在弹出的列表中选择"更多分栏"命令，在弹出的"分栏"对话框中设置"预设"为"右"，勾选"分隔线"复选框，如图 3-2-9 所示。

（6）使用相同的方法将第三篇文稿内容设置为"两栏"，效果如图 3-2-10 所示。

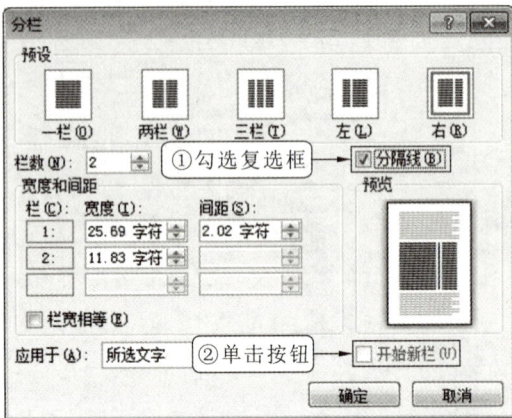

图 3-2-9 勾选"分隔线"复选框

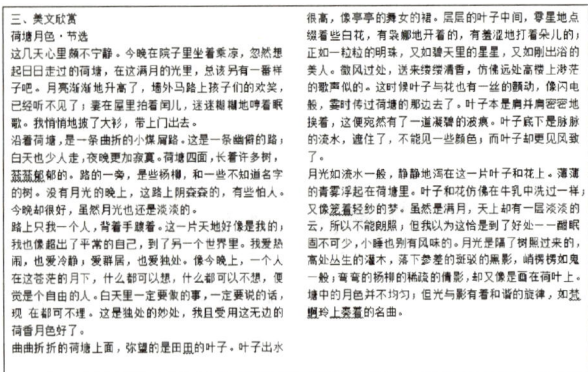

图 3-2-10 分栏效果

(7)选中第四篇和第五篇文稿,在"页面布局"选项卡的"页面设置"组中,单击"分栏"下拉按钮,在弹出的列表中选择"更多分栏"命令,在弹出的"分栏"对话框中设置预设为"左",栏宽设置如图 3-2-11 所示。其分栏效果如图 3-2-12 所示。

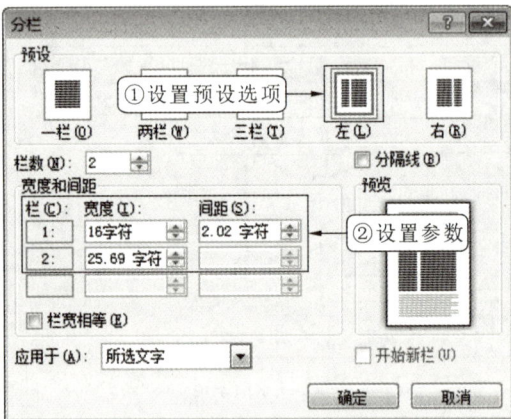

图 3-2-11 "分栏"对话框

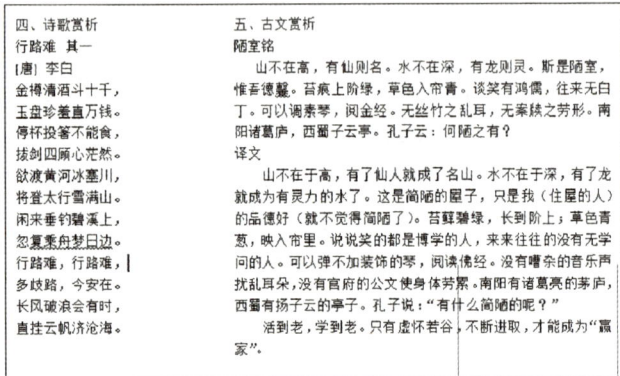

图 3-2-12 分栏效果

(8)将光标定位在三篇文稿之首的空行上,在"页面布局"选项卡的"页面设置"组中,单击"分隔符"下拉按钮,在弹出的列表中选择"分页符"命令,如图 3-2-13 所示,将第四、五、六篇文稿放入下一页版面。

(9)在"页面布局"选项卡的"页面设置"组中,单击"页边距"下拉按钮,在弹出的列表中选择"窄"命令,如图 3-2-14 所示。

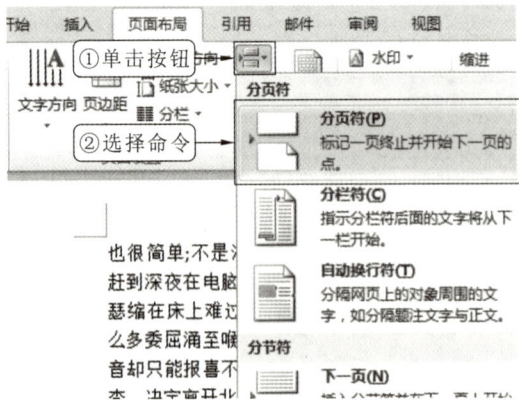

图 3-2-13 选择"分页符"命令

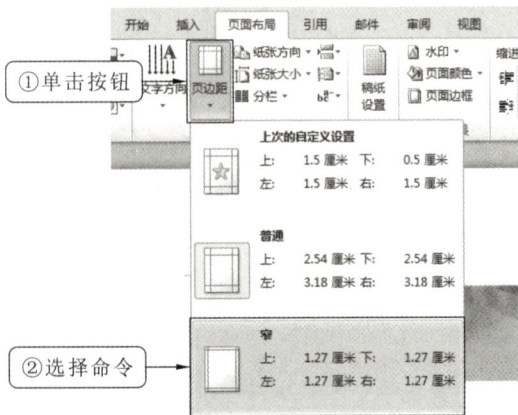

图 3-2-14 选择"窄"命令

提醒：除上述固定页边距外,也可以根据需求自定义页边距。在"页面布局"选项卡的"页面设置"组中,单击"页边距"下拉按钮,在弹出的列表中,选择"自定义页边距"命令完成设置。

（10）版面设置完成后,按"Ctrl＋S"组合键再次保存文件。

三、美化文字，整理段落

（1）选中第一篇文稿的标题"校园新闻",单击鼠标右键,在弹出的快捷菜单中选择"字体"命令,在弹出的"字体"对话框中,设置"中文字体"为"黑体","字形"为"加粗","字号"为"三号",如图 3-2-15 所示。

（2）单击"文字效果"按钮,在弹出的"设置文本效果格式"对话框中设置"阴影"为"右下斜偏移",如图 3-2-16 所示。单击"关闭"按钮,再单击"确定"按钮。

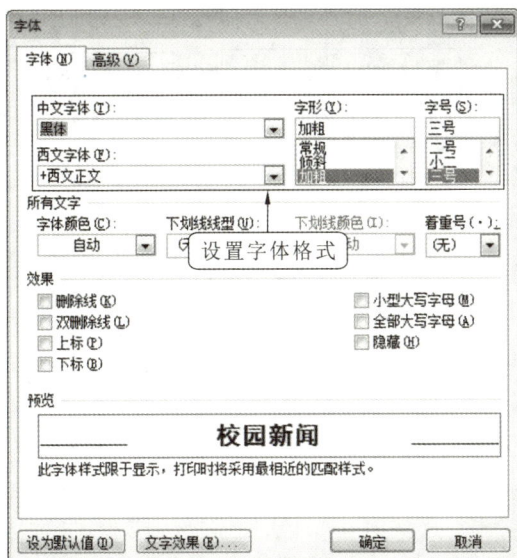

图 3-2-15　设置字体格式

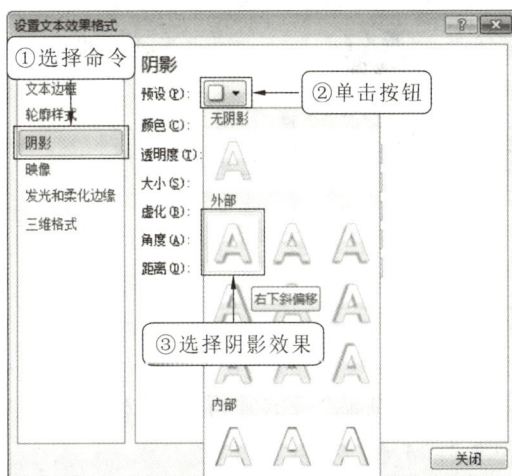

图 3-2-16　设置文本效果格式

（3）使用上述相同的方法,设置各篇文稿小标题的字体属性为"黑体""加粗""三号",文字效果为"右下斜偏移"。

（4）使用相同的方法设置各篇文稿正文的字体属性。

（5）选中第一篇文稿的标题"校园新闻",在"页面布局"选项卡的"页面背景"组中,单击"页面边框",在弹出的"边框和底纹"对话框中单击"底纹"选项卡;设置图案样式为"浅色棚架","颜色"为"绿色","应用于"为"文字",如图 3-2-17 所示。单击"确定"按钮,其效果如图 3-2-18 所示。

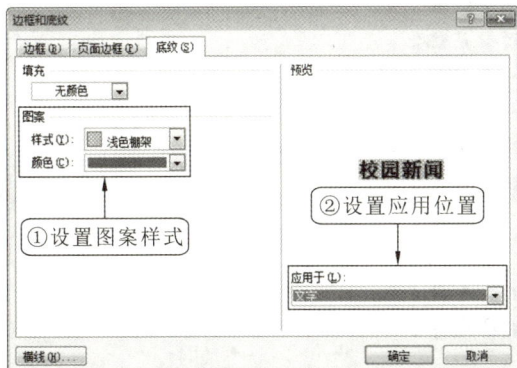

图 3-2-17　设置文字底纹

图 3-2-18　文字底纹效果

(6)保持第一篇文稿标题的选中状态,在"开始"选项卡的"剪贴板"组中双击格式刷,用格式刷分别拖选其他5篇文稿的小标题,即可将文字底纹格式复制到新的对象。操作完毕后再单击"格式刷"按钮,结束格式复制。

四、插入图片

(1)将光标移至第四篇文稿,在"插入"选项卡的"插图"组中,单击"图片",在弹出的"插入图片"对话框中,选择要插入的素材图片文件"诗歌赏析花边2",如图3-2-19所示。

(2)在图片上单击鼠标右键,在弹出的快捷菜单中选择"自动换行"命令,展开级联菜单,再选择"浮于文字上方"命令,如图3-2-20所示,可以将图片浮于文字上方。

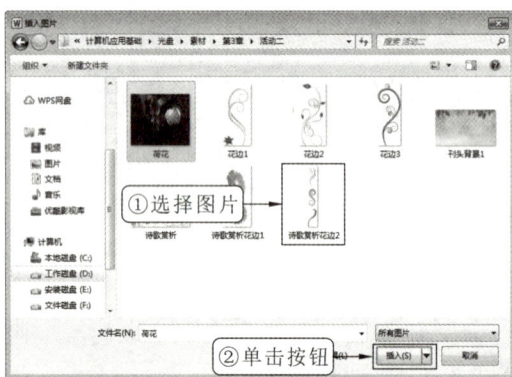

图3-2-19 选择图片对象

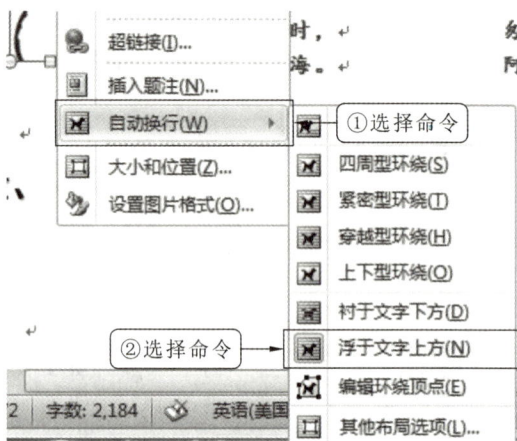

图3-2-20 选择"浮于文字上方"命令

(3)复制粘贴"诗歌赏析花边2"图片,通过鼠标拖动的方式来调整图片的大小和位置,如图3-2-21所示。

图3-2-21 调整图片

（4）使用上述方法为第五、六篇文稿添加图片。

五、检查文件

（1）按"Ctrl＋S"组合键，再次保存制作好的成品文档，然后关闭文件。

（2）重新打开文件"春风绿校园特刊.docx"，仔细校对文字，审核排版效果，修正满意后确定保存。

"春风绿校园特刊"排版美化效果如图3-2-22所示。

图 3-2-22 排版美化效果

知识链接

一、定义新项目符号

在文本中使用项目符号时，如果要使用默认项目符号样式以外的符号作为项目符号，可以在"项目符号"列表框中，单击"定义新项目符号"命令，弹出"定义新项目符号"对话框，如图3-2-23所示，在对话框中单击"符号"按钮，弹出"符号"对话框，选择合适的符号作为定义的项目符号即可，如图3-2-24所示。

二、插入特殊符号

当输入一些键盘上没有的特殊符号时，如希腊字母、数学符号等，可以在"插入"选项卡的"符号"组中，单

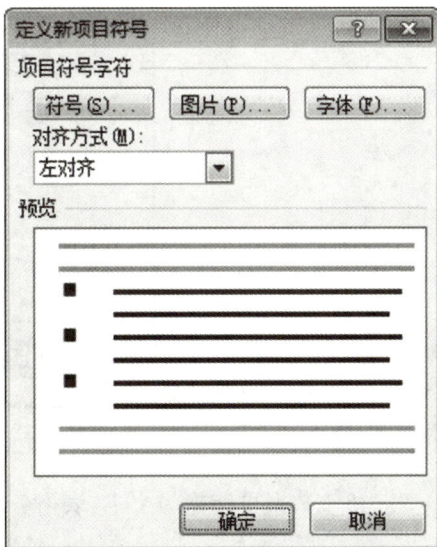

图 3-2-23 "定义新项目符号"对话框

击"符号"，在弹出的列表中单击"其他符号"，打开"符号"对话框。在其中的"符号"选项卡上，先选择相应的字符集，再双击所需要的字符，即可完成输入任务，如图 3-2-25 所示。

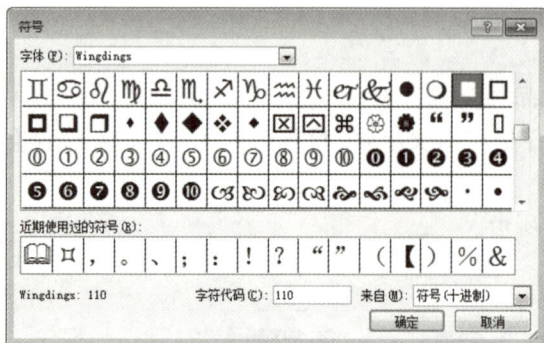

图 3-2-24　"符号"对话框

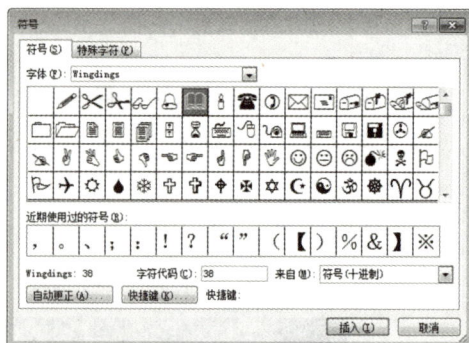

图 3-2-25　"符号"对话框

三、将表格转换成文本

Word 2010 支持文本和表格的相互转换。将表格转换成文本时，选择要转换为段落的行或表格，打开表格工具，在"布局"选项卡的"数据"组中，单击"转换为文本"按钮，在弹出的"表格转换成文本"对话框中，设置所需要的"文字分隔符"。例如，将表 3-2-1 全部选中，并设置"文字分隔符"为"制表符"，如图 3-2-26 所示，单击"确定"按钮。

表 3-2-1　股票交易数据

指数	开盘	收盘	最高	最低	涨跌幅	成交量
上证指数	1761.44	1730.49	1770.26	1729.48	−0.96%	232.9 亿元
深圳指数	4515.37	4461.65	4580.68	4455.64	−0.68%	237.9 亿元

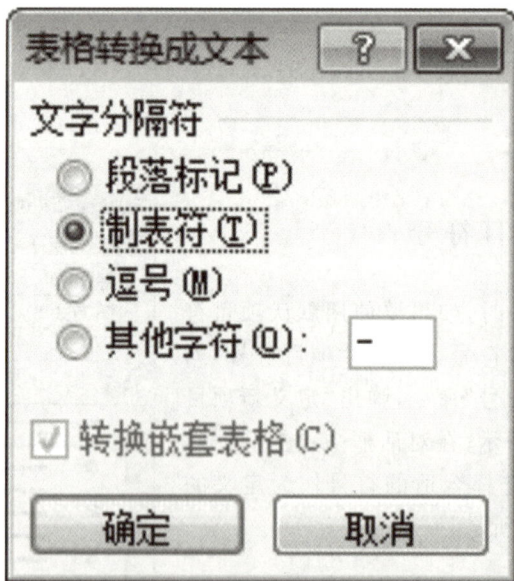

图 3-2-26　"表格转换成文本"对话框

表 3-2-1 数据可转换为文本，表格各行用段落标记分隔，各列用制表符分隔。

四、字数统计

在"审阅"选项卡的"校对"组中，单击"数字统计"按钮，如图 3-2-27 所示；弹出的"字数统计"对话框会显示统计信息，包括"页数""字数""字符数（不计空格）""字符数（计空格）""段落数""行数""非中文单词"和"中文字符和朝鲜语单词"，如图 3-2-28 所示。字数统计可以帮助我们了解文档的基本情况，方便版面的安排。

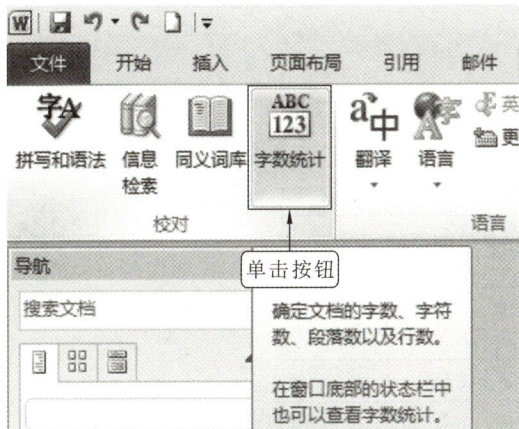

图 3-2-27　单击"字数统计"按钮

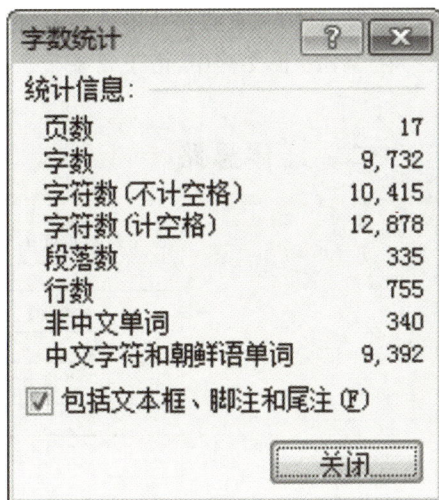

图 3-2-28　"字数统计"对话框

自主实践活动

端午节是中国古老的传统节日，始于中国的春秋战国时期，至今已有 2000 多年的历史。关于端午节的起源，在民间流传着许多美丽的传说。为弘扬中华民族传统文化，尝试运用 Word 2010 软件，制作一份双页的宣传单。

活动三　添加页眉、页脚和页码

★ 微课

添加页眉、页脚和页码

活动要求

"春风绿"校园特刊已经基本完成了版面排版的任务，还需为校刊创建页眉、页脚，插入页码并设置页码格式。

页眉和页脚通常用于显示文档的附加信息。例如，页码、日期、作者名称、单位名称、徽标或者章节名称等，其中，页眉位于页面顶部，而页脚位于页面底部。Word 可以给文档的每一页建立相同的页眉和页脚。页码就是给文档每页所编的号码，便于读者阅读和查找。页码可以添加在页面顶端、页面底部和页边距等位置。

活动分析

一、思考与讨论

(1)如何插入页眉和页脚？

(2)页眉、页脚和页码是否有个性化设置？

(3)在 Word 长文档中，由于篇幅很长，在页眉、页脚中可添加哪些信息用以方便页面索引？

二、总体思路

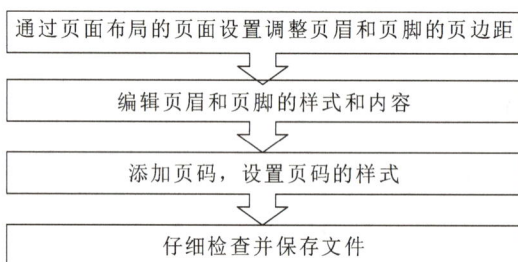

方法与步骤

一、调整页眉和页脚的页边距

(1)打开文字处理软件 Word 2010，打开资源包中的"素材\项目三\活动三\春风绿校园特刊"。

(2)在"页面布局"选项卡的"页面设置"组中，单击右下角的"页面设置"按钮，如图 3-3-1 所示。

(3)在弹出的"页面设置"对话框中，切换到"版式"选项卡，设置"页眉"为"1.5 厘米"，"页脚"为"1.6 厘米"，"应用于"为"整篇文档"，单击"确定"按钮，如图 3-3-2 所示。

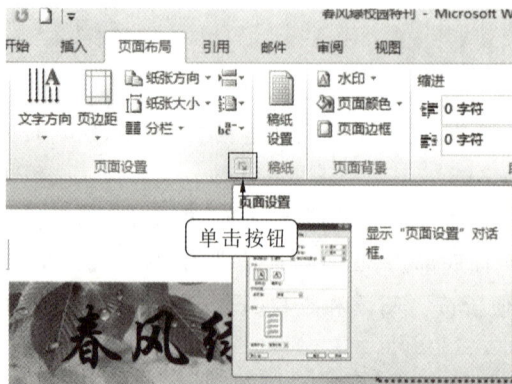

图 3-3-1　单击"页面设置"按钮

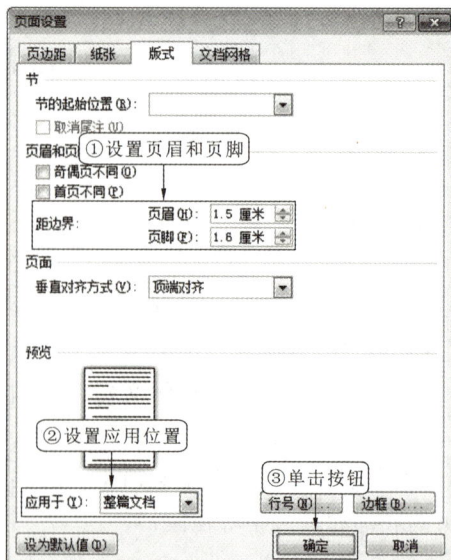

图 3-3-2　设置页眉和页脚的边距

✎ 二、设置页眉和页脚

（1）切换到"插入"选项卡，单击"页眉和页脚"组中的"页眉"下拉按钮，在弹出的下拉列表中选择"奥斯汀"选项，如图 3-3-3 所示。

（2）弹出页眉编辑界面，在标题文本框中输入"校园特刊"文本，如图 3-3-4 所示。

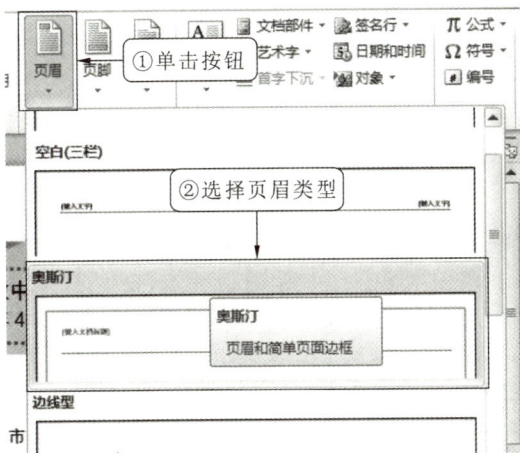

图 3-3-3 设置页眉类型

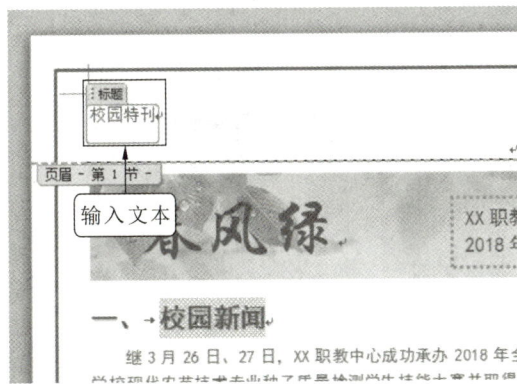

图 3-3-4 编辑页眉内容

（3）选中"校园特刊"文本标题，设置字体为"华文彩云"，字号为"四号"，颜色为"紫色"，添加"下划线"，双击文本空白处，即可完成页眉设置并退出编辑界面，如图 3-3-5 所示。

（4）单击"页眉和页脚"组中的"页脚"下拉按钮，在弹出的下拉列表中选择"新闻纸"选项，如图 3-3-6 所示。

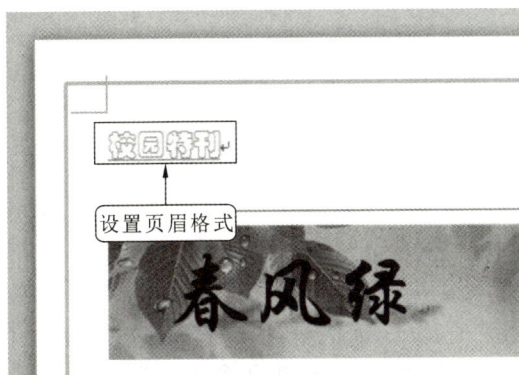

图 3-3-5 设置页眉格式

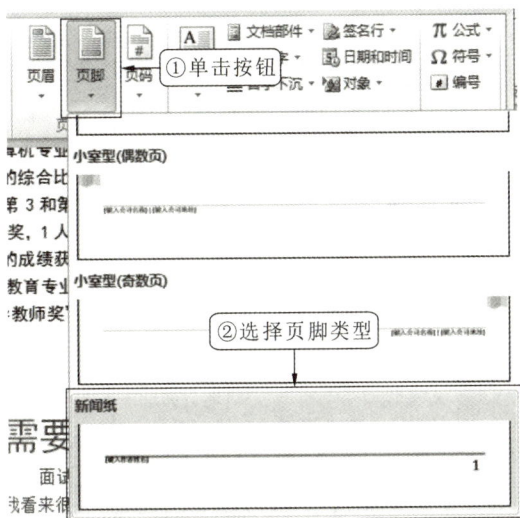

图 3-3-6 设置页脚类型

（5）弹出页脚编辑界面，在文本框中输入文本内容，如图 3-3-7 所示。

（6）选中页脚文本内容，设置字体为"幼圆"，字号为"小四"，颜色为"紫色"，双击文本空白处，即可完成页脚设置并退出编辑界面，其效果如图 3-3-8 所示。

无斥了各色的神秘光环，怎么是找这样的小城上的呢？在他们看来，我的毅然决然，无异于取其辱。他们不希望我受伤。可他们终于还是放我去了。

2004 年的初春，偌大的北京城，便多了一掩盖自己惶恐的少年，抚着一颗颤颤巍巍的心地站在电影学院初试、二试、三试的艺考接前或是沉默。

页脚 - 作者节 -

书山有路勤为径，学海无涯苦作舟！

输入页脚内容

放我去了。

2004 年的初春，偌大的北京城，便多了掩盖自己惶恐的少年，一次次地站在电影学试、三试的艺考接前，带着笑或是沉默。

面试当日，我起了个早，去西单买了一我看来很妥帖的衣服，花掉了身上大部分的

书山有路勤为径，学海无涯苦作舟！

编辑页脚格式

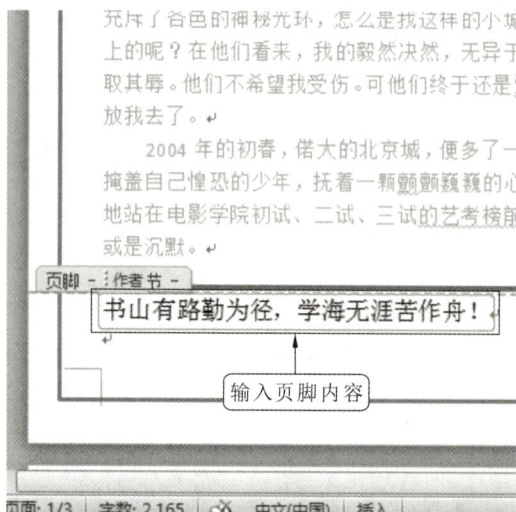

图 3-3-7　编辑页脚内容　　　　　　　　图 3-3-8　页脚效果图

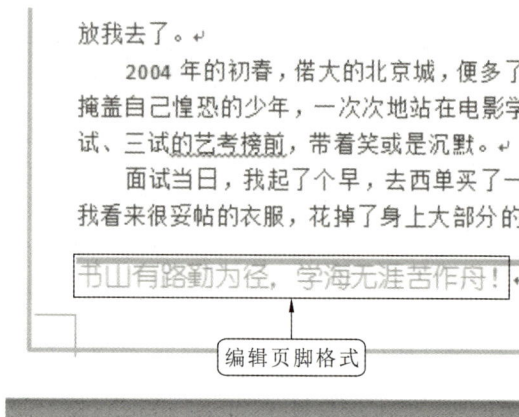

提醒：还可以通过其他方法打开或关闭页眉、页脚编辑界面，将鼠标指针移动到文档四个边角的任意一个边角处，双击即可快速打开编辑界面，如图 3-3-9 所示。在"页眉和页脚工具"|"设计"选项卡的"关闭"组中，单击"关闭页眉和页脚"按钮，即可退出页眉和页脚编辑界面，如图 3-3-10 所示。

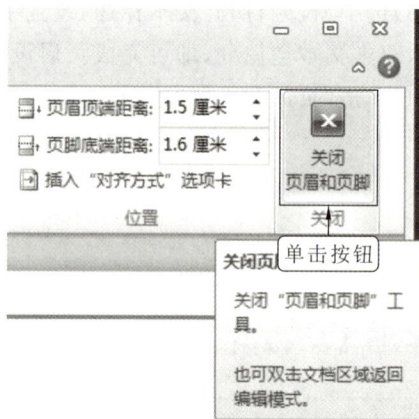

图 3-3-9　双击鼠标　　　　　　　　　图 3-3-10　单击"关闭页眉和页脚"按钮

三、添加页码

(1)在"插入"选项卡的"页眉和页脚"组中，单击"页码"下拉按钮，在弹出的列表中选择"当前位置"|"圆角矩形"选项，如图 3-3-11 所示。

(2)选中插入的页码，单击鼠标右键，在弹出的快捷菜单中选择"自动换行"|"浮于文字上方"命令，如图 3-3-12 所示。

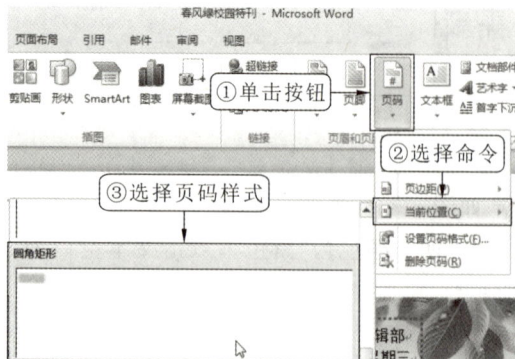

图 3-3-11　设置页码样式

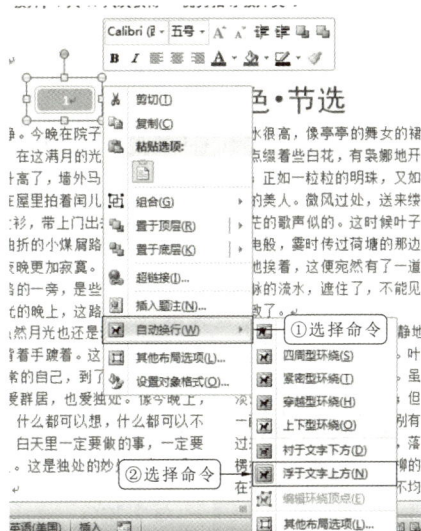

图 3-3-12 选择"浮于文字上方"命令

（3）选中页码,使用鼠标拖动的方法,将添加的页码放到合适的位置,如图 3-3-13 所示。

（4）选中页码,按下"Ctrl＋C"组合键复制页码,然后按"Ctrl＋V"组合键粘贴页码,单击页码"1",将其修改为"2",然后用鼠标拖动到另一个版面的合适位置,如图 3-3-14 所示。

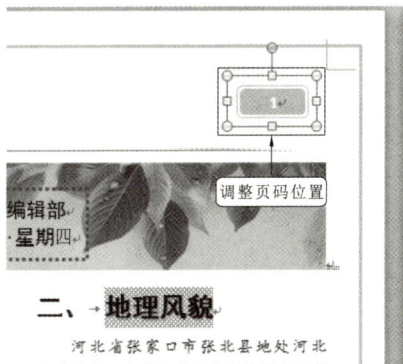

图 3-3-13 调整页码位置

图 3-3-14 添加页码

提醒:除了上述的页码添加方式外,还可以直接添加到页眉或页脚位置,需要注意的是,添加的页码将会替代原来的页眉或页脚内容。

在"插入"选项卡的"页眉和页脚"组中,单击"页码"下拉按钮,在弹出的下拉列表中选择"页面底端"命令,选择"三角形 1"选项,如图 3-3-15 所示。添加页码效果如图 3-3-16 所示。

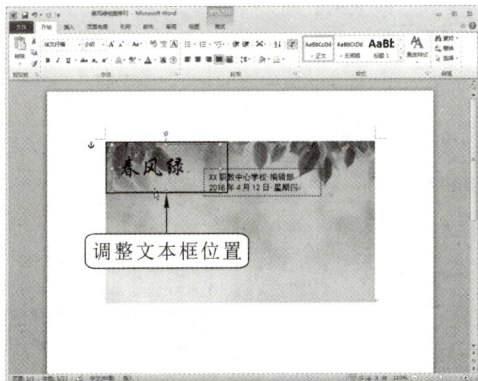

图 3-3-15 设置页码样式

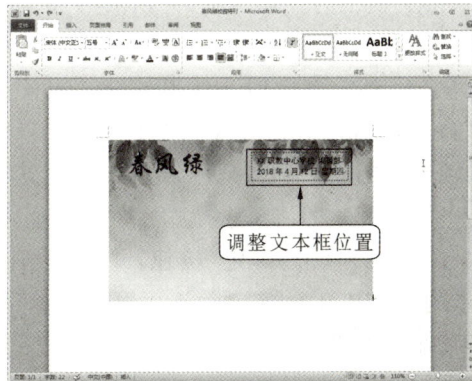

图 3-3-16 页码效果

四、检查并保存文件

(1)认真检查添加的页眉、页脚和页码。按"Ctrl＋S"组合键,再次保存制作好的成品文档,然后关闭文件。

(2)重新打开文件"春风绿校园特刊.docx",再次仔细校对文字,审核排版效果,修正满意后保存文件。

"春风绿校园特刊"最终制作效果如图 3-3-17 所示。

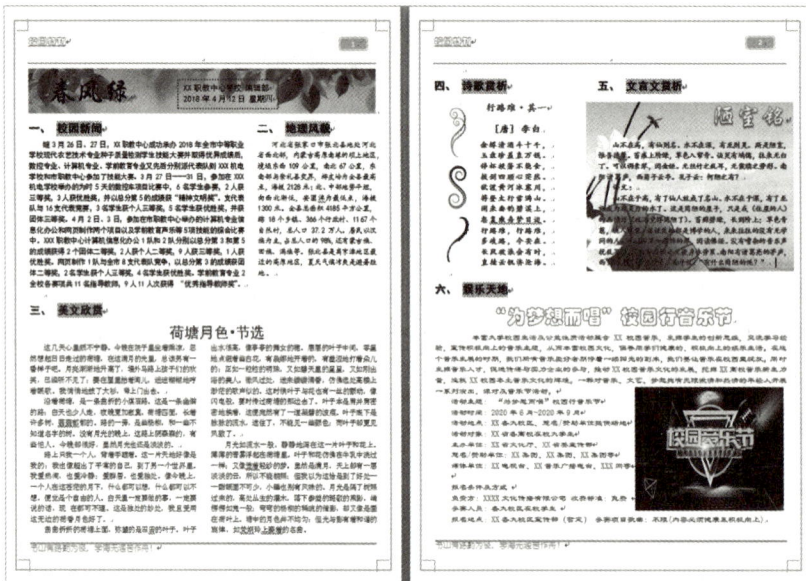

图 3-3-17 "春风绿校园特刊"最终效果

知识链接

一、删除页眉中的横线

页眉中的横线一般在插入页眉后会出现,有时也会在删除页眉页脚、页码后出现。但是如果在删除页眉页脚、页码后也显示横线,则会显得整个文档特别不美观。此时可以使用"边框和底纹"功能将其删除。

双击文档中的页眉文本,弹出页眉和页脚编辑框,选择页眉文本,在"页面布局"组中,单击"边框"下拉按钮,展开列表,选择"边框和底纹"命令,弹出"边框和底纹"对话框,在"边框"选项卡的"设置"列表框中,选择"无"选项;在"应用于"列表框中,选择"段落"选项,如图 3-3-18 所示,单击"确定"按钮,并在"设计"选项卡的"关闭"组中单击"关闭页眉和页脚"按钮,即可删除页眉中的横线。

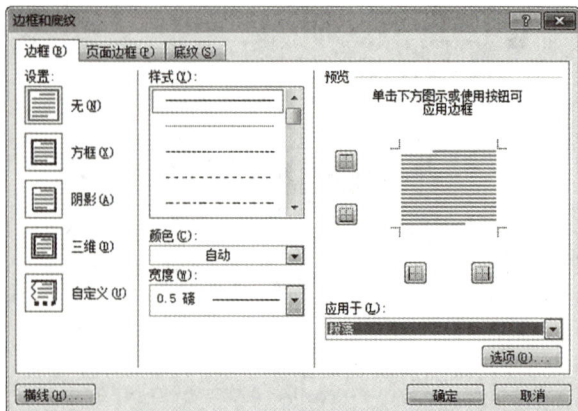

图 3-3-18 "边框和底纹"对话框

✎ 二、生成 PDF 文件

Adobe 公司的 PDF 是 Portable Document Format（便携式文档格式）的缩写,是世界电子版文档分发的公开实用标准。PDF 具有许多其他电子文档格式无法比拟的优点,可以将文字、字形、格式、颜色及独立于设备和分辨率的图形图像等封装在一个文件中,该格式文件还可以包含超文本链接、声音和动态影像等电子信息,支持特长文件,集成度和安全可靠性都较高。

Word 2010 中可以直接将 Word 格式文档保存为 PDF 格式。文档编辑完成后,单击"文件"选项卡"另存为"命令。在弹出的"另存为"对话框中选择"保存类型"为"PDF(＊.pdf)",即可将 Word 格式文档保存为 PDF 格式文件。

ⓒ 自主实践活动

为弘扬中华民族传统文化,请运用 Word 2010 软件,制作一份双页的端午节宣传单。尝试为这份宣传单加上具有特色的页眉、页脚和页码。

综合活动与评估

制作个人简历

✎ 活动背景

毕业后,我们会步入社会,开始工作。工作既是人们获得相应经济收入的途径,也是展示个人能力与才干的舞台。为了让自己的求职更加顺利,制作一个好的个人简历,是寻找工作岗位的常用工具。

为了顺利完成个人简历的准备与制作,首先要了解个人简历的基本构成,以及每一部分的格式、内容、要求等,然后使用文本信息处理工具 Word 2010 来完成制作。

📓 活动分析

✎ 一、活动任务

(1)个人简历:首先了解个人简历的基本要求和一般样式,使用 Word 2010 表格功能设计并制作简历,再在简历表格中填写个人信息。

(2)封面设计:使用 Word 2010 的图文混排功能为个人简历制作封面。

✎ 二、任务分析

(1)个人简历的内容应真实、简洁,突出个人与工作相关的经历,陈述自己的长处和才能,不过分谦虚。

(2)个人简历应具有针对性,根据不同的公司、不同的岗位,调整简历的内容。

方法与步骤

一、个人简历

个人简历是求职者给招聘单位发的一份简要介绍,一般包括以下 4 个部分。

(1)基本情况:包含姓名、性别、出生日期、民族、婚姻状况和联系方式等。

(2)教育背景:按时间顺序列出初中至最高学历的学校、专业和主要课程,以及所参加的各种专业知识和技能培训。

(3)工作经历:按时间顺序列出参加工作至今所有的就业记录,包括公司/单位名称、职务、就任及离任时间,应该突出所任职位的职责、工作性质等,此为求职简历的精髓部分。

(4)其他:个人特长及爱好、其他技能、专业团体、著述和证明人等。

毕业生个人简历制作时一定要尽情地表现自己,而不是别人。在个人简历中展现个人技能,并用自己取得的成果证明它们。写简历不必拘泥于格式,简历是自己的简历,不管写什么,只要合情合理就行。简历最好是实话实说地表现自己,过高的虚夸或者是过于谦虚都不好,参考样章如图 3-4-1 所示。

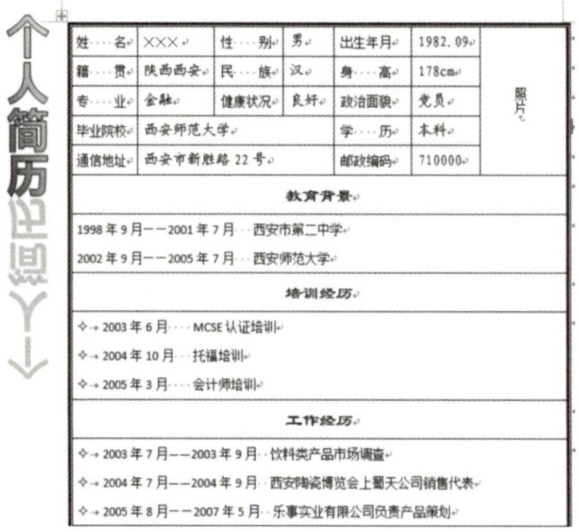

姓　名	×××	性　别	男	出生年月	1982.09	照片
籍　贯	陕西西安	民　族	汉	身　高	178cm	
专　业	金融	健康状况	良好	政治面貌	党员	
毕业院校	西安师范大学			学　历	本科	
通信地址	西安市新胜路 22 号			邮政编码	710000	
教育背景						
1998 年 9 月——2001 年 7 月　西安市第二中学 2002 年 9 月——2005 年 7 月　西安师范大学						
培训经历						
◇ 2003 年 6 月　MCSE 认证培训 ◇ 2004 年 10 月　托福培训 ◇ 2005 年 3 月　会计师培训						
工作经历						
◇ 2003 年 7 月——2003 年 9 月　饮料类产品市场调查 ◇ 2004 年 7 月——2004 年 9 月　西安陶瓷博览会上蜀天公司销售代表 ◇ 2005 年 8 月——2007 年 5 月　乐事实业有限公司负责产品策划						

图 3-4-1　参考样章

二、封面设计

好的封面能提高个人简历的视觉效果,给人以愉悦的感受,使招聘者在未打开个人简历之前就有良好的初步印象,为顺利通过初审,奠定了良好的基础。

个人简历的封面采用图文混排,讲求文字清晰醒目,整体美观大方。

(1)文字内容应包含个人基本信息,让人一目了然,一般包括姓名、毕业院校、专业和个人的联系方式。

(2)图像可以采用毕业院校相关图片、标志等,也可以纯为装饰性图案,反映出求职者的精神面貌和审美情趣,参考样章如图 3-4-2 所示。

图 3-4-2 参考样章

评估

一、综合实践活动的评估

根据综合实践活动,完成下面的评估检查表,先由小组范围内学生自我评估,再由教师对学生进行评估。

综合活动评估表

学生姓名:_____   日期:_____

学习目标		自评		教师评	
		继续学习	已掌握	继续学习	已掌握
1. 网上获取和筛选信息的能力	使用搜索引擎查找信息				
	根据网址浏览和获取信息				
2. 根据问题的要求,规划设计版面的能力					
3. 恰当选择信息处理工具的能力	认识文字处理软件				
4. 文字的基本操作	文字处理窗口的认识				
	打开文档				
	保存文档				
	文字的输入				
5. 文字的格式化	文字的字体、大小与颜色				
	插入页眉和页脚、页码				
6. 插入艺术字及调整艺术字的大小					
7. 文本框的使用及简单的处理能力					
8. 插入图片及调整图片的大小、位置等					

学习目标	自评		教师评	
	继续学习	已掌握	继续学习	已掌握
9. 自选图形的绘制与填充				
10. 图片叠加、突变透空、图形图像旋转、水印效果				
11. 分析问题、解决问题的综合能力				

二、整个项目的评估

复习整个项目的学习内容，完成下面的评估表。

整个项目学生学习评估表

学生姓名：_____

在整个项目的所有活动中喜爱的活动：_____

1.本项目中哪项技能最有挑战性？为什么？

_____

_____

2.对本项目中哪项技能最感兴趣？为什么？

_____

_____

3.本项目中哪项技能最有用？为什么？

_____

_____

4.比较各种文字处理软件，它们各使用了哪几方面的信息处理？

_____

_____

5.举例说明在什么情况下使用文字处理软件？

_____

_____

项目四

演示文稿——多彩校园

情境描述

　　学生在校园中的生活是丰富多彩的,学生会、社团等团体是校园生活的重要组成部分,更能增加学生之间的互动,从而使校园生活更加美满。为了让学生体验和谐的校园生活,本项目将通过几个活动,以演示文稿的形式宣传校园知识,从而以恰当的方式组织各种信息,制作符合要求的多媒体演示文稿,并提高多媒体信息综合处理的相关能力。

活动一　学生会招新宣传

★ 微课

学生会招新宣传

活动要求

　　新的学期到来了,不少社团以及学生会都需要招募新人来充实团体。小杨同学是学生会中的一员,专门负责学生会的招生工作,他需要快速制作一份简单的多媒体演示文稿,宣传学生会的招新要求和面试信息。

活动分析

一、思考与讨论

(1)根据提供的素材及宣传主题,演示文稿可以设计为几张幻灯片?每张幻灯片的标题是什么?每张幻灯片的内容是什么?

(2)配合宣传内容,选择哪个设计主题更为合适、贴切?

(3)为了丰富每张幻灯片,配合文字内容,还可以在演示文稿中添加哪种素材?

(4)制作完成的演示文稿用于对学生会招新的宣传,那么对于制作好的演示文稿还需要做些什么操作?

二、总体思路

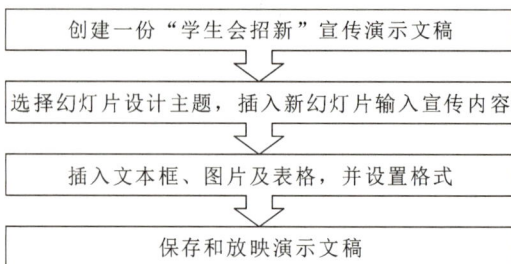

```
创建一份"学生会招新"宣传演示文稿
          ↓
选择幻灯片设计主题,插入新幻灯片输入宣传内容
          ↓
插入文本框、图片及表格,并设置格式
          ↓
保存和放映演示文稿
```

方法与步骤

一、准备工作

仔细阅读所给素材,了解学生会招新的原因,找出重点内容,为制作演示文稿做好准备。

二、新建 PPT 文档

运行 Microsoft PowerPoint 2010 软件,新建空白演示文稿,如图 4-1-1 所示。

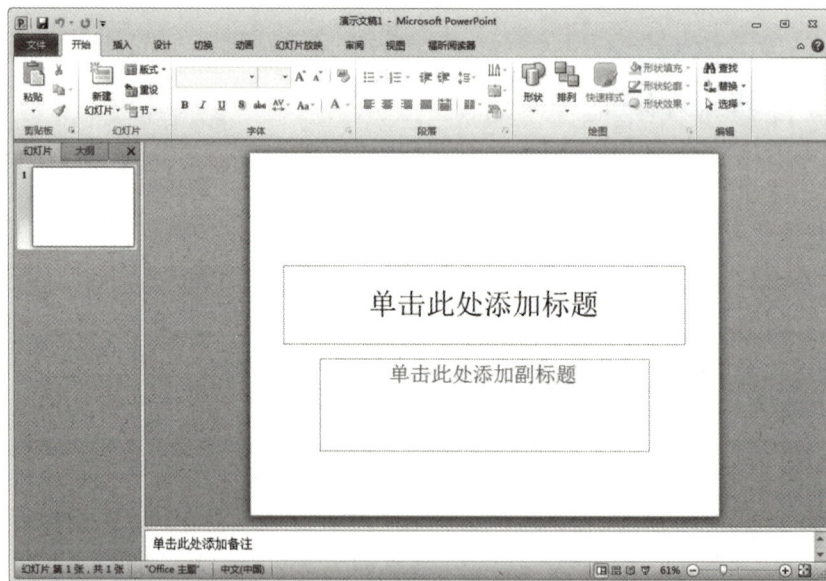

图 4-1-1　新建空白演示文稿

三、应用幻灯片设计主题

在"设计"选项卡中,单击"其他"按钮,弹出下拉窗口,选择自己喜爱的主题风格,如图 4-1-2 所示。

四、插入幻灯片

在"开始"选项卡中,单击"新建幻灯片"按钮,在演示文稿中插入新的幻灯片,共 6 张幻灯片,如图 4-1-3 所示。

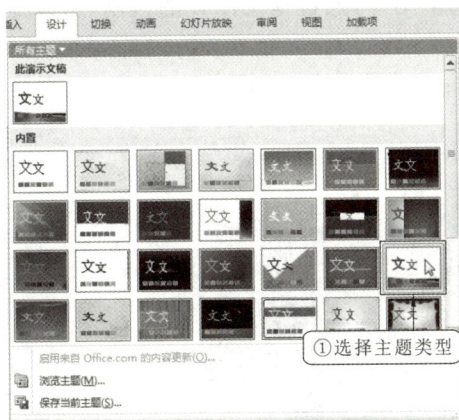

图 4-1-2 选择主题类型

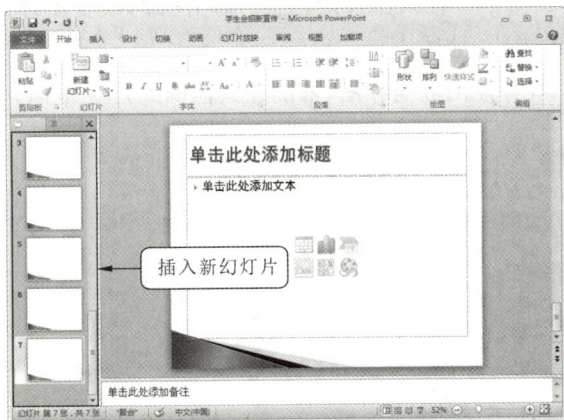

图 4-1-3 插入新的幻灯片

提醒:在插入新的幻灯片时,还可以在"幻灯片"任务窗格中,右键单击幻灯片,打开快捷菜单,选择"新建幻灯片"命令即可新建幻灯片。

五、输入文字内容

在第一张幻灯片的标题栏中,输入"学生会招新宣传",在副标题栏中,输入"开学巨献"。

在第 2~7 张幻灯片中,分别输入"学生会简介""组织部招新要求""实践部招新要求""宣传部招新要求""报名流程"等相关内容,设置相应的文本格式(字体、字号等),如图 4-1-4 所示。

六、添加文本框文本

如果幻灯片编辑窗口中没有出现文本框,可以通过"开始"选项卡上"绘图"组中的"文本框"按钮,在窗口中拖动出一个文本框,然后输入内容,再设置文本的字体格式,其效果如图 4-1-5 所示。

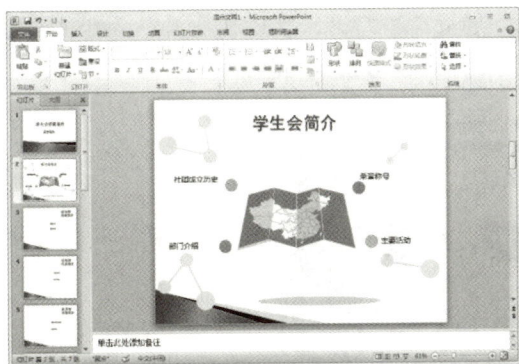

图 4-1-4 输入相应内容

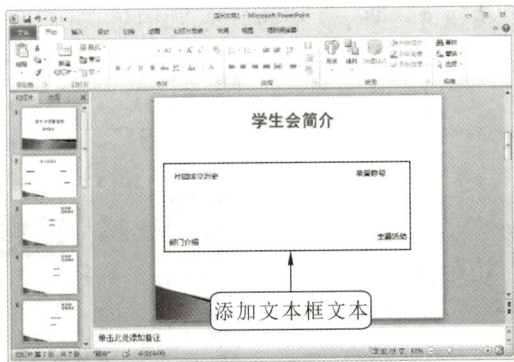

图 4-1-5 添加文本框文本效果

七、插入图片

为幻灯片添加图片对象,以便更生动形象地阐述主题和表达思想,以达到图文并茂的效果。

(1)选择第2张幻灯片,在"插入"选项卡中单击"图片"按钮,选择素材中提供的图片(图片1.png)。插入图片后,通过拖动图片,改变图片位置;选中图片,通过拖动图片的控制点,改变图片的大小,如图4-1-6所示。

(2)使用其他方法,依次在其他的幻灯片中插入图片,其最终效果如图4-1-7所示。

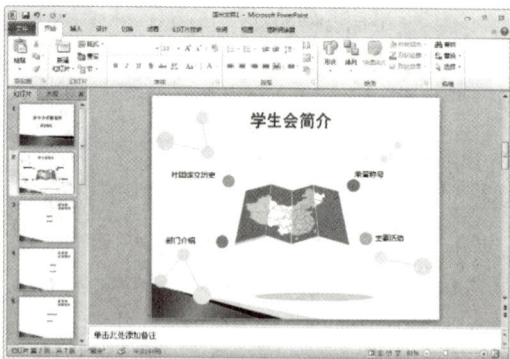

图 4-1-6　第2张幻灯片样片

图 4-1-7　插入图片效果

八、演示文稿的保存及放映

1.保存文件

在"文件"选项卡中,单击"保存"按钮,弹出"另存为"对话框,输入文件名"学生会招新宣传",保存类型为 PowerPoint 演示文稿(*.pptx)。

提醒:运用 PowerPoint 2010 版本制作的演示文稿在低版本的 Office 软件中不能正常使用,如果需要在低于 Office 2010 的版本中使用 PowerPoint 2010 制作的演示文稿,在存盘时需要选择保存类型为"PowerPoint 97—2003 演示文稿"。

2.放映幻灯片

单击"幻灯片放映"选项卡,在"开始放映幻灯片"组中,单击"从头开始"或者"从当前幻灯片开始"按钮进行演示文稿的放映,如图4-1-8所示。

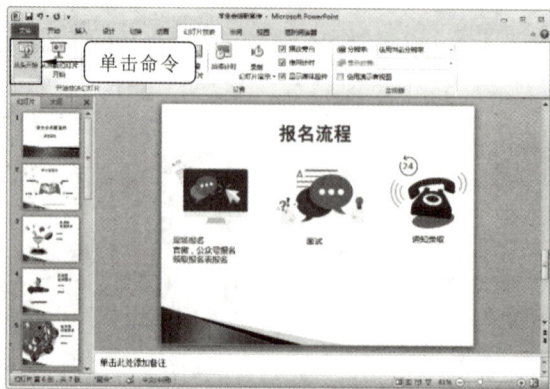

图 4-1-8　幻灯片放映按钮

提醒：(1)制作宣传文稿要注意风格的统一，建议每张幻灯片使用统一的设计主题或者背景。

(2)宣传文稿中的文字尽量使用统一的字体、字号及颜色。

九、认真检查与交流

1.认真检查

检查自己设计与制作的学生会招新演示文稿，确保以下两点。

(1)演示文稿中包含多张幻灯片，且幻灯片中都包含了文本和图片等内容。

(2)演示文稿保存格式是正确的。

2.交流分享

把制作的演示文稿通过电子邮件发送给教师和其他同学；查收其他同学发过来的电子邮件，浏览其他同学创建的演示文稿效果。

知识链接

一、PowerPoint 2010 版主要功能和特点

PowerPoint 2010 是 Office 2010 中非常有用的应用软件，它的主要功能是制作和演示幻灯片，用于演讲、教学和产品演示等。它有以下五大特点。

(1)强大的制作功能：文字编辑功能强、段落格式丰富、文件格式多样、绘图手段齐全、色彩表现力强等。

(2)通用性强，易学易用：PowerPoint 2010 是在 Windows 操作系统下运行的专门用于制作演示文稿的软件，与 Word 和 Excel 的使用方法大部分相同，提供有多种幻灯片版面布局，多种模板及详细的帮助系统。

(3)强大的多媒体展示功能：PowerPoint 2010 演示的内容可以是文本、图形、图表、图片或有声图像，并具有较好的交互功能和演示效果。

(4)较好的 Web 支持功能：利用工具的超级链接功能，可指向任何一个新对象，也可以发送到互联网上。

(5)一定的程序设计功能：提供了 VBA 功能(包含 VB 编辑器 VBE)可以融合 VB 进行开发。

二、幻灯片的主题与版式

1.幻灯片主题

PowerPoint 2010 提供了可应用于演示文稿的主题，以便为演示文稿提供设计完整、专业的外观。

设计主题是包含了演示文稿样式的设置，包括项目符号和字体的类型和大小、占位符大小和位置、背景设计和填充、配色方案以及幻灯片母版和可选的标题母版。

在"设计"选项卡中，单击"更多"按钮，弹出列表，可显示多种风格的主题，如图 4-1-9 所示，直接选择需要的主题进行套用即可。

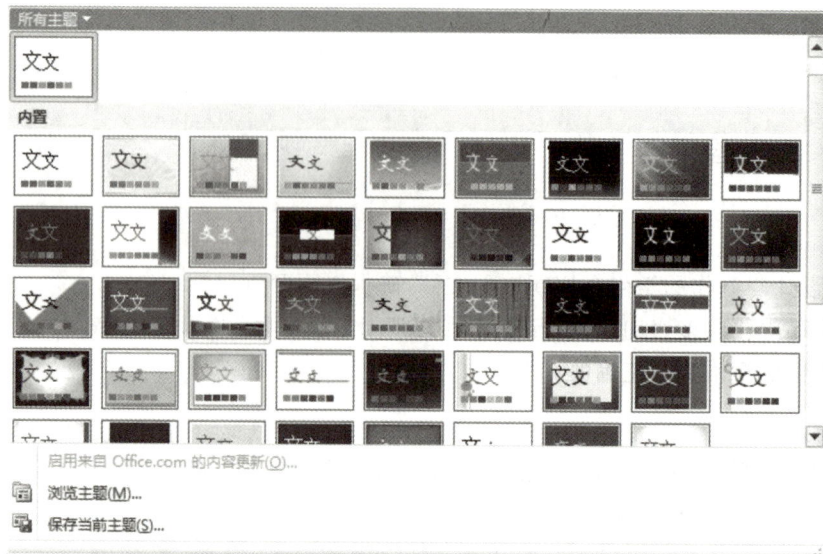

图 4-1-9 "主题"列表

2. 幻灯片版式的应用

版式指的是幻灯片内容在幻灯片上的排列方式。PowerPoint 2010 提供了文字版式、文字与图片版式、表格版式、图表版式等一系列版式。

在"开始"选项卡中单击"版式"按钮,打开"幻灯片版式"下拉列表,如图 4-1-10 所示,选择需要的幻灯片版式。

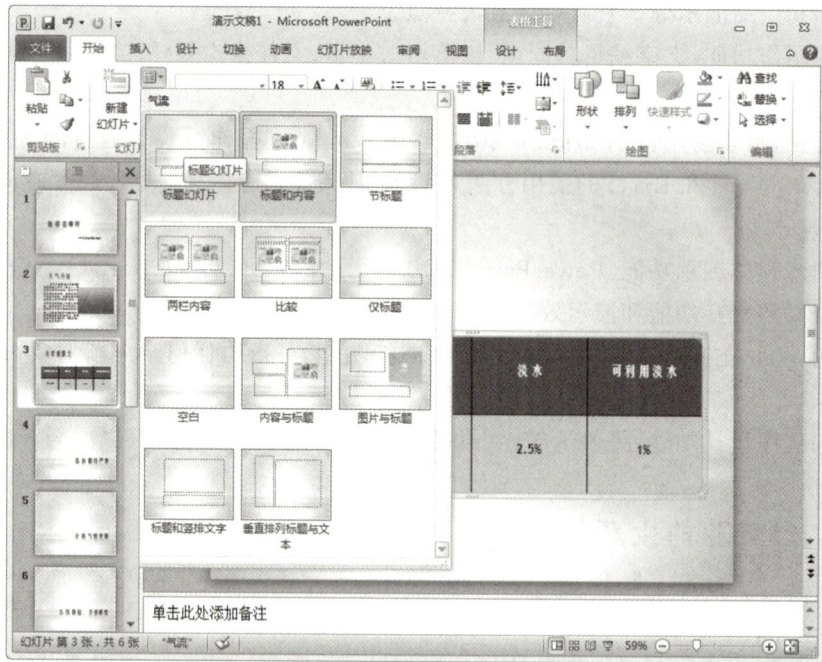

图 4-1-10 "幻灯片版式"下拉列表

自主实践活动

尝试自己制作一份学生会招新宣传,要求演示文稿中不少于 5 张幻灯片,版面布局合理,且每张幻灯片中都包含文本或图片内容。

活动二 校园贷的警示宣传

★ 微课

校园贷的警示宣传

活动要求

　　随着网络借贷的快速发展，一些P2P网络借贷平台不断向高校拓展业务，部分不良网络借贷平台采取虚假宣传的方式和降低贷款门槛、隐瞒实际资费标准等手段，诱导学生过度消费，甚至陷入高利贷陷阱，侵犯学生的合法权益，造成不良影响。为加强对校园不良网络借贷平台的监控，教育和引导在校大学生树立正确的消费观念，各个班级特地开启"警示校园贷"的班会，并制作校园贷的警示宣传演示文稿，以提醒广大学生注意防范校园贷。

活动分析

一、思考与讨论

　　(1)根据提供的素材及宣传主题，思考演示文稿应该设计几张幻灯片。每张幻灯片的标题是什么？每张幻灯片的内容是什么？

　　(2)根据个人的喜好和宣传主题，选择演示文稿的背景。可以选择哪种颜色？想制作成何种效果？

　　(3)在演示文稿中提供了艺术字标题，与普通文字相比，它有什么特点和优点？

　　(4)在什么情况下，幻灯片中需要使用文本框输入文字？

　　(5)在素材中寻找出与文字内容有关的图片，在演示文稿中插入图片，丰富演示文稿内容。可以对图片的哪些方面进行修饰？

　　(6)大家了解SmartArt图形吗？SmartArt图形有什么特点和功能？

二、总体思路

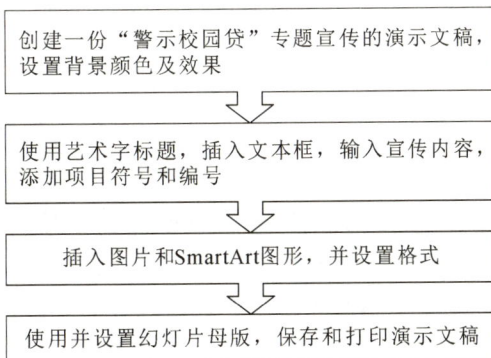

创建一份"警示校园贷"专题宣传的演示文稿，设置背景颜色及效果

使用艺术字标题，插入文本框，输入宣传内容，添加项目符号和编号

插入图片和SmartArt图形，并设置格式

使用并设置幻灯片母版，保存和打印演示文稿

方法与步骤

一、新建 PPT 文档

运行 Microsoft PowerPoint 2010 软件,新建空白演示文稿;在"开始"选项卡的"幻灯片"组中,单击"新建幻灯片"下拉按钮,展开下拉列表,选择合适的版式,在演示文稿中插入新的幻灯片,共 14 张幻灯片,如图 4-2-1 所示。

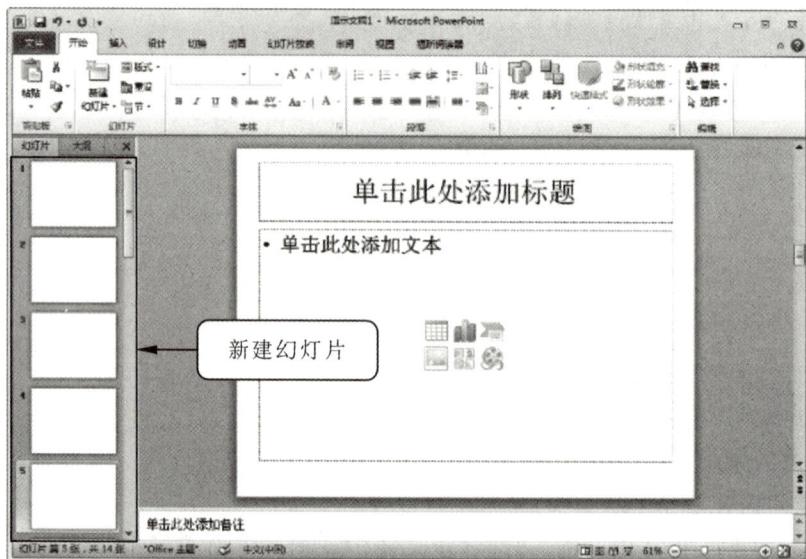

图 4-2-1 新建幻灯片

二、设置幻灯片显示大小

在默认情况下,幻灯片的长宽比是以标准屏(4∶3)显示,如果在计算机上播放幻灯片,则会在屏幕的上下方留下两条黑边。因此,如果要更改为 16∶9 的宽屏比例显示,则可以通过"页面设置"对话框实现。

在"设计"选项卡的"页面设置"组中,单击"页面设置"按钮,弹出"页面设置"对话框,单击"幻灯片大小"下拉按钮,展开列表,选择幻灯片大小命令,如图 4-2-2 所示,设置完幻灯片大小后的结果如图 4-2-3 所示。

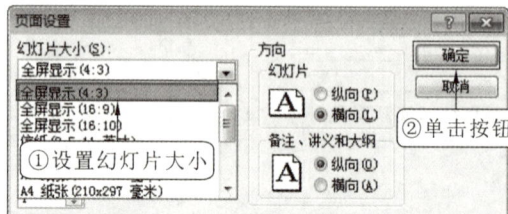

图 4-2-2 "页面设置"对话框

图 4-2-3 设置完幻灯片大小后的结果

三、设置幻灯片背景

设置第一页的背景,之后插入的其他页的背景将默认与第一页相同。在"设计"选项卡中,单击"背景样式"按钮,在下拉列表中选择"设置背景格式"命令,如图4-2-4所示。

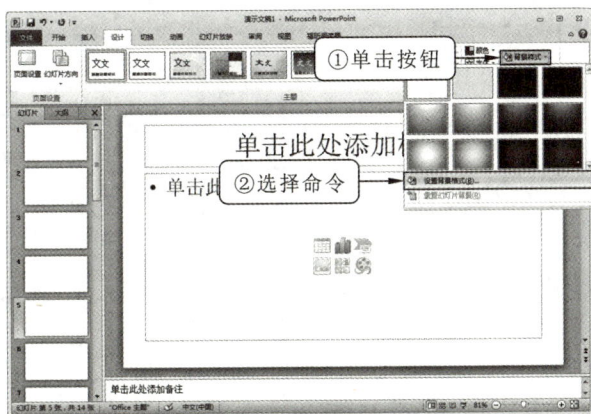

图4-2-4　"背景样式"下拉列表

进入"设置背景格式"对话框,在"填充"选项卡中,选中"纯色填充"单选按钮,在"颜色"列表框中,选择颜色,单击"全部应用"按钮,如图4-2-5所示,其应用效果如图4-2-6所示。

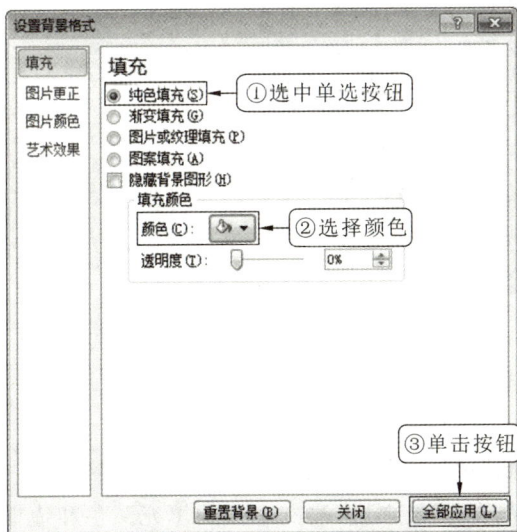

图4-2-5　"设置背景格式"对话框

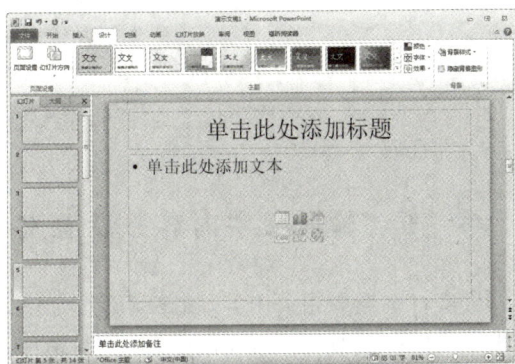

图4-2-6　应用效果

四、插入艺术字标题

(1)插入艺术字标题。在"插入"选项卡中,单击"艺术字"按钮;在弹出的"艺术字库"下拉列表中,选择合适的艺术字样式,如图4-2-7所示。

(2)编辑艺术字。在"请在此放置您的文字"输入框中,输入文字"圆梦　还是　陷阱";选中文字。切换到"开始"选项卡,在"字体"组中可以设置艺术字的字体、字号等,如图4-2-8所示。用同样的方法设置其他艺术字。

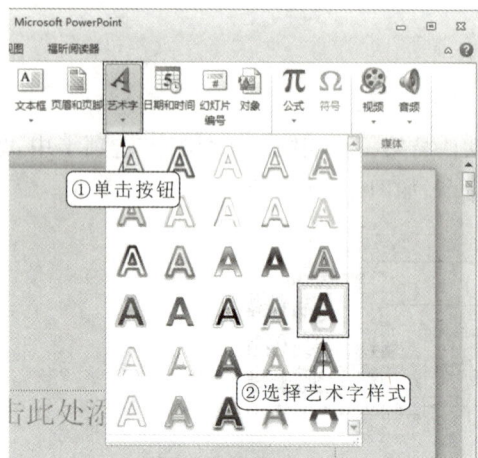

图 4-2-7　艺术字样式

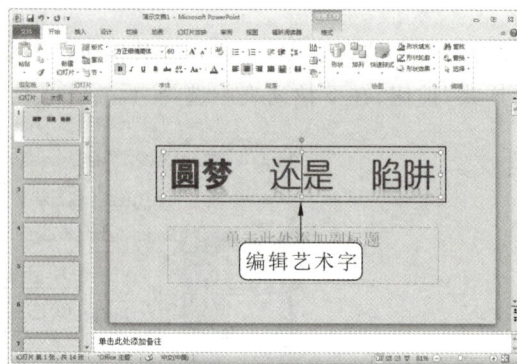

图 4-2-8　编辑艺术字

提醒：选中"艺术字"后，单击"绘图工具"中的"格式"选项卡，在"艺术字样式"组中，可以设置艺术字的填充、轮廓和效果，如图 4-2-9 所示。

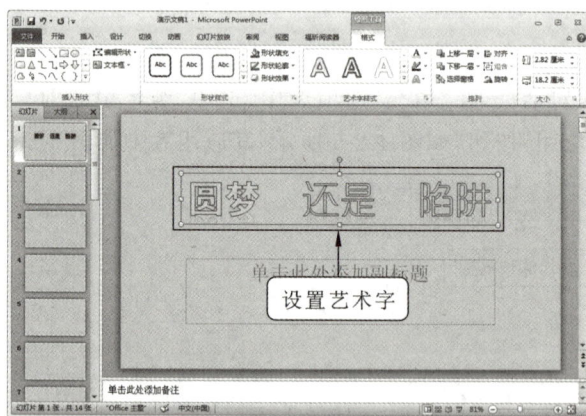

图 4-2-9　设置艺术字

五、输入文字内容并设置文字格式

从素材中选取相关内容，粘贴到幻灯片中，在"开始"选项卡的"字体"和"段落"组中设置文字的字体、字号、颜色及行距等，并在"格式"选项卡的"形状样式"组中，修改文本框的填充颜色和边框，其效果如图 4-2-10 所示。

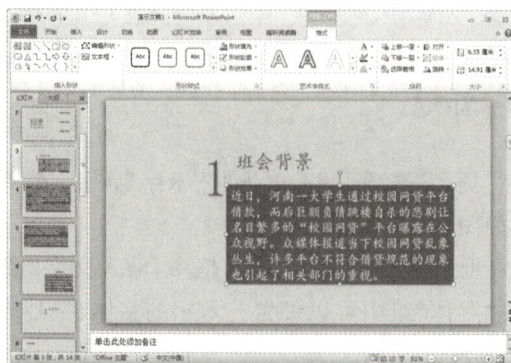

图 4-2-10　设置文字格式后的效果

六、设置项目符号格式

选中文字,在"开始"选项卡的"段落"组中,单击"项目符号"按钮,可以设置项目符号(还可通过"编号"按钮,设置数字编号),如图 4-2-11 所示。

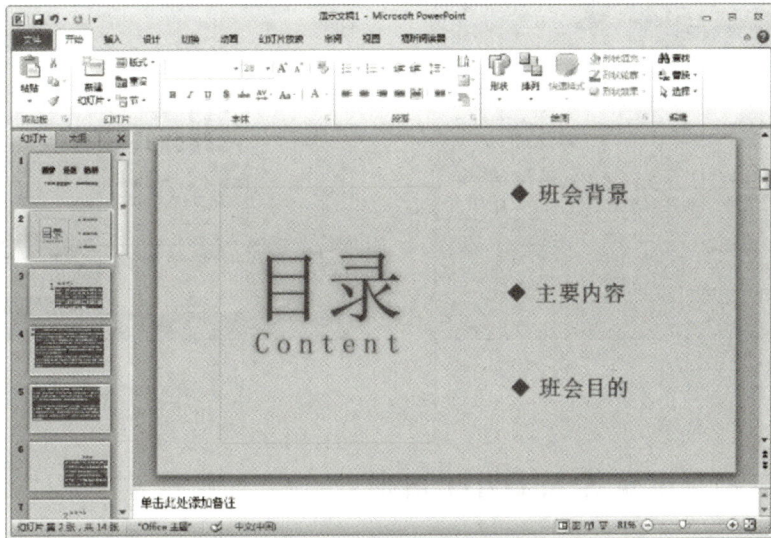

图 4-2-11　设置项目符号格式

七、插入与编辑图片

(1)插入图片。在"插入"选项卡中单击"图片"按钮,选择素材中提供的图片,单击"插入"按钮。

(2)改变图片大小。选中图片,单击"图片工具"中的"格式"选项卡,在"大小"组中,单击"显示"按钮,打开"设置图片格式"对话框中的"大小"选项卡,取消"锁定纵横比""相对于图片原始尺寸"复选框的勾选状态(把√去掉),在尺寸和旋转区域输入具体数值,设置图片的高度及宽度,如图 4-2-12 所示。

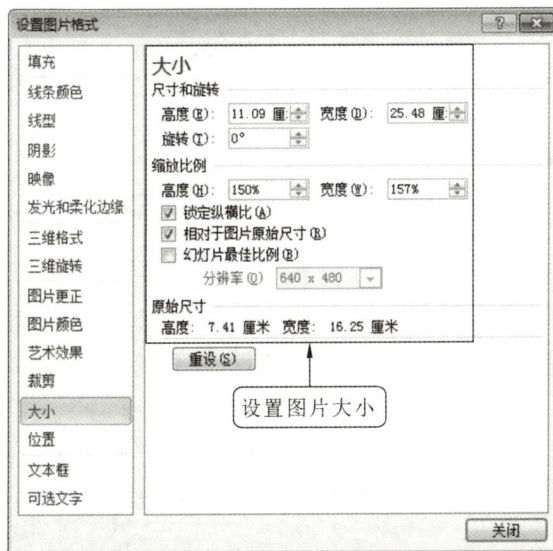

图 4-2-12　"设置图片格式"对话框

（3）设置图片叠放顺序。选中图片并右击，在弹出的快捷菜单中选择"置于底层"|"置于底层"命令，设置图片叠放顺序，如图4-2-13所示。

（4）设置图片边框。选中图片，单击"图片工具"中的"格式"选项卡，在"图片样式"组中，单击"图片边框"按钮，弹出下拉列表，可以设置边框线的颜色、虚线、粗细等，如图4-2-14所示。

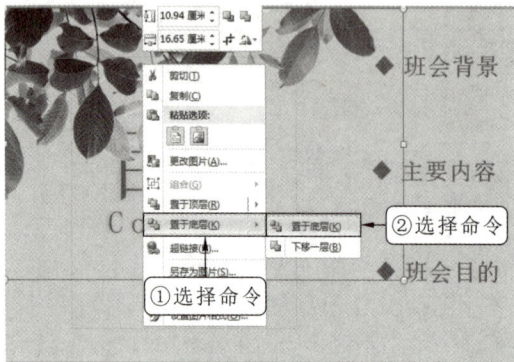

图4-2-13　设置图片叠放顺序

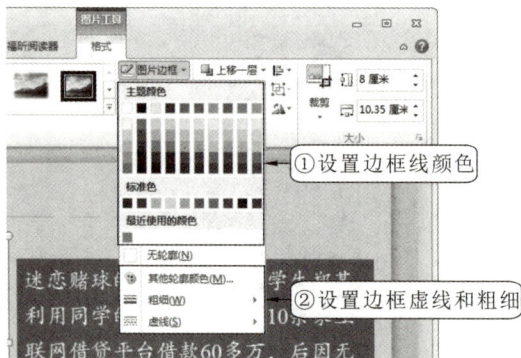

图4-2-14　设置图片边框列表

八、插入与编辑 SmartArt 图形

（1）插入 SmartArt 图形。在"插入"选项卡的"插图"组中，单击"SmartArt"按钮，弹出"选择SmartArt 图形"对话框，在"全部"中选择合适的 SmartArt 图形，单击"确定"按钮，如图4-2-15所示。

（2）添加 SmartArt 图形。选中 SmartArt 图形，单击"SmartArt 工具"中的"设计"选项卡，在"创建图像"组中，单击"添加形状"下拉按钮，展开列表，选择对应的命令，在 SmartArt 图形中添加形状，如图4-2-16所示。

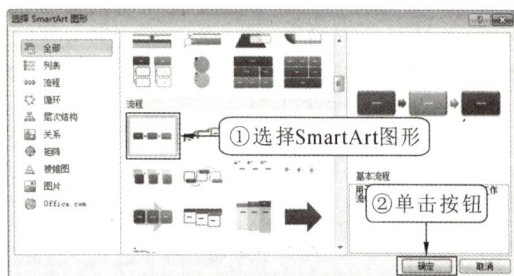

图4-2-15　选择 SmartArt 图形

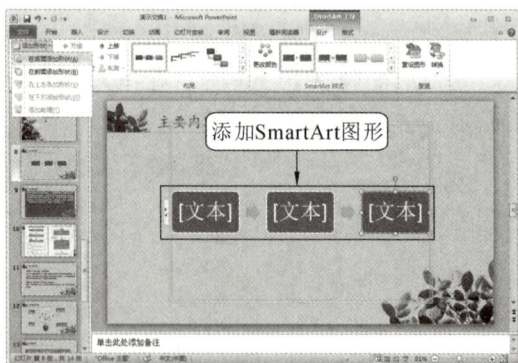

图4-2-16　添加 SmartArt 图形

（3）编辑 SmartArt 图形颜色。选中 SmartArt 图形，单击"SmartArt 工具"中的"设计"选项卡，在"SmartArt 样式"组中，单击"更改颜色"下拉按钮，展开列表，选择合适的颜色即可，如图4-2-17所示。

（4）在 SmartArt 图形中输入文本。从素材中选取相关内容，粘贴到 SmartArt 图形中，并对文字的字体、字号等进行设置，拖动 SmartArt 图形，调整其大小，如图4-2-18所示。

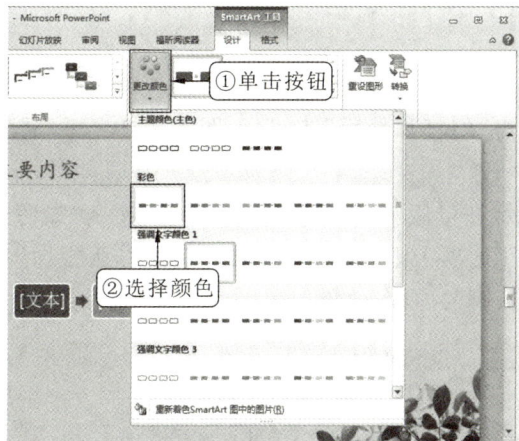

图 4-2-17　编辑 SmartArt 图形颜色

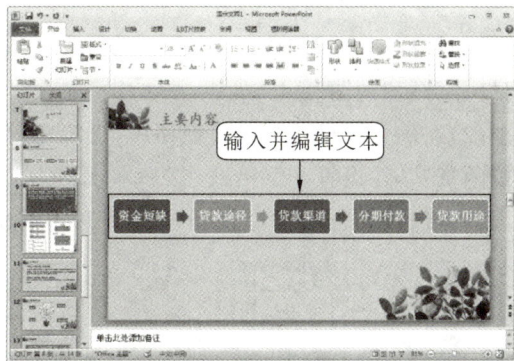

图 4-2-18　在 SmartArt 图形中输入文本

九、插入与编辑形状

（1）插入形状。在"插入"选项卡的"插图"组中，单击"形状"下拉按钮，弹出下拉列表，选择合适的形状，如图 4-2-19 所示。

（2）编辑形状。选择形状图形，在"格式"选项卡的"形状样式"组中，修改形状的填充颜色和边框颜色，使用"文本框"功能在图形上添加文本框文本，并设置文本的字体和字号格式，如图 4-2-20 所示。

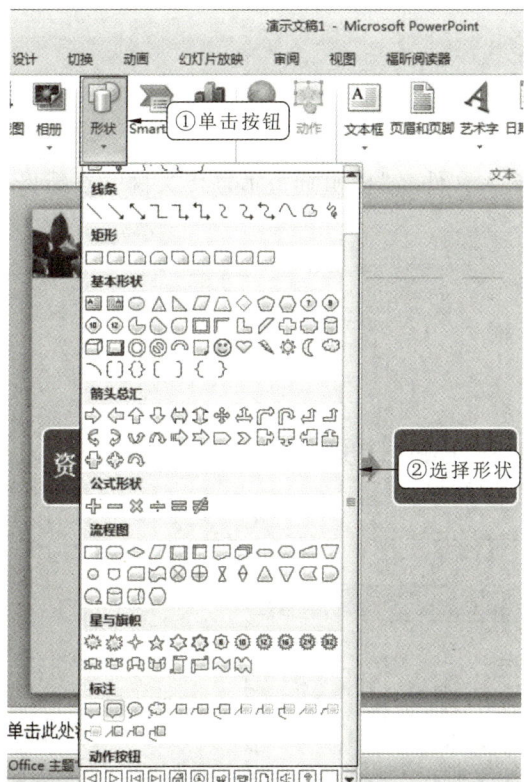

图 4-2-19　选择形状图形

图 4-2-20　编辑形状和文本

十、设置幻灯片母版

(1)切换到"视图"选项卡,在"母版视图"组中,单击"幻灯片母版"按钮,如图 4-2-21 所示,进入"幻灯片母版"视图。

(2)在幻灯片母版和版式窗格中,选择幻灯片母版,在母版上插入"文本框",输入文字"如何避免校园贷?",并设置文字格式;然后单击"幻灯片母版"选项卡上"关闭"组中的"关闭母版视图"按钮,返回普通视图;可以观察 14 张幻灯片中都出现了页脚的内容,效果如图 4-2-22 所示。

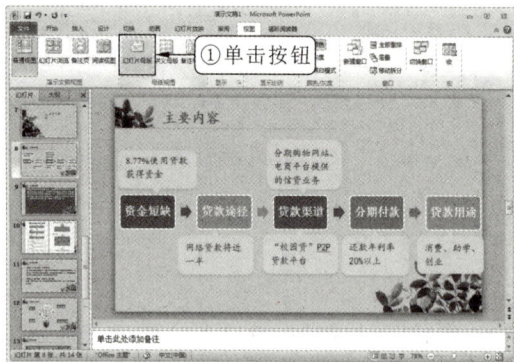

图 4-2-21 "幻灯片母版"按钮

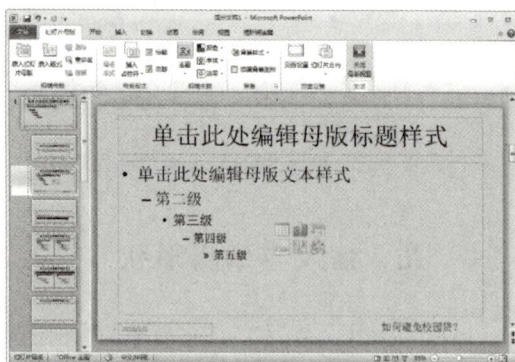

图 4-2-22 "幻灯片母版"视图

提醒:母版规定了演示文稿(幻灯片、讲义及备注)的文本、背景、日期及页码格式。母版体现了演示文稿的外观,包含了演示文稿中的共有信息。在各张幻灯片中共有的图片、文字信息可以放在母版中。

十一、保存多媒体演示文稿文件

单击"文件"|"另存为"命令,在弹出的对话框中输入文件名"校园贷警示宣传文稿",选择保存类型为演示文稿(＊.pptx)。

十二、打印多媒体演示文稿

1.页面设置

在"设计"选项卡的"页面设置"组中,单击"页面设置"按钮,打开"页面设置"对话框,可以对要打印幻灯片的纸张大小、页面方向进行设置,如图 4-2-23 所示。

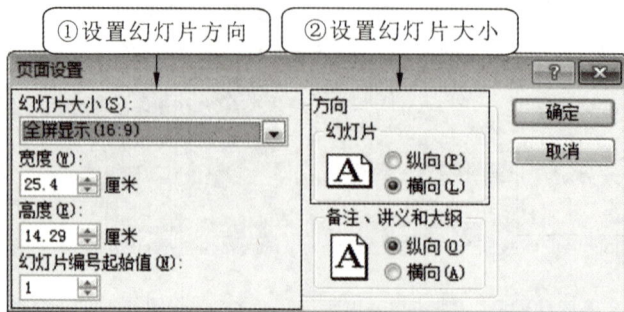

图 4-2-23 "页面设置"对话框

2.打印设置

切换到"文件"选项卡，单击"打印"命令，设置打印份数、打印机、打印方式、打印格式，然后单击"打印"按钮，如图 4-2-24 所示。

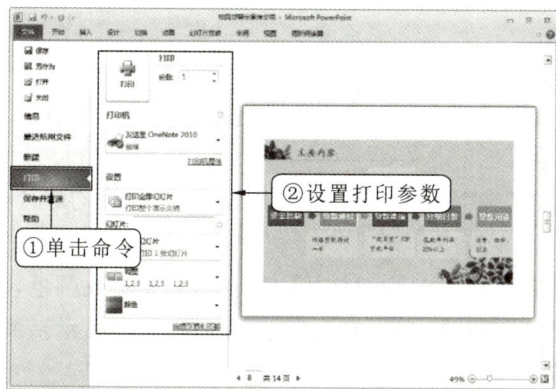

图 4-2-24　"打印"选项卡

十三、认真检查与交流

1.认真检查

检查自己设计制作的校园贷警示宣传演示文稿。

(1)演示文稿中包含多张幻灯片，且幻灯片中都包含了文本、SmartArt 和图片等内容。

(2)演示文稿中是否设置了幻灯片母版。

(3)演示文稿的保存与打印。

2.交流分享

把制作的演示文稿通过电子邮件发送给教师和其他同学；查收其他同学发过来的电子邮件，浏览其他同学创建的演示文稿。

知识链接

一、SmartArt 的类型

SmartArt 图形是 PowerPoint 2010 中的一种功能强大、种类丰富、效果生动的图形，在 Power-Point 2010 中提供了 8 种类别的 SmartArt 图形，下面将分别进行介绍。

(1)列表型：列表型 SmartArt 图形主要用于显示非有序信息块或者分组信息块，主要用于强调信息的重要性。

(2)流程型：流程型 SmartArt 图形主要用于表示任务、流程或者工作流中的顺序步骤。

(3)循环型：循环型 SmartArt 图形主要用于表示阶段、任务或者事件的连续序列，主要用于强调重复过程。

(4)层次结构型：层次结构型 SmartArt 图形主要用于显示组织中的分层信息或上下级关系。

(5)关系型：关系型 SmartArt 图形主要用于表示两个或者多个项目之间的关系，或者多个信息集合之间的关系。

(6)矩阵型:矩阵型 SmartArt 图形主要用于表示以象限的方式显示部分与整体的关系。

(7)棱锥图型:棱锥图型 SmartArt 图形主要用于显示与顶部或者底部最大一部分之间的比例关系。

(8)图片型:图片型 SmartArt 图形主要应用于包含图片的信息列表。

二、主题颜色

主题颜色包含 4 种文本和背景颜色、6 种强调文字颜色以及 2 种超链接颜色。演示文稿的主题颜色由应用的设计主题确定。

在"设计"选项卡的"主题"组中,单击"颜色"按钮,查看及编辑幻灯片的颜色。所选幻灯片的颜色显示在"颜色"按钮上,如图 4-2-25 所示。

可以通过"新建主题颜色"对话框,为幻灯片中的任何元素更改颜色,如图 4-2-26 所示。更改颜色时,可以从颜色选项的整个范围内选择,修改完主题颜色后,会显示新颜色,它将作为演示文稿文件的一部分,以便以后再应用。

图 4-2-25 "颜色"下拉列表　　　图 4-2-26 "新建主题颜色"对话框

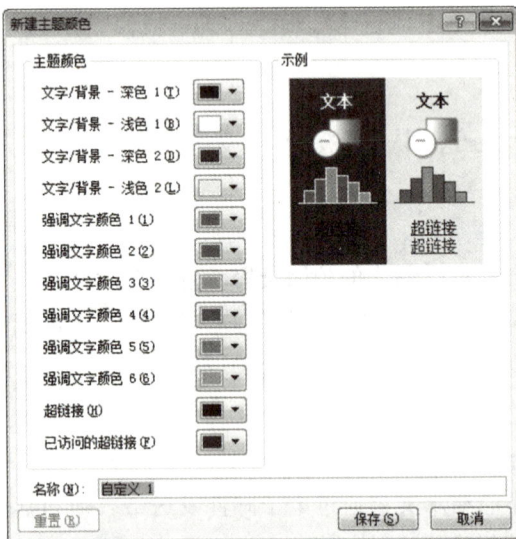

自主实践活动

尝试自己制作一份校园贷警示宣传文稿,并要求演示文稿中不少于 14 张幻灯片,版面布局合理,且每张幻灯片中都包含文本、图形或图片等内容。

活动三 公益广告"校园因我而美丽"

微课

公益广告
"校园因我而美丽"

活动要求

打造美丽校园,可以使学生了解学校的环境情况,增强学生的环保意识和社会责任感,为学校的环境问题出谋献策,培养主人翁意识;让学生明确校园环保的重要性,自觉行动起来共创绿色校园。

增强学生"爱我学校,美我学校"的意识,需要向学生宣扬"校园因我而美丽"的精神。因此,需要制作公益广告的多媒体演示文稿,通过在校园网触摸屏上由学生自行操作,让同学了解什么是爱护学校的行为。

活动分析

一、思考与讨论

(1)在素材中,已经提供了 PowerPoint 模板。为方便快捷考虑,是选择打开已有的模板,还是选择应用幻灯片中的设计主题?

(2)创建一份自由规划、静态页面的介绍节能产品的宣传演示文稿。根据提供的素材及宣传主题,思考演示文稿应该设计几张幻灯片? 每张幻灯片的标题是什么? 每张幻灯片的内容是什么?

(3)为了使幻灯片之间能够建立方便、快捷的访问链接,在哪些内容上可以添加超链接? 除了超链接,还有其他方法吗?

(4)哪些方式可以使幻灯片进入、切换时具有动画效果?

(5)要制作有声有色的幻灯片,除了文字、图片之外,幻灯片中还能添加哪些方面的内容?

(6)同学们在校园网触摸屏上自行操作和播放演示文稿,应该选择哪种幻灯片的放映类型?

二、总体思路

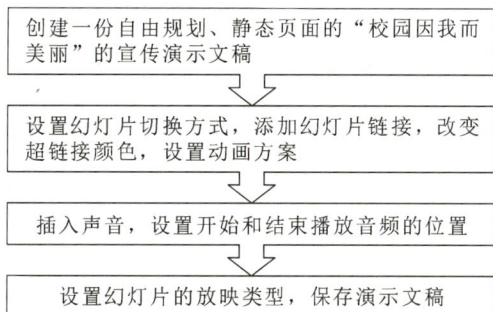

方法与步骤

一、准备工作

仔细阅读所给的素材,了解各种保护校园的资料,找出重点内容,为制作演示文稿做好准备。

二、打开 PPT 文档

(1)运行 PowerPoint 2010 软件,在"文件"选项卡中,单击"打开"按钮,选择"校园因我而美丽"演示文稿。

(2)单击"打开"按钮,即可打开已选择的演示文稿,如图 4-3-1 所示。

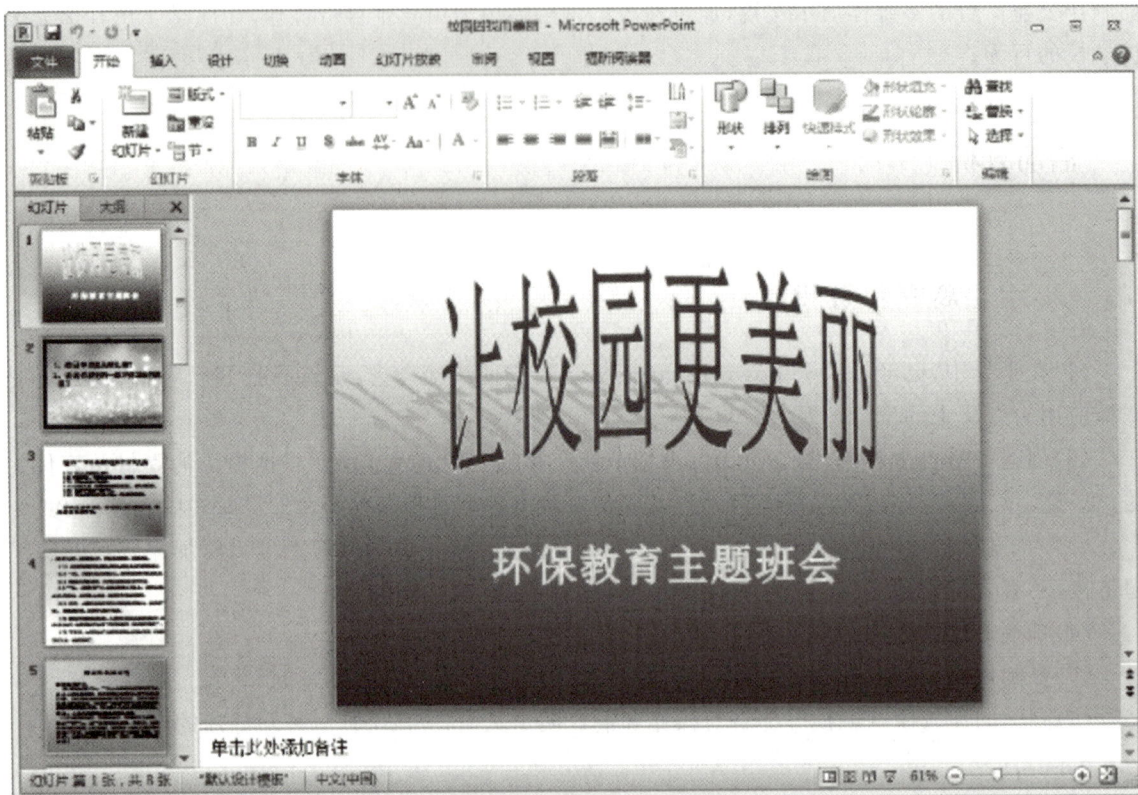

图 4-3-1　打开演示文稿

提醒:在选择了需要打开的演示文稿后,双击鼠标左键,或者右键单击演示文稿,都可以打开演示文稿。

三、幻灯片切换

(1)单击"切换"选项卡。

(2)在"切换到此幻灯片"组中,选择需要的切换方式,并按需要修改切换效果。

(3)在"计时"组中进行持续时间、声音、换片方式等设置。单击"全部应用"按钮,统一设计所有幻灯片的切换方式,如图 4-3-2 所示。

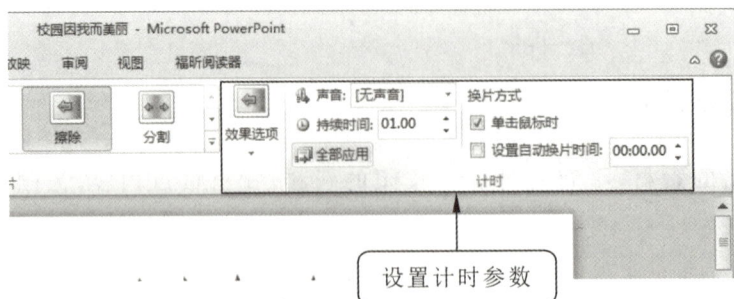

图 4-3-2　统一设计所有幻灯片的切换方式

提醒:在"预览"组中单击"预览"按钮,就能预览切换效果。

四、幻灯片链接

（1）超链接。在第一张幻灯片和第二张幻灯片之间添加一张新的幻灯片，并将新的幻灯片制作成产品目录的形式，选中文字"校园问答"，在"插入"选项卡上的"链接"组中，单击"超链接"按钮，将弹出"插入超链接"对话框，如图 4-3-3 所示。

在"插入超链接"对话框左侧的列表框中，单击"本文档中的位置"选项，在右侧的"请选择文档中的位置"框中选择"幻灯片 3"选项，使第二张幻灯片中的第 2 行小标题与相应幻灯片的链接关联，完成文本中超链接的添加，其结果如图 4-3-4 所示。

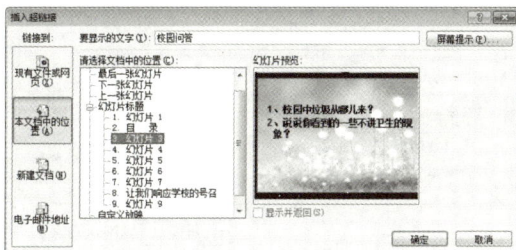

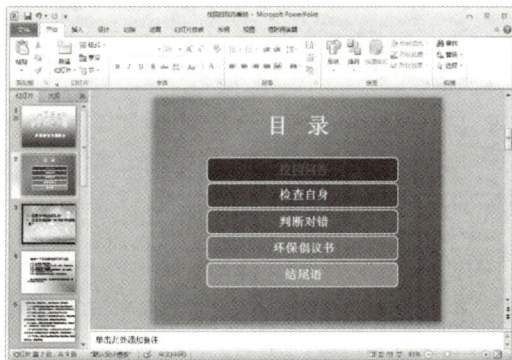

图 4-3-3 "插入超链接"对话框   图 4-3-4 添加超链接结果

提醒：演示文稿中，除了可以在自身文档中做超链接，还可以通过"插入超链接"对话框中的"现有文件或网页""新加文档"和"电子邮件地址"等选项与不同类型、不同位置的文件链接。

（2）改变超链接颜色。选中超链接文字，单击"设计"选项卡，在"主题"组中，单击"颜色"按钮。在下拉列表中，选择"新建主题颜色"命令，如图 4-3-5 所示。

在打开的"新建主题颜色"对话框中，设置"超链接"和"已访问的超链接"的颜色，如图 4-3-6 所示。

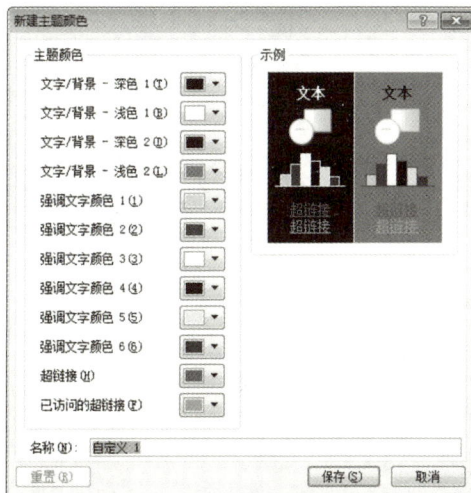

图 4-3-5 "颜色"下拉列表   图 4-3-6 "新建主题颜色"对话框

提醒：通过新建主题颜色，可以将色彩单调的幻灯片快速地重新修饰一番。主题颜色由幻灯片设计主题中使用的 12 种颜色组成，演示文稿的主题颜色由应用的设计主题确定。链接文字的颜色只能在新建主题颜色中设置。

(3)动作按钮。选择第二张幻灯片,单击"插入"选项卡上的"插图"组中的"形状"按钮,在下拉窗口中,单击"动作按钮"中的第五个按钮(形状如小房子),如图 4-3-7 所示。

当鼠标指针变为"+"时,在工作区中拖动,出现返回按钮,在自动弹出的"动作设置"对话框中,单击"确定"按钮,如图 4-3-8 所示。在幻灯片放映的过程中,只需要单击"返回首页"按钮就能返回第一页。

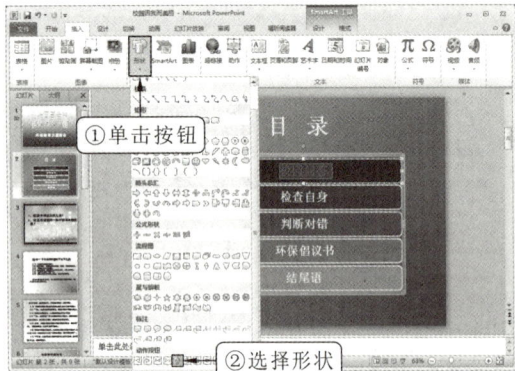

图 4-3-7 "形状"按钮选项

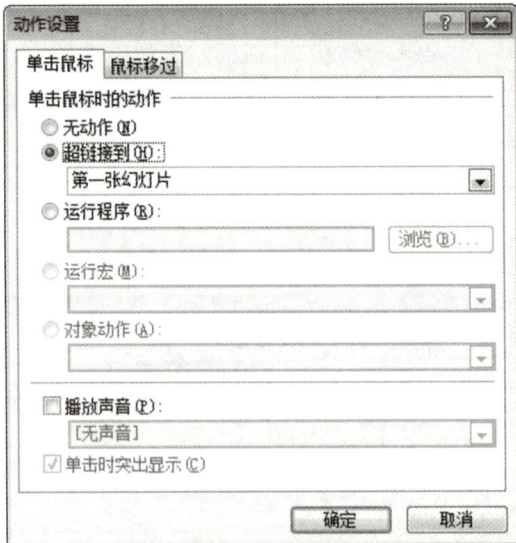

图 4-3-8 "动作设置"对话框

提醒:"返回首页"按钮默认设置链接到第一张幻灯片。可以修改"超链接到"下拉列表的选择,以改变链接的位置。

通过"复制""粘贴"命令,将返回按钮图标粘贴到其余各张幻灯片中,其结果如图 4-3-9 所示。

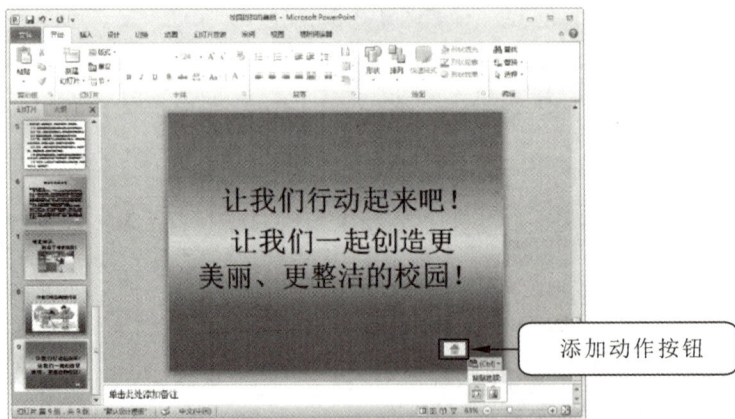

图 4-3-9 添加动作按钮

提醒:还可以在幻灯片中插入形状,输入文字"返回",将文字"返回"链接到第一张幻灯片,制作返回按钮效果。

五、设置动画方案

选中第一张幻灯片中的艺术字标题,单击"动画"选项卡,在"动画"组中,选择"动画效果",完成动画效果的添加;在"计时"组中,设置动画的开始时间、播放速度、播放顺序等,如图 4-3-10 所示。

用同样的方法设置幻灯片中其他内容的动画效果。

提醒：选择了动画效果之后，单击"动画"组中的"效果选项"按钮，修改已选定的动画效果的"方向"和"序列"，如图 4-3-11 所示。

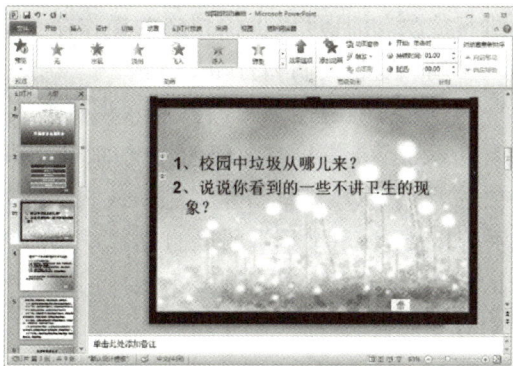

图 4-3-10　"动画"选项卡

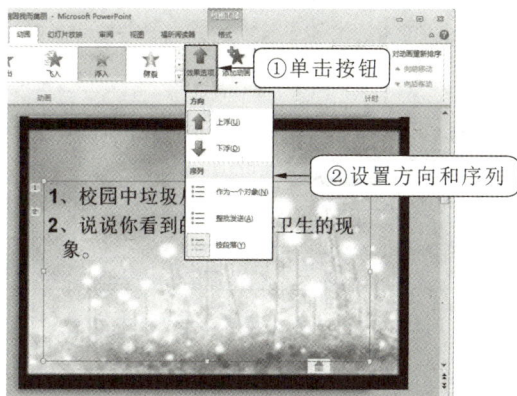

图 4-3-11　"效果选项"下拉列表

六、插入声音

（1）插入声音。选择第一张幻灯片，单击"插入"选项卡，在"媒体"组中单击"音频"下拉按钮，选择"文件中的音频"命令，打开"插入音频"对话框，选择素材中的声音文件，当前窗口会跳出喇叭图标，如图 4-3-12 所示。

（2）编辑声音对象。选中喇叭图标，单击"音频工具"中的"播放"选项卡，在"音频"组中，设置开始播放音频与结束播放音频的位置，如图 4-3-13 所示。

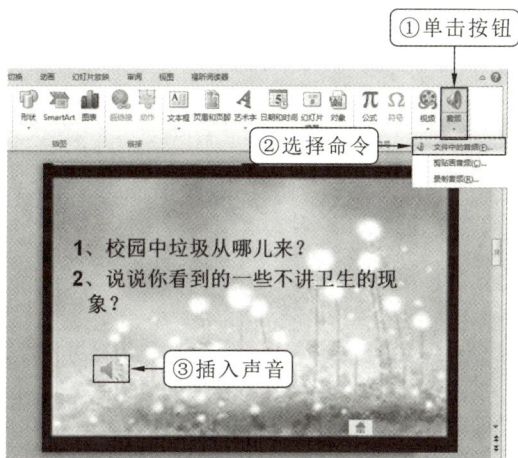

图 4-3-12　插入声音

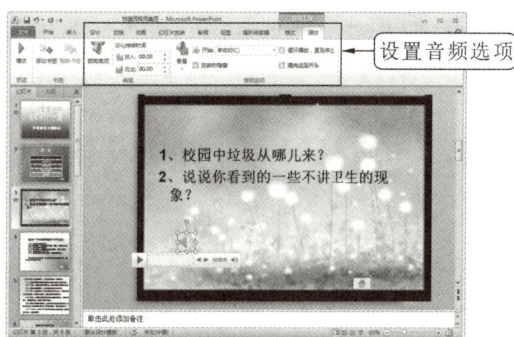

图 4-3-13　"音频工具"选项卡

七、设置放映类型

单击"幻灯片放映"选项卡，在"设置"组中，单击"设置幻灯片放映"按钮，打开"设置放映方式"对话框。将"放映类型"设置为"观众自行浏览"，单击"确定"按钮，如图 4-3-14 所示。

在设置放映方式时，有 3 种放映方式，下面将分别进行介绍。

（1）演讲者放映（全屏幕）：演讲者放映方式是一种传统的全屏放映方式，主要用于演讲者亲自播放演示文稿。在这种方式下，演讲者具有完全的控制权，可以使用鼠标逐个放映，也可以自动地放映演示文稿，同时还可以进行暂停、回放、录制旁白以及添加等操作。

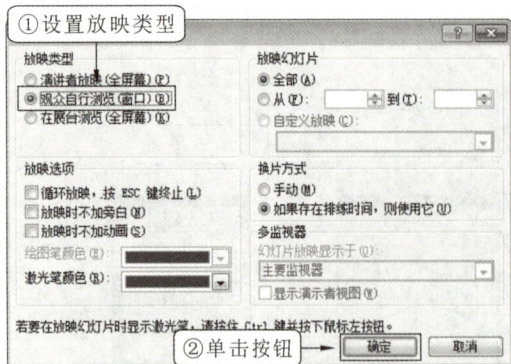

图 4-3-14 "设置放映方式"对话框

（2）观众自行浏览（窗口）：观众自行浏览方式适用于小规模的演示。例如，个人通过公司的网络进行预览等。在放映时，演示文稿是在标准窗口中进行放映，并且可以提供相应的操作命令，允许用户移动、编辑、复制和打印幻灯片。

（3）在展台浏览（全屏幕）：在展台浏览方式是一种自动运行全屏幕循环放映的方式，放映结束5分钟之内，如果用户没有指令则重新放映。另外，在这种方式下，演示文稿通常会自动放映，并且大多数的控制命令都不可以使用，只能使用"Esc"键终止幻灯片的放映。

八、认真检查与交流

1. 认真检查

检查自己设计与制作的"校园因我而美丽"演示文稿，确保以下内容。

（1）演示文稿中的每张幻灯片中都包含有切换动画效果。

（2）演示文稿中添加了动画和超链接效果。

（3）演示文稿能够进行放映，且具有动作效果。

2. 交流分享

把制作的演示文稿通过电子邮件发送给教师和其他同学；查收其他同学发过来的电子邮件，浏览其他同学创建的演示文稿。

知识链接

一、视频文件的插入与链接

PowerPoint 2010 演示文稿可以链接到外部视频文件或电影文件。通过链接视频，可以减小演示文稿的文件大小，也可以将视频嵌入演示文稿中。这样有助于消除缺失文件的问题。

（1）插入视频。单击"插入"选项卡，在"媒体"组中，单击"视频"下拉按钮，展开列表，选择"文件中的视频"命令，插入视频对象。还可以编辑视频对象，如图 4-3-15 所示，方法类似于插入声音的操作。

（2）链接视频。链接视频的操作方法与插入视频的操作方法几乎相同，区别在于最后一步：单击"插入"下拉按钮，然后单击"链接到文件"，如图 4-3-16 所示。

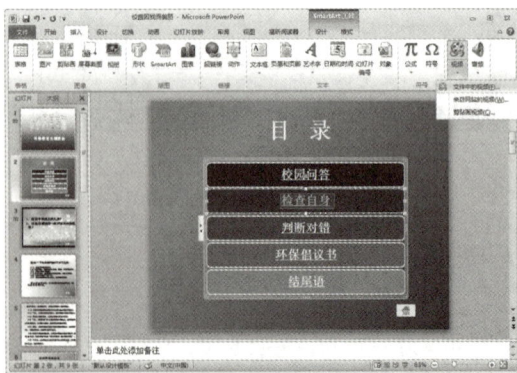

图 4-3-15 "视频"下拉列表

图 4-3-16　链接视频

为了防止出现与断开链接有关的问题,最好先将视频文件复制到演示文稿所在的文件夹中,然后再链接到视频。

二、动画的分类

在 PowerPoint 2010 中,幻灯片动画分为幻灯片页面之间的切换动画和幻灯片对象之间的自定义动画两种。

1.切换动画

幻灯片的页面切换动画是指放映幻灯片时,一张幻灯片放映结束,下一张幻灯片显示在屏幕上的方式。它是为了打破幻灯片页面之间切换时的单调感而设计的。PowerPoint 2010 自带了多种幻灯片页面之间的切换效果,如图 4-3-17 所示为"切换动画"列表框。

图 4-3-17　"切换动画"列表框

2.自定义动画

幻灯片对象之间的自定义动画包括进入动画、强调动画、退出动画和动作路径动画,下面将分别进行介绍。

（1）进入动画。

进入动画是指幻灯片对象依次出现时的动画效果，是幻灯片中最基本的动画效果。进入动画效果包含基本型、细微型、温和型以及华丽型 4 种，如图 4-3-18 所示。

（2）强调动画。

强调动画是指幻灯片在放映过程中，吸引观众注意的一类动画。它也包含有基本型、细微型、温和型以及华丽型 4 种。但是强调动画的 4 种动画类型不如进入动画的动画效果明显，并且动画种类也比较少，用户可以对其进行逐一尝试，如图 4-3-19 所示。

图 4-3-18　进入动画效果　　　　图 4-3-19　强调动画效果

（3）退出动画。

退出动画是对象消失的动画效果。不过退出动画一般是与进入动画相对应的，即对象是按哪种效果进入的，就会按照同样的效果退出，如图 4-3-20 所示。

（4）动作路径动画。

使用动作路径动画，用户可以按照绘制的路径进行移动。动作路径动画包含基本、直线和曲线以及特殊 3 种，如图 4-3-21 所示。

图 4-3-20　退出动画效果　　　　图 4-3-21　动作路径动画效果

三、设置自定义动作路径

如果对系统内的动作路径(动作运动轨迹)不满意,可以设定动作路径。设定动作路径的方法如下。

(1)选中需要设置动画的对象,单击"动画"选项卡,在"动画"组中,单击"其他"按钮,在弹出的下拉列表框中,选择"自定义路径"命令,如图 4-3-22 所示。单击"效果选项"下拉按钮,在展开的列表中,选择路径类型(如"曲线"),如图 4-3-23 所示。

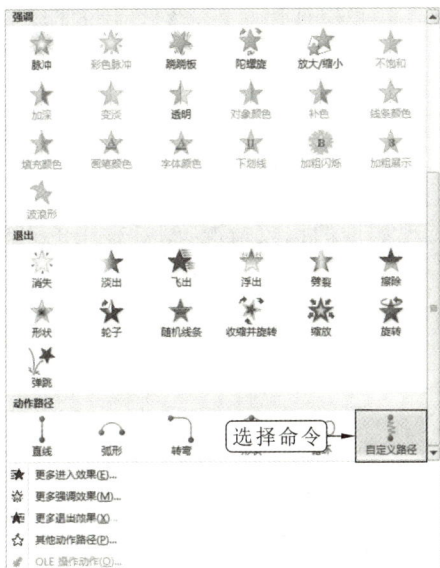

图 4-3-22 选择"自定义路径"命令

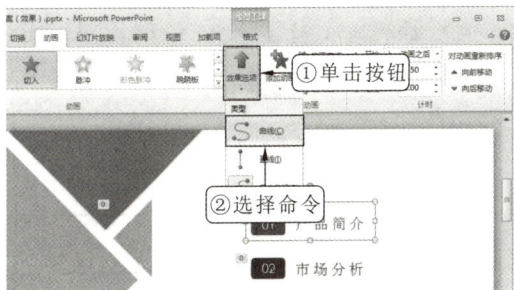

图 4-3-23 选择路径类型

(2)鼠标指针变成"+"字形状,根据需要,在工作区中绘制动作路径。在需要变换方向的地方,单击鼠标。全部路径描绘完成后,双击鼠标结束路径设置,路径设置效果完成。

(3)要使绘制的路径更加准确,可以在"视图"选项卡上的"显示"组中,设置网格线和参考线。

自主实践活动

尝试自己制作一份宣传保护校园的公益演示文稿,并在演示文稿中添加动画和超链接效果,使演示文稿动起来,然后添加音乐,并放映演示文稿。

活动四 走进社团——社团文化节

微课

走进社团——
社团文化节

活动要求

学生社团是学生为了实现会员的共同意愿和满足个人兴趣爱好的需求、自愿组成的,按照其章程开展活动的群众性学生组织。

小王是学生社团的一员,学校为了组织社团文化节活动,特地让小王制作一份宣传社团文化节活动的多媒体演示文稿,在报纸上宣传。

活动分析

一、思考与讨论

(1)要设计有独特风格的幻灯片母版,应该选择哪种背景颜色和效果?幻灯片版面如何布局?请在纸张上绘制一个幻灯片母版。

(2)根据提供的素材及宣传主题,思考演示文稿应该设计几张幻灯片?每张幻灯片的标题是什么?每张幻灯片的内容是什么?

(3)在演示文稿中,如何设置背景颜色和效果?

(4)可以选择哪些工具和方式设计幻灯片母版?

(5)为了使幻灯片的表格更加美观,可以对表格的哪些方面进行修饰?

(6)结合 Excel 的知识思考,在幻灯片中需要更好地体现数据的比较情况,幻灯片中的表格内容可以采用什么形式呈现?

(7)为了使幻灯片自动播放,应该选择哪种幻灯片的放映方式,并以哪种文件类型保存演示文稿?

二、总体思路

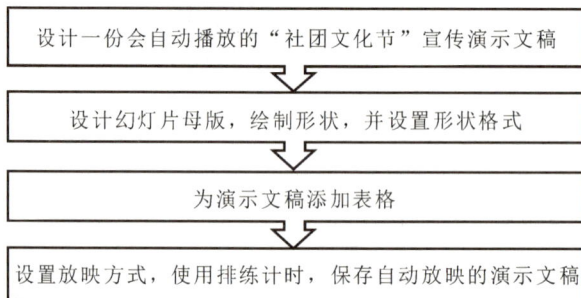

方法与步骤

一、准备工作

(1)仔细阅读所给的素材,了解社团文化,找出重点内容,为制作演示文稿做好准备。

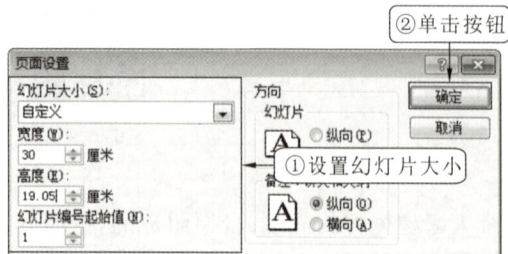

图 4-4-1 "页面设置"对话框

(2)新建 PPT 演示文稿,参考活动二,设置纯灰色背景。

(3)参考活动三,设置幻灯片显示大小。在"设计"选项卡的"页面设置"组中,单击"页面设置"按钮,弹出"页面设置"对话框,在对话框中设置好幻灯片显示大小,如图 4-4-1 所示。

二、幻灯片母版设计

根据喜好,设计一份独特的幻灯片母版(这里仅对样例说明,同学可以根据自己的喜好设计)。

(1)选择幻灯片母版。单击"视图"选项卡,在"母版视图"组中,单击"幻灯片母版"按钮,如图 4-4-2 所示。

在幻灯片母版和版式窗格中,选择幻灯片母版样例,如图 4-4-3 所示。

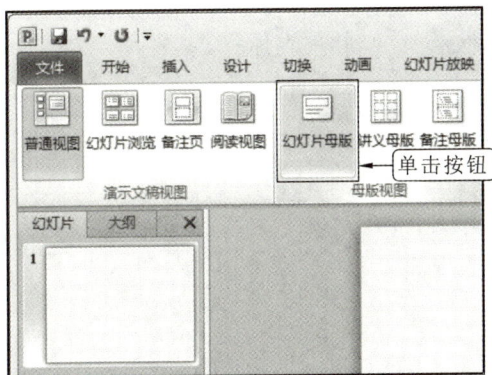

图 4-4-2 单击"幻灯片母版"按钮

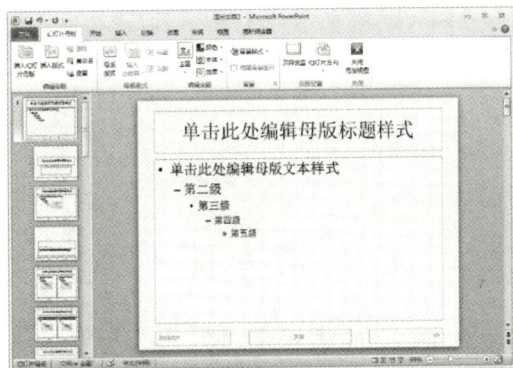

图 4-4-3 幻灯片母版样例

(2)在"母版"编辑窗口绘制形状。绘制矩形形状并设置其格式。单击"插入"选项卡,在"插图"组中,单击"形状"下拉按钮,展开下拉列表,选择"矩形"形状,如图 4-4-4 所示。在编辑窗口单击并拖动鼠标,绘制一个"矩形"形状,选中"矩形",在"形状样式"组中,设置形状的填充、轮廓和效果,如图 4-4-5 所示,并关闭幻灯片母版。

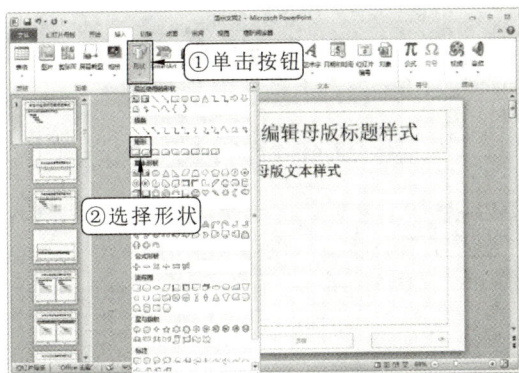

图 4-4-4 "形状"下拉列表框

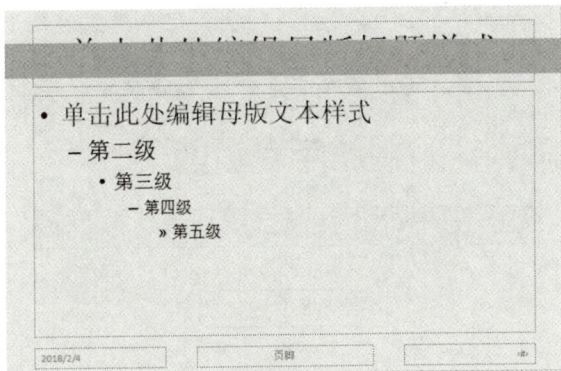

图 4-4-5 设置形状样式

提醒:如果想对形状进行更多的设置,可以选中形状,单击鼠标右键,在弹出的快捷菜单中选择"设置形状格式"命令,打开"设置形状格式"对话框。可以选择不同的选项,进入不同的选项界面,进一步美化形状,如图 4-4-6 所示。

图 4-4-6 "设置形状格式"对话框

119

三、插入和编辑艺术字标题

参考活动二,插入和编辑艺术字标题,如图 4-4-7 所示。

图 4-4-7　设置标题

四、创建小标题

(1)制作小标题的背景。在演示文稿中新建 16 张幻灯片,绘制圆角矩形,设置颜色及阴影效果。如图 4-4-8 所示。

(2)添加小标题文字。右键单击圆角矩形,在弹出的快捷菜单中选择"编辑文字"命令,在文本框中输入小标题"2018 广州首届中学生社团文化节",并设置字体格式,其效果如图 4-4-9 所示。

图 4-4-8　绘制小标题背景

图 4-4-9　第一张幻灯片样例

五、添加文字和图片

(1)添加文字。绘制一个形状,鼠标右键单击形状,在弹出的快捷菜单中单击"编辑文字",在文本框中添加素材中提取的文字内容,设置文字和形状格式,如图 4-4-10 所示。

(2)使用同样的方法,在其他的幻灯片中依次添加文本和形状。

(3)添加 SmartArt。单击"插入"选项卡,在"插图"组中,单击"SmartArt"按钮,弹出"选择 SmartArt 图形"对话框,选择 SmartArt 图形,如图 4-4-11 所示。

(4)插入图片。完成 SmartArt 图形的添加后,在带有 图 按钮的形状上单击,弹出"插入图片"对话框,选择需要插入的图片,单击"插入"按钮,插入图片,效果如图 4-4-12 所示。

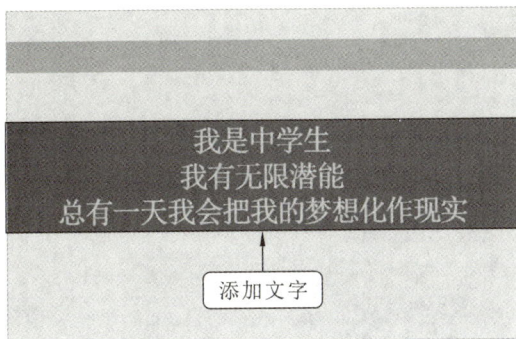

图 4-4-10 添加文字

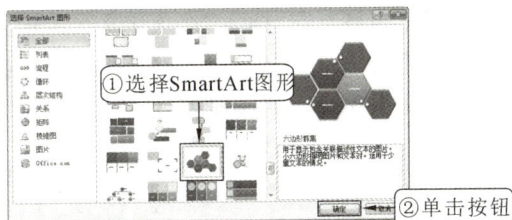

图 4-4-11 "选择 SmartArt 图形"对话框

（5）编辑 SmartArt。在 SmartArt 图形中依次添加文本，并设置文本的字体格式。在"格式"选项卡的"SmartArt 样式"组中，单击"更改颜色"下拉按钮，展开下拉列表，选择合适的颜色进行更改，如图 4-4-13 所示。

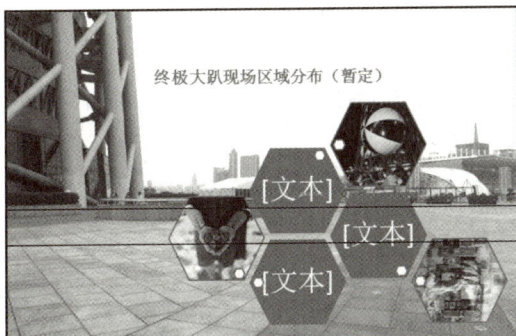

图 4-4-12 插入图片效果

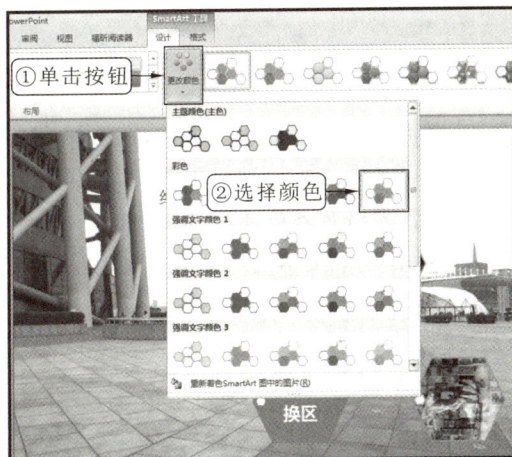

图 4-4-13 更改 SmartArt 图形颜色

在"格式"选项卡的"SmartArt 样式"组中，单击"其他"按钮，展开列表，选择合适的 SmartArt 样式进行更改，如图 4-4-14 所示。

图 4-4-14 更改 SmartArt 图形样式

六、添加表格

（1）插入表格。在"插入"选项卡中，单击"表格"按钮，弹出"插入表格"下拉列表，移动鼠标指针，选中小窗格，产生"5 行 2 列"的表格，在表格中输入从素材中提取的内容，如图 4-4-15 所示。

（2）编辑表格大小。选择表格，拖动表格调整表格的大小和位置，如图 4-4-16 所示。

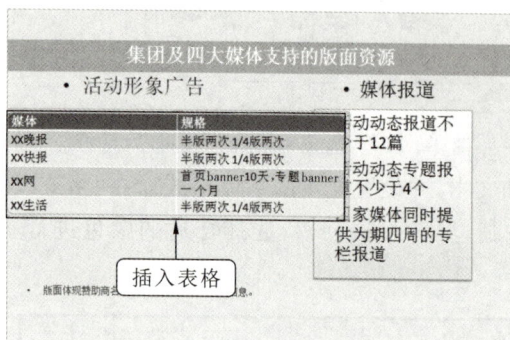

图 4-4-15　插入表格

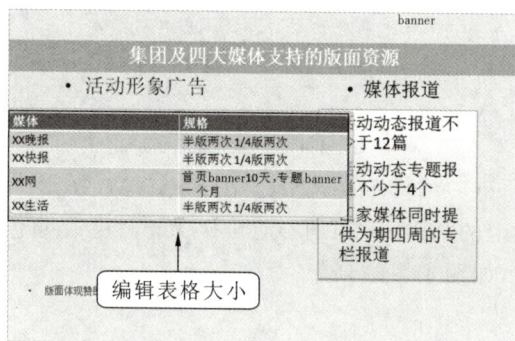

图 4-4-16　编辑表格大小

（3）编辑表格样式。选择表格，在"设计"选项卡的"表格样式"组中，单击"其他"按钮，展开下拉列表框，选择表格样式可进行更改，其效果如图 4-4-17 所示。

（4）设置表格对齐方式。选择表格，在"布局"选项卡的"对齐方式"组中，单击"居中"和"垂直居中"按钮，设置表格文本的对齐方式，其结果如图 4-4-18 所示。

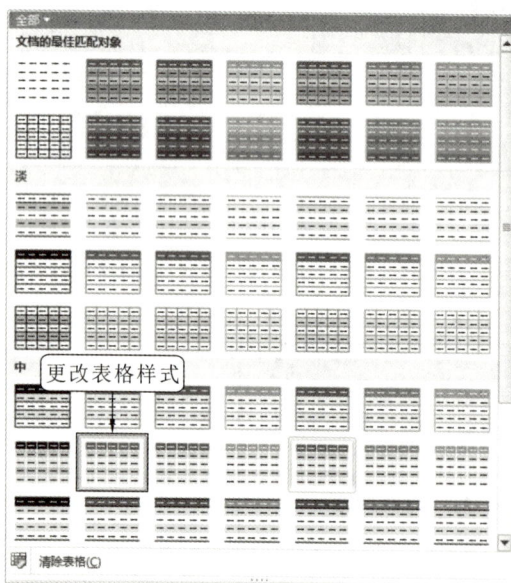

图 4-4-17　更改表格样式

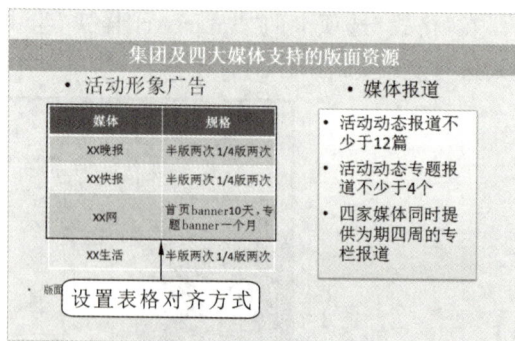

图 4-4-18　设置表格对齐方式

七、动态效果

（1）参考活动三，设置"幻灯片切换"。

（2）参考活动三，设置"幻灯片动画效果"。

八、自动播放演示文稿

1.设置放映方式

单击"幻灯片放映"选项卡,在"设置"组中,单击"设置幻灯片放映"按钮,打开"设置放映方式"对话框,将"放映类型"设置为"在展台浏览(全屏幕)",将"换片方式"设置为"如果存在排练时间,则使用它",单击"确定"按钮,如图 4-4-19 所示。

2.排练时间

(1)选中第一张幻灯片,单击"设置"组中的"排练计时"按钮,进入"排练计时"状态。

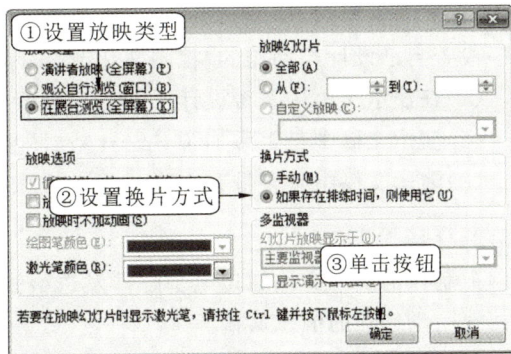

图 4-4-19 "设置放映方式"对话框

(2)在"排练计时"状态中,有一个"录制"对话框,显示单张幻灯片放映所用时间和整篇演示文稿放映所用时间,如图 4-4-20 所示。

(3)利用"录制"对话框中的"暂停"和"下一项"等按钮,手动播放一遍演示文稿。控制排练计时过程,以获得最佳播放时间。

(4)播放结束后,系统会弹出一个提示"是否保留新的幻灯片排练时间"的对话框,如图 4-4-21 所示,单击"是"按钮。

图 4-4-20 "录制"对话框

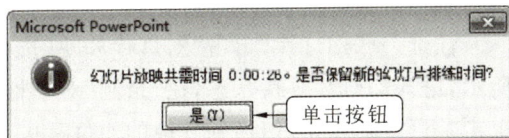

图 4-4-21 单击"是"按钮

提醒:如果要让演示文稿自动播放,必须排练计时。

九、保存文件

在"文件"选项卡中,单击"保存"按钮,弹出"另存为"对话框,选择保存类型为"PowerPoint 演示文稿",输入文件名"社团文化节",完成保存,如图 4-4-22 所示。

提醒:如果文件保存类型是"PowerPoint 演示文稿",幻灯片需要自动播放,在打开此类文件后,还需要按一下"幻灯片放映"按钮,幻灯片才会自动播放;如果文件保存类型是"PowerPoint 放映(＊.ppsx)"时,打开此类文件后,幻灯片就会直接自动播放。

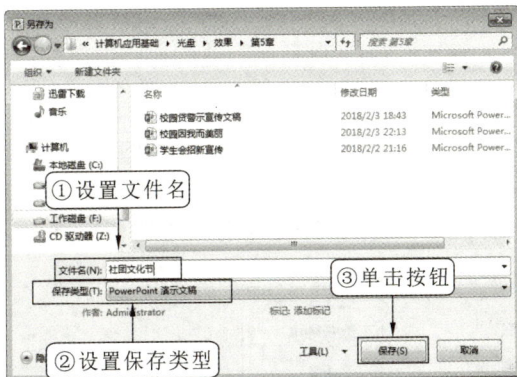

图 4-4-22 保存文件

≣彡 十、认真检查与交流

1. 认真检查

检查自己设计与制作的"社团文化节"演示文稿。

(1)在演示文稿中是否设计了幻灯片母版。

(2)演示文稿中是否添加了 SmartArt 图形。

(3)演示文稿中是否带有表格。

2. 交流分享

把制作的演示文稿通过电子邮件发送给教师和其他同学；查收其他同学发过来的电子邮件，浏览其他同学创建的演示文稿。

🄰Ⓓ 知识链接

≣彡 一、幻灯片切换中的计时功能

使用"排练计时"功能，可以在放映演示文稿的状态中同步设置幻灯片的切换时间，等到整个演示文稿放映结束之后，系统会将所设置的时间记录下来，以便在自动播放时，按照所记录的时间自动切换幻灯片。

任选一张幻灯片，单击"幻灯片放映"选项卡，在"设置"组中，单击"排练计时"按钮，如图 4-4-23 所示，进入幻灯片放映状态，在"录制"对话框中显示了当前幻灯片的放映时间，在"录制"对话框中，单击"下一项"按钮，切换到其他的幻灯片中，幻灯片排练完成后，按"Esc"键，打开提示对话框，提示用户幻灯片放映工序时间以及是否保留新的幻灯片排练时间，单击"是"按钮，即可保存计时时间。

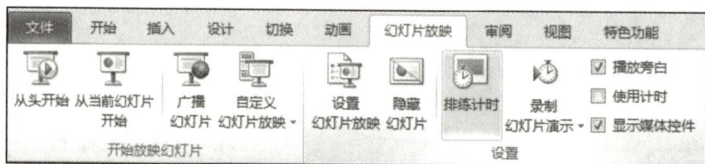

图 4-4-23　单击"排练计时"按钮

≣彡 二、动画刷快速应用动画效果

动画刷是 PowerPoint 2010 的新功能，用户可以利用它轻松快捷地将一个动画的效果复制到另一个动画上。利用动画刷复制动画效果的操作比较简单，首先选中带有动画效果的对象；其次切换到"动画"选项卡，单击"高级动画"组中的"动画刷"按钮，当鼠标指针变为箭头带刷子形状时，单击目标对象即可实现动画效果的复制，如图 4-4-24 所示。

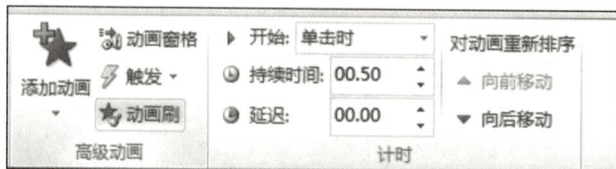

图 4-4-24　单击"动画刷"按钮

自主实践活动

尝试自己制作一份与社团相关的"社团文化节"演示文稿,并在演示文稿中制作幻灯片母版,从而避免同样图形绘制的烦琐,还需要在演示文稿中添加SmartArt和表格图形,最后为演示文稿进行放映设置。

综合活动与评估

学校形象宣传

活动背景

为了彰显校园文化特色,展示学校竞争优势,为学校塑造良好的社会形象。需要以学校的特色、实力为重点,通过多媒体演示文稿,将某学校的办学实力、学校文化、未来前景以及发展远景以生动形象的视听语言展示出来,为学校树立良好的形象。

活动分析

一、活动任务

(1)个人或小组合作讨论,明确学校形象宣传中的重点。
(2)使用演示文稿制作软件制作文稿,培养使用信息技术进行信息发布及宣传的能力。

二、任务分析

(1)查找和筛选相关材料,培养获取信息、筛选信息的能力。
(2)将获取的信息加以整理,并合理布局页面的内容。

方法与步骤

一、素材准备

(1)使用网络搜索引擎查找信息。
①寻找一些关于学校形象宣传的策划文档。
②下载以"学校形象"为主题的音乐、歌曲。
③到校园网上收集学校的各类照片和相关资料。
(2)利用各类学生和家长的互动活动,引导家长参观学校。
(3)利用"问卷调查表"调查群众对学校的感悟,其"问卷调查表"模板可以通过网页搜索。

二、获取相关素材

(1)通过各种设备获取的图像素材有哪些？

(2)通过各种设备获取的声音素材有哪些？

(3)通过各种设备获取的视频素材有哪些？

三、影片设计

利用所学的各种多媒体信息处理软件对原始的文件素材进行适当的处理加工。

(1)运用了哪几种信息处理软件？

(2)具体进行了哪些处理方法？

评估

一、综合活动的评估

根据综合实践活动，完成下面的综合活动评估表，先在小组范围内由学生自我评估，再由教师对学生评估。

综合活动评估表

学生姓名：_____

日期：_____

学习目标		自评		教师评	
		继续学习	已掌握	继续学习	已掌握
1.获取各种信息资源	在网络上搜索策划文档				
	收集学校的特色和相关资料				
2.新建演示文稿	添加文字、图片				
	添加音频和视频等多媒体素材				
3.美化演示文稿	设置文字、段落格式				
	设置图片格式				
4.设计演示文稿版式	应用设计模板				
	对演示文稿中的颜色、字体等版式进行设置				
5.添加动画效果	添加与编辑切换动画				
	添加与编辑进入、强调、退出和动作路径动画				
6.应用超链接	添加各种超链接				
	应用动作按钮				

二、整个项目的评估

复习整个项目的学习内容，完成下面的学习评估表。

整个项目学生学习评估表

学生姓名：_____

在整个项目的所有活动中喜爱的活动：_____

1.在本项目中制作了哪些作品？各作品都有什么优缺点？

_____

_____

2.本项目中哪项技能最具有挑战性？为什么？

_____

_____

3.在本项目中,如何对作品进行配色,有哪些配色方案。

_____

_____

4.本项目中的演示文稿版式该如何设计？

_____

_____

5.与文字处理软件和图像处理软件相比,演示文稿制作软件具有哪些优势？

_____

_____

6.本项目中如何使作品动起来,需要进行哪些操作。

_____

_____

7.本项目中,制作演示文稿的难点与重点有哪些,请一一列举出来。

_____

_____

项目五

电子表格——企业年终统计

情境描述

　　临近年终，科信集团公司为了对公司一年来的业绩、利润和收入情况进行总结统计，对公司现有的员工进行档案统计，以清楚公司一年来的人员流失情况，且为了实时掌握公司的销售情况，及时分析产品销售量，需要统计出营销人员每月的销售情况。财务部门则根据员工档案、销售业绩等情况，对公司每年的财政支出、收入进行统计与分析，并计算出员工的工资、年终奖等，以便能够及时给员工发放工资和奖励。

活动一　制作员工档案表

★ 微课

制作员工档案表

活动要求

　　科信集团为了统计在职员工情况，要求人事部制作一份员工档案表，表格能够清晰地显示在职员工详细情况，并能计算出员工的工作年限。在制作员工档案表时，公司要给每个员工分配编号，写清楚员工的真实姓名（相同姓名的员工要备注出来）、部门、职务、身份证号码、性别、入职时间以及电话号码等基本信息。

活动分析

一、思考与讨论

　　（1）Microsoft Excel 2010 是微软公司推出的一款集电子表格、数据存储、数据处理和分析等功能于一体的办公应用软件。在使用 Microsoft Excel 2010 软件之前，要先认识 Microsoft Excel 2010 软件的工作界面，请思考，Microsoft Excel 2010 软件的工作界面由哪些部分组成？

（2）在制作员工档案表时，要为员工档案表依次添加文本和数据。请思考，如何在表格中输入文本和数据，且思考如何输入带有序列差的数据和不同单元格中的相同数据？

（3）在制作员工档案表时，要计算出员工的工作年限，为后面的员工工资中的工龄工资计算做准备。请思考，一般使用哪些公式和函数计算工作年限的数据？

（4）在设计员工档案表时，要思考表格应该设计成几列几行？每列各表示什么信息？每行各表示什么信息？

（5）为了更加美观、清晰地显示该员工档案表信息，应该如何对表格样式进行设置？

二、总体思路

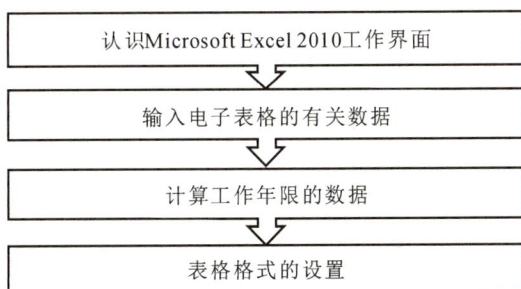

```
认识Microsoft Excel 2010工作界面
        ↓
输入电子表格的有关数据
        ↓
计算工作年限的数据
        ↓
表格格式的设置
```

方法与步骤

一、认识 Microsoft Excel 2010 工作界面

选择"开始"|"所有程序"|"Microsoft Office"|"Microsoft Excel 2010"命令，或者双击桌面上的 Microsoft Excel 2010 程序图标，将启动 Microsoft Excel 2010 电子表格软件，这时 Microsoft Excel 2010 会默认新建一个空白工作簿，并命名为"工作簿1"，单击"文件"|"保存"命令，在弹出的"另存为"对话框中，选择保存位置到指定的文件夹，输入文件名"员工档案表"，并设置保存类型为"Excel 工作簿（＊.xlsx）"。

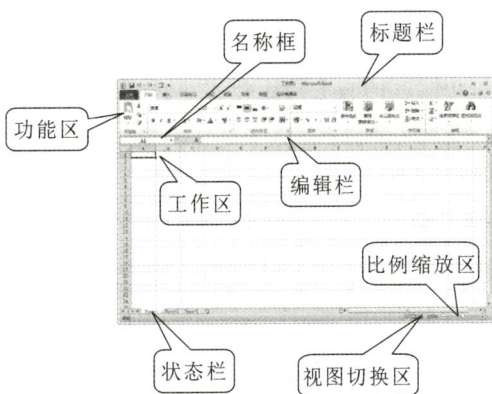

图 5-1-1　Excel 工作界面

Microsoft Excel 2010 的工作界面主要由标题栏、功能区、名称框、编辑栏、工作区、状态栏、视图切换区和比例缩放区组成，如图 5-1-1 所示。

1.标题栏

标题栏位于窗口的最上方，由控制菜单图标、快速访问工具栏、工作簿名称和控制按钮等组成。

快速访问工具栏位于标题栏的左侧，用户可以单击"自定义快速访问工具栏"按钮，在弹出的下拉列表中选择常用的工具命令，将其添加到快速访问工具栏，以便使用，如图 5-1-2 所示。

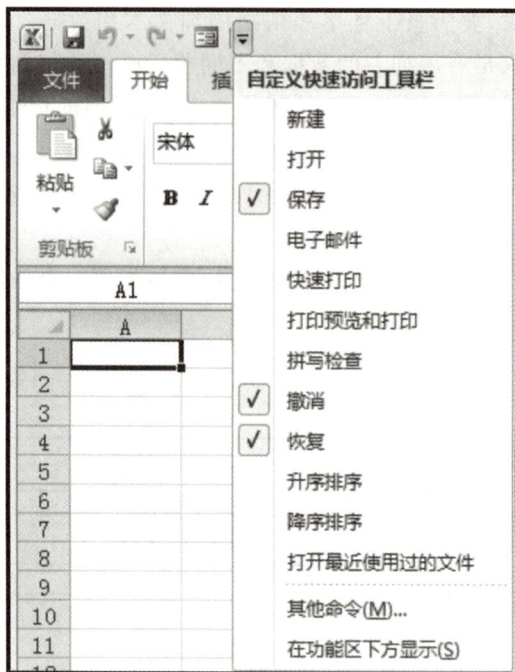

图 5-1-2 "快速访问工具栏"列表

控制按钮位于标题栏的最右侧,包括"最小化"按钮 ⬜、"最大化"按钮 ⬜ 或者"向下还原"按钮 ⬜ 和"关闭"按钮 ✕。

2. 功能区

功能区主要由选项卡、组和命令按钮等组成。通常情况下,Microsoft Excel 2010 工作界面中显示"文件""开始""插入""页面布局""公式""数据""审阅""视图"以及"开发工具"等选项卡。用户可以切换到相应的选项卡中,单击相应组中的命令按钮完成所需要的操作。

功能区的右上角还包含"功能区最小化"按钮、"Microsoft Excel 帮助"按钮和 3 个窗口控制按钮,即"窗口最小化"按钮、"还原窗口"按钮和"关闭窗口"按钮,这 3 个窗口控制按钮是用来控制工作区窗口的。

3. 名称框

名称框中显示的是当前活动单元格的地址或者单元格定义名称、范围和对象。

4. 编辑栏

编辑栏用于显示或编辑当前活动单元格的数据和公式。

5. 工作区

工作区是用户用来输入、编辑以及查阅的区域。工作区主要由行标识、列标识、表格区、滚动条和工作表标签组成。

在工作区中,各选项的含义如下。

(1)行标识用数字表示,列标识用大写英文字母表示,每一个行标识和列标识的交叉点就是一个单元格,行标识和列标识组成的地址就是单元格的名称。

(2)表格区则是用来输入、编辑以及查询的区域。

(3)滚动条分为垂直滚动条和水平滚动条,分别位于表格区的右侧和下方。当工作表内容过多时,用户可以拖动滚动条进行查看。

(4)工作表标签显示的是工作表的名称,默认情况下,每个新建的工作簿中只有 3 个工作表,单击工作表标签即可切换到相应的工作表。

6.状态栏

状态栏位于窗口的最下方,主要用于显示当前工作簿的状态信息。

7.视图切换区

视图切换区位于状态栏的右侧,用来切换工作簿视图方式,一般包含"普通"视图、"页面布局"视图和"分页预览"视图3种方式。

8.比例缩放区

比例缩放区位于视图切换区的右侧,用来设置表格区的显示比例。

二、输入电子表格的有关数据

利用 Microsoft Excel 2010 提供的各种功能,用户可以方便地在工作表中录入和修改数据。

1.输入文本

在工作表中输入文本的方法很简单,既可以直接在单元格中输入,也可以在编辑栏中输入。

(1)在工作表中单击 A1 单元格,切换到中文输入状态,输入表格标题"员工档案表"。

(2)采用同样的方法,在第二行即 A2 至 I2 单元格中依次输入工号、姓名、部门等内容。

(3)采用同样的方法,依次在其他单元格中输入文本内容,得到的最终结果如图 5-1-3 所示。

2.填充工号

使用 Microsoft Excel 2010 中的自动填充功能可以快速在工作表中输入相同或者有一定规律的数据,不仅可以增加输入的准确性,还可以大大提高数据输入的效率。

(1)在工作表中单击 A3 和 A4 单元格,通过计算机上的数字键盘,输入数字 SL001 和 SL002。

(2)选择 A3 和 A4 单元格,将鼠标指针移至单元格 A4 右下方的填充柄上,当鼠标指针呈黑色十字形状时,按住鼠标左键并向下拖动,至 A17 单元格后,释放鼠标左键,即可填充工号,得到最终结果如图 5-1-4 所示。

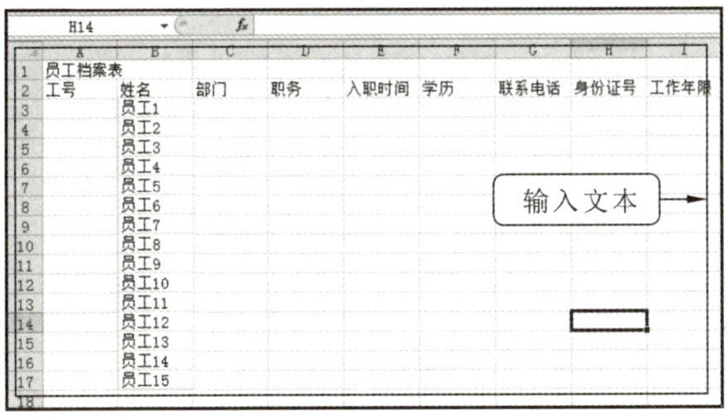

图 5-1-3　输入文本

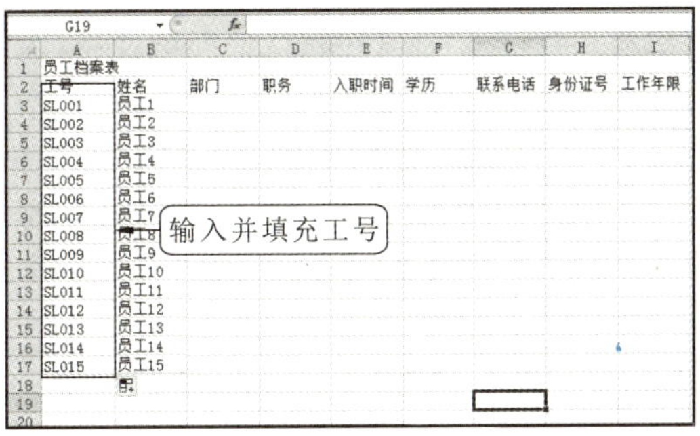

图 5-1-4　填充工号

3.输入日期

(1)单击 E3 单元格,直接在单元格中输入 2007-3 或者 2007/3,按"Enter"键确认即可。

(2)使用同样的方法,在 E4 至 E17 单元格中,依次输入日期和时间。

(3)选择 E3 至 E17 单元格,在功能区的"数字"组中,单击"数字格式"下拉按钮,展开列表,选择"长日期"选项,即可更改单元格数据的数字格式,其最终效果如图 5-1-5 所示。

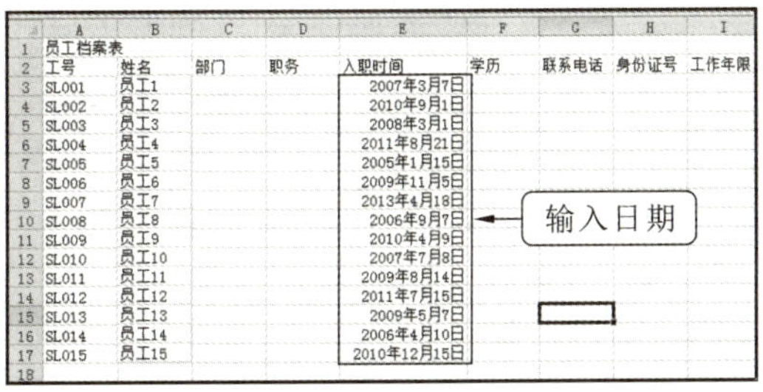

图 5-1-5　输入日期

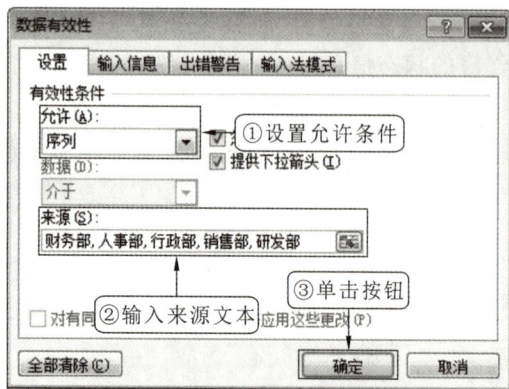

图 5-1-6 "数据有效性"对话框

4.使用"数据验证"功能输入部门、职务和学历

工作表中输入数据后,有些数据因为太相似,则可以使用"数据验证"功能中的数据序列,通过提供的下拉按钮对学历、部门、职务等进行选择。

(1)选择 C3 至 C17 单元格,在"数据"选项卡的"数据工具"组中,单击"数据有效性"下拉按钮,展开列表,选择"数据有效性"命令,弹出"数据有效性"对话框,设置序列条件,如图 5-1-6 所示。

(2)单击"确定"按钮,即可在选择的单元格中添加"序列"下拉箭头,单击下拉箭头,展开列表框,选择相应的部门即可填充数据,如图 5-1-7 所示。

(3)使用同样的方法,依次在"职务"和"学历"序列填充数据,其最终效果如图 5-1-8 所示。

图 5-1-7 使用序列填充数据

图 5-1-8 使用序列填充数据的效果

5.输入电话和身份证号码

(1)选择 G3 至 G17 单元格,依次输入数字和符号,完成电话号码的输入。

(2)选择 H3 至 H17 单元格,通过数字键盘,依次输入身份证号码(在默认情况下,刚输入的身份证号码是以"科学记数"方式显示的)。

(3)在功能区的"数字"组中,单击"数字格式"下拉按钮,展开列表,选择"文本"选项,更改单元格数据的数字格式,最终效果如图 5-1-9 所示。

图 5-1-9 输入电话和身份证号码

三、计算工作年限

工作人员在中华人民共和国成立后的国家机关、社会团体以及企业事业单位工作的时间,一律计算为工作年限。计算好工作年限后,才能计算工龄工资。

(1)单击 I3 单元格,输入公式"=FLOOR(DAYS360(E3,TODAY())/365,1)",按"Enter"键,即可计算出工作年限数据。

(2)选择 I3 单元格,将鼠标指针移至单元格 I3 右下方的填充柄上,当鼠标指针呈黑色十字形状时,按住鼠标左键并向下拖动,至 I17 单元格后,释放鼠标左键,即可填充工作年限,得到的最终效果如图 5-1-10 所示。

图 5-1-10 计算工作年限

四、表格格式的设置

为了使表格更加直观，需要设置表格的格式。

1.设置表格标题

（1）首先选择需要设定的单元格，然后单击“开始”选项卡，设置标题的字体和颜色。

（2）采用同样的方法，依次将第二行标题的字体样式、字号和颜色等进行设置，得到最终效果如图 5-1-11 所示。

2.设置表格对齐方式

（1）选择单元格 A1 至 I1 单元格，在“对齐方式”组中，单击“合并后居中”按钮，即可将标题居中对齐。

（2）选择其他的单元格文本，在“对齐方式”组中，单击“居中”按钮，将文本居中对齐，得到最终效果如图 5-1-12 所示。

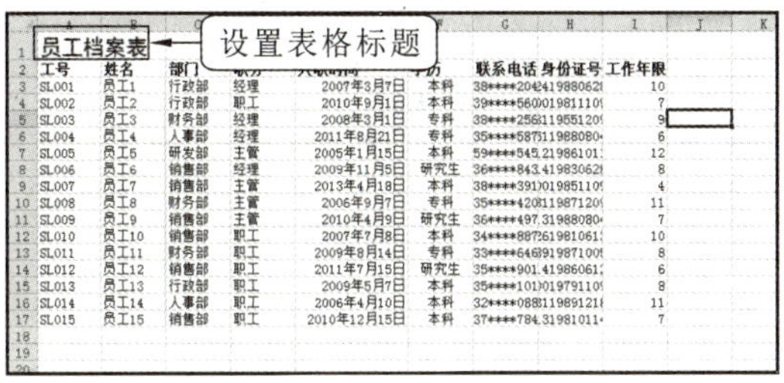

图 5-1-11　设置表格标题

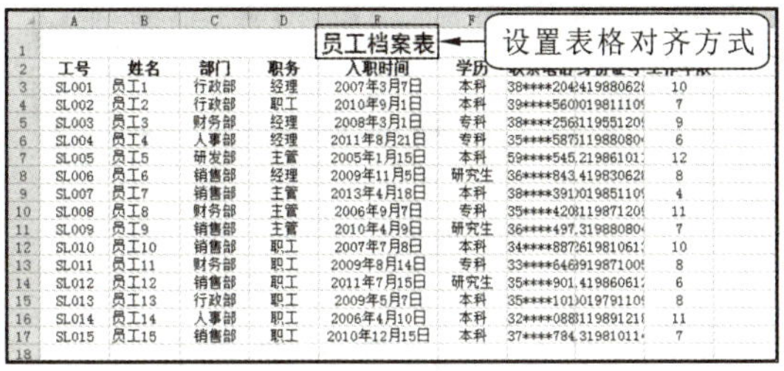

图 5-1-12　设置表格对齐方式

3.调整表格行高和列宽

在默认情况下，工作表中的行高和列宽是固定的，但是当单元格中的内容太多时，就无法将其完全显示出来，此时需要调整单元格的行高和列宽。依次选择行或列对象，通过移动行和列边框线，完成表格中行高和列宽的调整，也可以右键单击需要调整的行和列，通过设置“行高”或“列宽”对话框中的参数进行调整，其最终效果如图 5-1-13 所示。

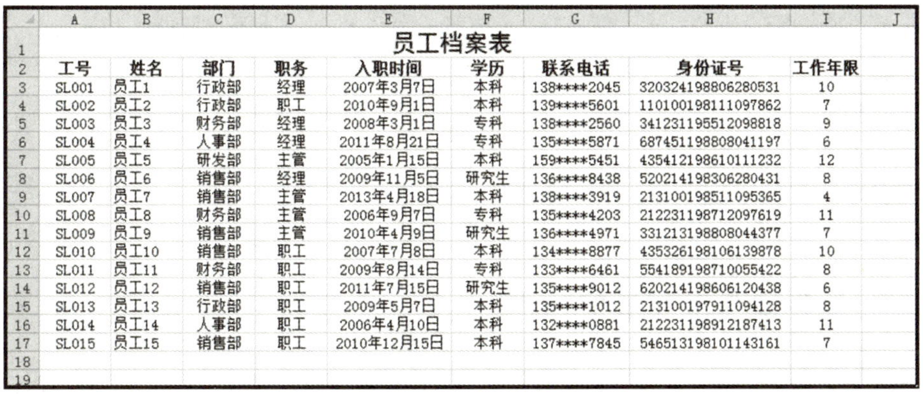

员工档案表

工号	姓名	部门	职务	入职时间	学历	联系电话	身份证号	工作年限
SL001	员工1	行政部	经理	2007年3月7日	本科	138****2045	320324198806280531	10
SL002	员工2	行政部	职工	2010年9月1日	本科	139****5601	110100198111097862	7
SL003	员工3	财务部	经理	2008年3月1日	专科	138****2560	341231195512098818	9
SL004	员工4	人事部	经理	2011年8月21日	专科	135****5871	687451198808041197	6
SL005	员工5	研发部	主管	2005年1月15日	本科	159****5451	435412198610111232	12
SL006	员工6	销售部	经理	2009年11月5日	研究生	136****8438	520214198306280431	8
SL007	员工7	销售部	主管	2013年4月18日	本科	138****3919	213100198511095365	4
SL008	员工8	财务部	主管	2006年9月7日	专科	135****4203	212231198712097619	11
SL009	员工9	销售部	主管	2010年4月9日	研究生	136****4971	331213198808044377	7
SL010	员工10	销售部	职工	2007年7月8日	本科	134****8877	435326198106139878	10
SL011	员工11	财务部	职工	2009年8月14日	专科	133****6461	554189198710055422	8
SL012	员工12	销售部	职工	2011年7月15日	研究生	135****9012	620214198606120438	6
SL013	员工13	行政部	职工	2009年5月7日	本科	135****1012	213100197911094128	8
SL014	员工14	人事部	职工	2006年4月10日	本科	132****0881	212231198912187413	11
SL015	员工15	销售部	职工	2010年12月15日	本科	137****7845	546513198101143161	7

图 5-1-13　调整表格行高和列宽

4.表格内容的格式化

选择 A2 至 I17 单元格，在“开始”选项卡的“样式”组中，单击“套用表格格式”下拉按钮，展开下拉列表，选择合适的表格样式，如图 5-1-14 所示，即可套用表格样式，其效果如图 5-1-15 所示。

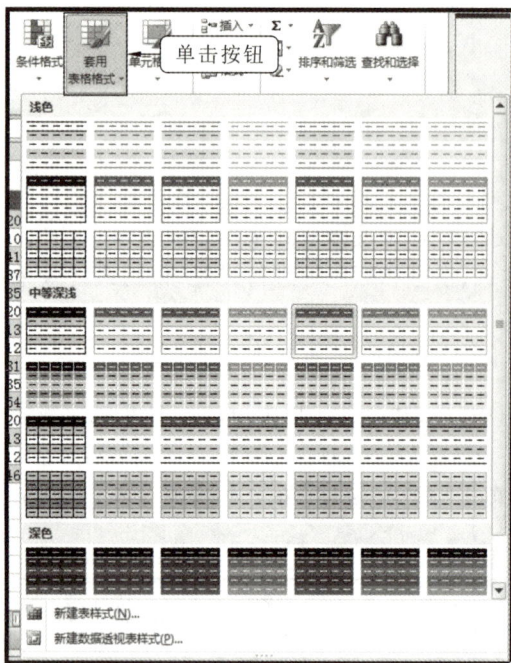

图 5-1-14　选择表格样式

员工档案表

工号	姓名	部门	职务	入职时间	学历	联系电话	身份证号	工作年限
SL001	员工1	行政部	经理	2007年3月7日	本科	138****2045	320324198806280531	10
SL002	员工2	行政部	职工	2010年9月1日	本科	139****5601	110100198111097862	7
SL003	员工3	财务部	经理	2008年3月1日	专科	138****2560	341231195512098818	9
SL004	员工4	人事部	经理	2011年8月21日	专科	135****5871	687451198808041197	6
SL005	员工5	研发部	主管	2005年1月15日	本科	159****5451	435412198610111232	12
SL006	员工6	销售部	经理	2009年11月5日	研究生	136****8438	520214198306280431	8
SL007	员工7	销售部	主管	2013年4月18日	本科	138****3919	213100198511095365	4
SL008	员工8	财务部	主管	2006年9月7日	专科	135****4203	212231198712097619	11
SL009	员工9	销售部	主管	2010年4月9日	研究生	136****4971	331213198808044377	7
SL010	员工10	销售部	职工	2007年7月8日	本科	134****8877	435326198106139878	10
SL011	员工11	财务部	职工	2009年8月14日	专科	133****6461	554189198710055422	8
SL012	员工12	销售部	职工	2011年7月15日	研究生	135****9012	620214198606120438	6
SL013	员工13	行政部	职工	2009年5月7日	本科	135****1012	213100197911094128	8
SL014	员工14	人事部	职工	2006年4月10日	本科	132****0881	212231198912187413	11
SL015	员工15	销售部	职工	2010年12月15日	本科	137****7845	546513198101143161	7

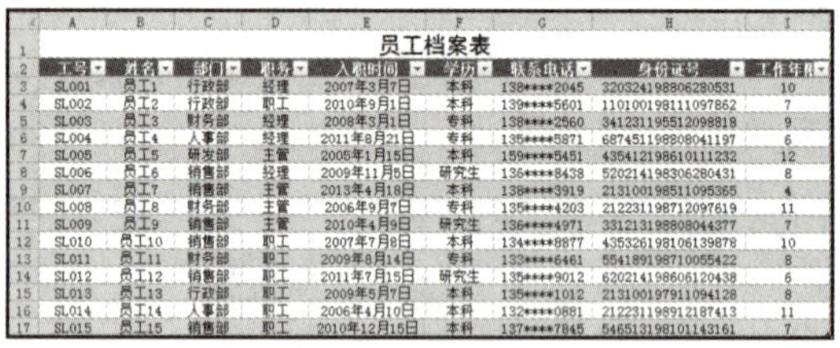

图 5-1-15　套用表格样式

五、认真检查与交流分享

1. 认真检查

检查制作的员工档案表，确保它包含以下要素。

(1)表格中要有标题。

(2)表格中输入各项文本和数据。

(3)对员工档案表进行了格式的设置，且已经存盘。

2. 交流分享

展示成果，浏览其他同学的员工档案表，认真倾听其他同学的意见和建议，汲取他人的意见，完善自己的作品。

知识链接

一、工作簿与工作表的认识

启动 Microsoft Excel 2010 后，会自动创建并打开一个新的工作簿。工作簿文件扩展名为“.xlsx”。每一个工作簿最多可包含 255 个不同类型的工作表，默认情况下一个工作簿中包含 3 个工作表。

Microsoft Excel 2010 中工作表是一个表格，行号为 1，2，3，…，列号采用 A、B、C，…编号。每个工作表由多个纵横排列的单元格构成。单元格的名称由列号和行号一起组成，如第一个单元格为“A1 单元格”。

二、表格格式的设置（套用表格格式）

使用 Microsoft Excel 2010 提供的"套用表格格式"功能，可以非常有效地节省时间、提高效率，使编排出的表格规范。

选择单元格区域，在"开始"选项卡的"样式"组中，单击"套用表格格式"下拉按钮，展开下拉列表，选择合适的表格样式即可。

Microsoft Excel 2010 还提供了"单元格样式"功能，针对主题单元格和表格标题，预设了一些样式，让用户快速地选择和使用。选择单元格内容，在"开始"选项卡的"样式"组中，单击"单元格样式"下拉按钮，展开下拉列表，选择合适的单元格样式即可。

自主实践活动

尝试自己制作一份员工档案表，并在工作表中包含有标题、文本和数据等内容，再通过"套用表格格式"功能为工作表套用格式。

活动二　营销人员每月销售情况统计

微课

营销人员每月
销售情况统计

活动要求

科信集团公司有 6 位营销人员，每个营销人员每月的销售情况都是不一样的。公司为了统计营销人员的销售情况，要求财务人员使用电子表格软件制作一份文档，文档中能清晰地反映出每个营销人员每月的销售总额，以及每个营销人员一年的平均销售额；另外为了更加直观，要求在制作的电子表格中采用适当的统计图来清晰地显示每个销售员销售总额情况。

活动分析

一、思考与讨论

（1）在文字处理软件的"营销人员每月销售情况统计表"中，如何计算当月销售员的销售总额，以及当年的平均销售额。Microsoft Word 2010 表格中的数据能使用公式或函数进行数据统计吗？

（2）如何将文字处理软件中"营销人员每月销售情况统计表"的表格数据快速复制到电子表格软件中？

（3）在电子表格软件中，根据"营销人员每月销售情况统计表"中的数据，应该使用什么公式或函数，计算出每位销售员的销售总额、各销售人员的月平均销售额。

（4）为了更加直观、清晰地显示"营销人员每月销售情况统计表"，应如何美化表格？

（5）查阅相关资料，了解在纸张上手工制作统计表的基本步骤与方法及统计图的类型。

（6）为了能清晰地看出当月哪个销售人员的销售业绩最高，哪个销售人员的业绩最低，应该制作什么类型的统计图？

二、总体思路

> 讨论文字处理软件表格中有关销售人员销售额的数据
> ↓
> 将Word中的"销售人员的月销售情况统计表"复制到Excel中
> ↓
> 统计每个销售人员的销售总额、每种产品的平均销售额
> ↓
> 设置"销售人员月度销售情况的统计表"格式
> ↓
> 创建图表分析销售人员的销售业绩

方法与步骤

一、讨论文字处理软件表格中有关销售人员销售额的数据

1.打开 Microsoft Word 2010 文档"营销人员每月销售情况统计表.docx"

启动文字处理软件，打开资源包中的"素材\项目六\营销人员每月销售情况统计表.docx"文件。该文件中存放的是科信集团公司各个销售人员的每月销售额相关数据，如图 5-2-1 所示。

2.计算当月所有销售人员的销售总额以及各月的平均销售额

讨论：如何计算全年所有销售员的销售总额？

使用"计算器"分别计算各销售人员的销售总额。选择"开始"|"所有程序"|"附件"|"计算器"命令，打开"计算器"对话框，如图 5-2-2 所示。计算全年各个销售人员的销售总额。

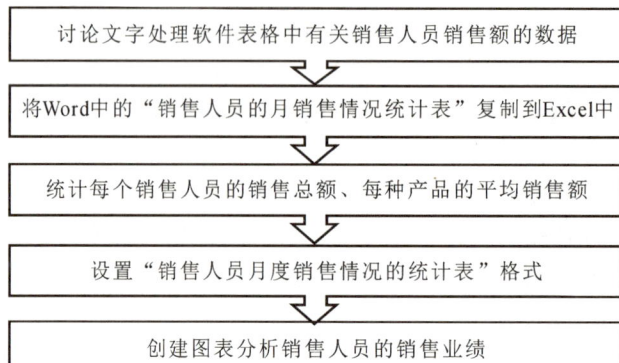

图 5-2-1　营销人员每月销售情况统计表

图 5-2-2　"计算器"对话框

销售员 1 的销售总额为＿＿＿＿＿＿＿；

销售员 2 的销售总额为＿＿＿＿＿＿＿；

销售员 3 的销售总额为＿＿＿＿＿＿＿；

销售员 4 的销售总额为＿＿＿＿＿＿＿；

销售员 5 的销售总额为＿＿＿＿＿＿＿。

3. 使用"计算器"分别计算各月的平均销售额

1 月的平均销售额是＿＿＿＿＿＿＿；

2 月的平均销售额是＿＿＿＿＿＿＿；

3 月的平均销售额是＿＿＿＿＿＿＿；

4 月的平均销售额是＿＿＿＿＿＿＿；

5 月的平均销售额是＿＿＿＿＿＿＿；

6 月的平均销售额是＿＿＿＿＿＿＿；

7 月的平均销售额是＿＿＿＿＿＿＿；

8 月的平均销售额是＿＿＿＿＿＿＿；

9 月的平均销售额是＿＿＿＿＿＿＿；

10 月的平均销售额是＿＿＿＿＿＿＿；

11 月的平均销售额是＿＿＿＿＿＿＿；

12 月的平均销售额是＿＿＿＿＿＿＿。

二、将 Microsoft Word 中的"销售人员的月销售情况的统计表"复制到 Microsoft Excel 中

启动电子表格软件,把文字处理软件表格中的数据复制到电子表格软件的工作表中。

(1)切换到文字处理软件,选择"营销人员每月销售情况统计表.docx"中的表格。

(2)单击"开始"选项卡,单击"剪贴板"组中的"复制"按钮。

(3)切换到电子表格处理软件,选择单元格 A1。

(4)单击"开始"选项卡,在"剪贴板"组中,单击"粘贴"下拉按钮,在展开的列表中,选择"选择性粘贴"命令,在弹出的"选择性粘贴"对话框中,选择粘贴方式为"文本",如图 5-2-3 所示。

图 5-2-3　"选择性粘贴"对话框

(5)选择"文件"|"保存"命令,在弹出的"另存为"对话框中,选择保存位置,指定文件夹,输入文件名"销售人员的月销售情况的统计与分析",并设置保存类型为"Excel 工作簿(＊.xlsx)"。

讨论与分析:

(1)销售员 1 年销售总额的计算公式:＿＿＿＿＿＿＿＿＿＿＿＿＿＿＿＿；

(2)1 月销售员 1 的平均销售额的计算公式:＿＿＿＿＿＿＿＿＿＿＿＿＿＿＿。

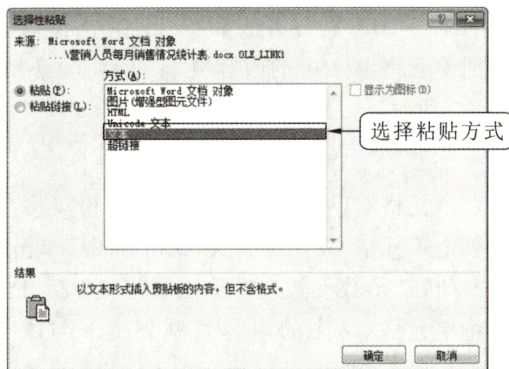

三、统计每个销售人员的销售总额、每种产品的平均销售额

1. 计算每个销售人员的销售总额

在单元格 A6 中输入文字"销售总额"。利用求和函数计算出销售员 1 的年销售总额。

单击单元格 B6,在"公式"选项卡中,单击"插入函数"按钮,弹出"插入函数"对话框,在"选择函数"列表框中选择"SUM"函数,单击"确定"按钮,如图 5-2-4 所示。在弹出的"函数参数"对话框中,设定函数的参数为单元格区域 B2:B13,单击"确定"按钮,如图 5-2-5 所示,即可在单元格 B6 中计算出销售员 1 的月销售总额。

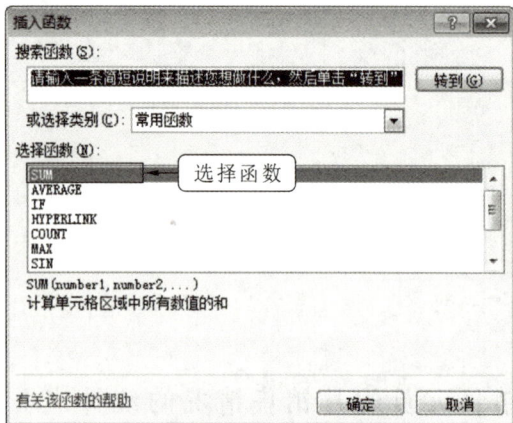

图 5-2-4 "插入函数"对话框

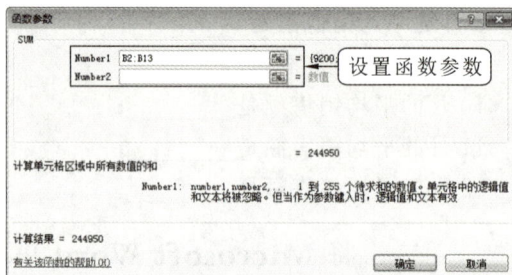

图 5-2-5 "函数参数"对话框

想一想:SUM 是一个什么函数? B2:B13 表示什么?

在单元格 B14 中使用 SUM 函数以及公式"=B2+B3+B4+B5+B6+B7+B8+B9+B10+B11+B12+B13"两种方法都可以计算出销售员 1 的年销售总额。比较两种方法的异同之处。

把单元格 B14 中的内容复制到 C14:F14,计算其他销售人员的年销售总额,其计算结果如图 5-2-6 所示。

2. 计算销售员的月平均销售额

在单元格 G1 中输入文字"平均销售额"。用插入函数的方法计算当月销售员的平均销售额。

单击单元格 G2,在"公式"选项卡中,单击"插入函数"按钮,在函数列表中选择求平均值函数 AVERAGE,函数参数选择单元格区域 B2:F2,即可计算出销售员的月平均销售额。

将单元格 G2 中的内容复制到 G3:G5 单元格,计算销售员的月平均销售额,计算结果如图 5-2-7 所示。

图 5-2-6 计算年销售总额

图 5-2-7 计算月平均销售额

四、设置"销售人员月度销售情况的统计表"格式

1.表格标题的插入

(1)单击行号"1"选择工作表的第一行,单击"开始"选项卡,在"单元格"组中单击"插入"下拉按钮,在弹出的列表中,选择"插入工作表行"命令,即第1行前插入一个空白行,如图5-2-8所示。

(2)在A1单元格中输入表格标题"营销人员每月销售情况统计表"。

(3)在标题下插入一个空白行,输入销售部门名称和统计年份,如图5-2-9所示。

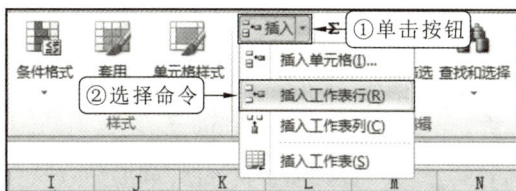

图 5-2-8 选择"插入工作表行"命令　　　　图 5-2-9 插入表格标题

2.表格标题格式的设置

为了使表格的标题更加醒目,要对表格标题进行格式设置。

(1)设置标题的字符格式:首先选择需要设定格式的标题单元格A1,然后单击"开始"选项卡,利用"字体"组的格式设置工具,设定标题的字体和颜色,如图5-2-10所示。

(2)设定标题的对齐方式:把表格标题显示在表格中间位置。选择单元格A1,在"开始"选项卡的"对齐方式"组中,单击"合并后居中"按钮即可,如图5-2-11所示。

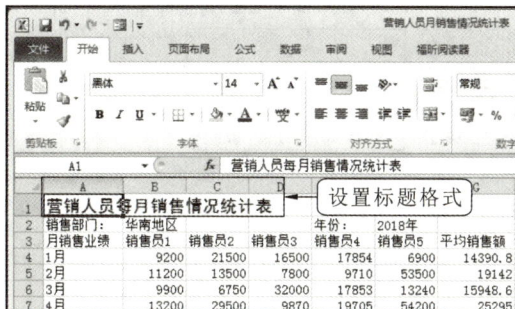

图 5-2-10 设置标题的字符格式　　　　图 5-2-11 设置标题的对齐方式

3.表格内容格式的设置

除使用格式设置工具外,还可以使用"设置单元格格式"对话框进行格式的设置。

(1)设置数字显示格式:在统计表中,平均销售额的数据小数位数都不一样,看起来很不美观。把平均销售额的数字格式设定为保留1位小数。

选择需要设置的单元格,单元格G4:G15,单击"开始"选项卡,在"单元格"组中,单击"格式"下拉按钮,在弹出的列表中选择"设置单元格格式"命令,在弹出的"设置单元格格式"对话框中,选择"数字"选项卡,设置小数位数为1,如图5-2-12所示。

(2)设置对齐方式:如果统计表中的单元格内容或内容长度不一致,可以设置单元格内容的对齐方式,使整个表格看起来更加整齐、美观。

如将表格的行标题和列标题设置为居中对齐,选择单元格区域A3:G3,A4:A16,单击"开

始"选项卡,在"单元格"组中,单击"格式"下拉按钮,在弹出的列表中选择"设置单元格格式"命令,在弹出的"设置单元格格式"对话框中,选择"对齐"选项卡,如图5-2-13所示。

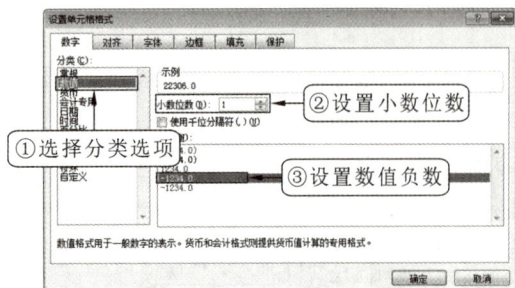

图 5-2-12 设置"数字"选项卡

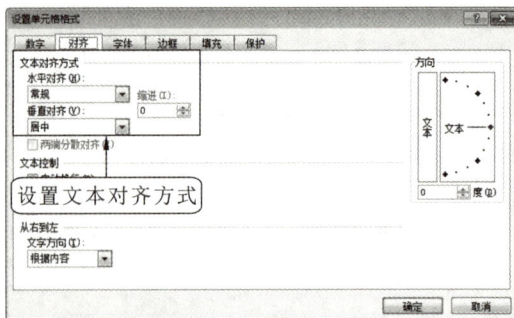

图 5-2-13 设置"对齐"选项卡

使用同样的方法,将单元格区域 B4:G16 内容设置为"居中"。

(3)设置字体格式:可以对不同的单元格内容设置不同的字体、大小和颜色,以突出单元格或单元格区域之间的不同。

选择需要设置的单元格,如单元格 A2、E2、A3 到 G3、A4 到 A16、B16 到 F16,单击"开始"选项卡,在"单元格"组中,单击"格式"下拉按钮,在弹出的列表中选择"设置单元格格式"命令,在弹出的"设置单元格格式"对话框中,选择"字体"选项卡,如图5-2-14所示。

(4)设置表格边框:Microsoft Excel 2010 中呈网格状的水印表格线打印不出来。如需打印,要为表格设置边框。如对整个表格设置边框,选择单元格 A3:G16,单击"开始"选项卡,在"单元格"组中,单击"格式"下拉按钮,在弹出的列表中选择"设置单元格格式"命令,在弹出的"设置单元格格式"对话框中,选择"边框"选项卡,如图5-2-15所示。

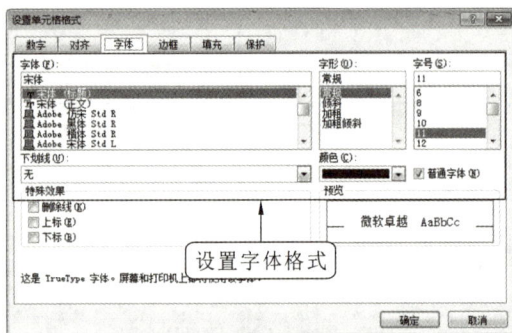

图 5-2-14 设置"字体"选项卡

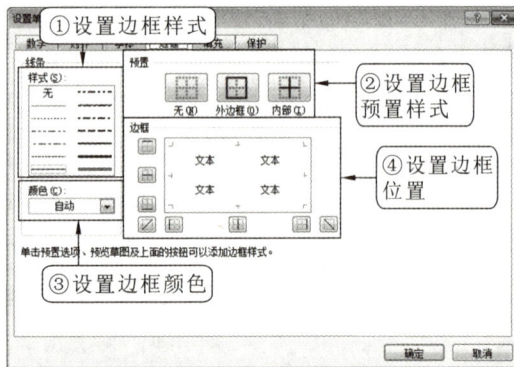

图 5-2-15 设置"边框"选项卡

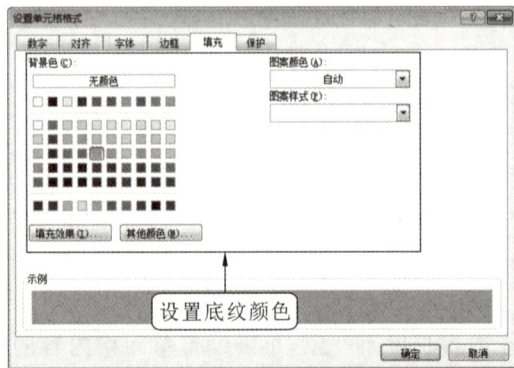

图 5-2-16 设置"填充"选项卡

(5)设置表格底纹:Microsoft Excel 2010 中的表格默认是无底纹的,可以为某些单元格设置底纹来突出重点。例如,设置表格的行标题和列标题的底纹,选择单元格 A3:G3,A16:G16,单击"开始"选项卡,在"单元格"组中,单击"格式"下拉按钮,在弹出的列表中选择"设置单元格格式"命令,在弹出的"设置单元格格式"对话框中,选择"填充"选项卡,如图5-2-16所示。

4.调整表格的行高与列宽

在 Microsoft Excel 2010 中创建的表格,行高和列宽是默认的,即单元格的显示区域是默认的。
如果某个单元格的内容太多,超出显示区域的部分就不能显示,这时需要通过修改单元格的行高和列宽将其显示出来。

确定需要修改的行,将鼠标光标移动到行的下边界线上,当鼠标光标变成双向箭头时,按下鼠标左键并拖动,调整到合适的高度后松开鼠标左键。同样的方法,确定需要修改列宽的列,当鼠标变成双向箭头时,按下鼠标左键并拖动,调整到合适的列宽后松开鼠标左键。

在行的下边界线和列的右边界线上双击,即可将行高、列宽调整到与其中内容相适应。格式化后的表格如图 5-2-17 所示。

图 5-2-17　调整后的表格

📝 **五、创建图表分析销售人员的销售业绩**

统计数据除了可以分类整理制成统计表以外,还可以制成统计图。用统计图表示有关数量之间的关系,比统计表更加形象,使人一目了然、印象深刻。常用的统计图有柱形图、折线图、饼图等。

1.选择数据源

要制作统计图反映销售人员的月销售总额,需要选择的数据源为销售人员和销售总额,即选择单元格区域 A3:F3,按住"Ctrl"键不放的同时,选中 A16:F16 单元格区域,完成多个不同单元格区域的选择操作。

2.创建图表

单击"插入"选项卡,在"图表"组中,单击"柱形图"下拉按钮,展开列表,选择一个柱形图样式,如图 5-2-18 所示。默认生成的柱形图效果如图 5-2-19 所示。

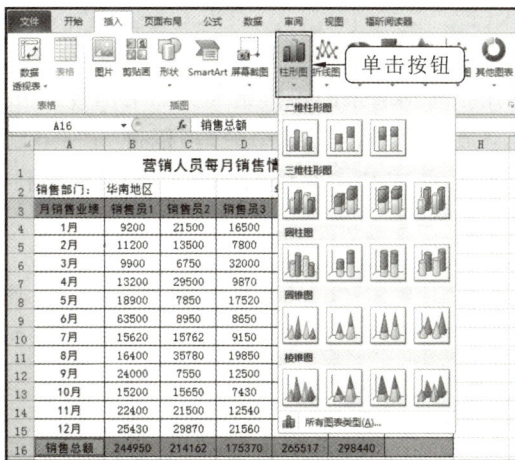

图 5-2-18　选择柱形图样式

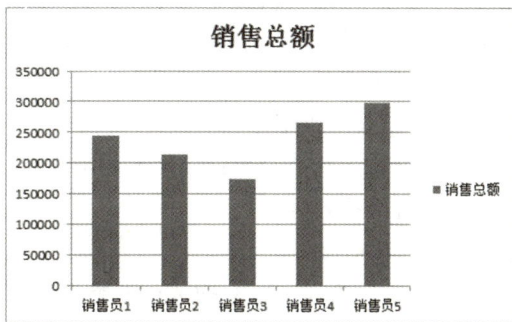

图 5-2-19　生成柱形图效果

整个图表区包含标题、绘图区、坐标轴、图例 4 个部分。

(1)标题:图表标题可以清晰地反映图表的内容,使图表更易于理解。

(2)绘图区:绘图区是统计图显示的区域,是以坐标轴为边的长方形区域。

（3）坐标轴：坐标轴用于界定绘图区的图形代表的意义，用作度量的参照框架。Microsoft Excel 2010 默认显示是，Y 轴通常为垂直坐标并包含数据，X 轴通常为水平轴并包含分类。

（4）图例：用于标识图表中的数据系列或分类指定的图案或颜色，默认显示在绘图区右侧。

图表中各个部分的位置和内容不是固定不变的，可以通过鼠标拖动它们的位置，修改甚至删除某个内容，以便让图表更加美观和合理。

（5）修改标题：选中图表标题，将光标放在标题中，将其修改为"销售人员的月销售总额统计图"，并使用工具栏设置标题的字符。

（6）删除图例：由于本柱形图中只有一个数据序列（销售总额）和数据分类（销售人员），图例的作用不是很大，可以删除。单击选中图例"销售总额"，按"Delete"键将其删除。

提醒：（1）能更加清晰地反映数据所表达的含义；不同类型的图表作用不同，要根据需要选择图表的类型。

（2）图表首先要选择数据源，当工作表中的数据发生变化时，由这些数据生成的图表会自动调整，以反映数据的变化。

六、认真检查与交流

1.认真检查
检查自己设计与制作的销售人员年销售情况的统计表。

（1）统计表格中计算了全年每位销售人员的销售总额，每月每位销售人员的平均销售额。

（2）统计表进行了格式的设置。

（3）柱形统计图的数据源正确，统计图有正确的标题。

2.交流分享
把制作的统计表和统计图通过电子邮件发送给教师和其他同学；查收其他同学发过来的电子邮件，浏览其他同学创建的统计表和统计图。

知识链接

一、函数的使用

函数是预先定义好的内置公式。函数由函数名和用括号括起来的参数组成。如果函数以公式的形式出现，应在函数名前面键入"＝"。例如，求学生成绩表中的班级总分，可以键入"＝SUM（G4：G38）"，其中 G4 到 G38 单元格中存放的是每个学生的成绩。常用的函数有 SUM（求和）、AVERAGE（求平均值）、MAX（求最大值）、MIN（求最小值）等。

函数的输入有以下两种方法。

（1）简单的函数可采用直接输入的方法。

（2）通过函数列表输入。

二、单元格格式的设置

为了使数据表更加整齐、美观、清晰，可以对表格标题和表格内容进行格式的设置。

（1）选定要设置的单元格，进行单元格格式的设置。

（2）选定要设置的单元格，单击鼠标右键，在弹出的快捷菜单中选择"设置单元格格式"命令，在弹出的"设置单元格格式"对话框中，进行数据格式、字体格式、对齐方式、边框、底纹等的设置，如

图 5-2-20 所示。

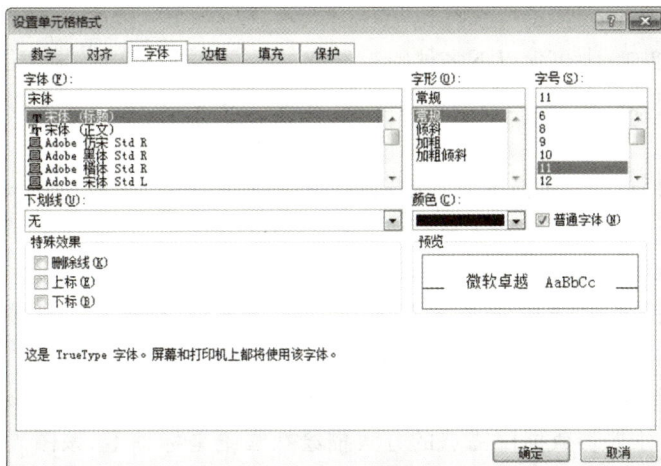

图 5-2-20 "设置单元格格式"对话框

三、行高与列宽的设置

1.用鼠标设置行高、列宽

将鼠标光标移动到行(列)的边界上,当鼠标光标变成双向箭头时,按下鼠标左键,拖动行(列)标题的下(右)边界来设置所需的行高(列宽),调整到合适的高度(宽度)后松开鼠标左键。

在行的下边界线和列的右边界线上双击,即可将行高、列宽调整到与单元格中的内容相适应。

2.利用菜单精确设置行高、列宽

选定所需要调整的区域,单击"开始"选项卡,在"单元格"组中单击"格式"按钮,在弹出的下拉列表中选择"行高"(或"列宽")选项,然后在弹出的"行高"(或"列宽")对话框上设定行高和列宽的精确值,如图 5-2-21 所示。

图 5-2-21 "行高"和"列宽"对话框

选定需要调整的区域,单击"开始"选项卡,在"单元格"组中单击"格式"按钮,在弹出的下拉列表中选择"自动调整行高"(或"自动调整列宽"),电子表格软件将自动调整到合适的行高或列宽。

四、图表的创建

利用电子表格软件提供的图表功能,可以基于工作表中的数据建立统计表。这是一种使用图形来描述数据的方法,用于直观地表达各统计值的差异,利用生动的图形和鲜明的色彩使工作表引人注目。

创建图表的步骤如下。

(1)明确设计意图:需要通过图表来表达什么信息,实现什么目的。

(2)确定图表类型:根据需要,确定合适的图表类型。

(3)选择数据源:选择要绘制成图表的单元格数据区域。

(4)插入图表:单击"插入"选项卡,在"图表"组中选择需要的图表类型。在下拉列表中选择其中一种具体样式。

Microsoft Excel 2010 中包含以下多种图表类型。

(1)柱形图:是在垂直方向绘制出的长条图,可以包含多组的数据系列,其中分类为 X 轴,数值为 Y 轴。

(2)折线图:主要将数据用锚点的方式绘制在二维坐标图上,再用线条连接这些数据点,可以表示多组数据系列。

(3)饼图:该图表反映数据系列中各个项目与项目总和之间的比例关系。

(4)条形图:是指在水平方向绘出的长条图,同柱形图相似,也可以包含多组数据系列,但其分类名称在 Y 轴,数值在 X 轴,用来强调不同分类之间的差别。

(5)面积图:与折线图相似,只是将连线与分类轴之间用图案填充,可以显示多组数据系列。

(6)XY(散点图):主要将数据用锚点的方式描绘在二维坐标轴上,该图表的 X 轴和 Y 轴均是数据轴。

(7)股价图:该图表用来显示股票的走势。

(8)曲面图:通过该图表来显示不同平面上的数据变化情况和趋势。

(9)圆环图:该图表的显示方法及用途与饼图相似,但它是将不同的数据系列绘制在不同半径的同心圆环上,而各个数据系列中的数据点百分比显示在对应的圆环上。

(10)气泡图:该图表与散点图类似,用于比较成组的数值。

(11)雷达图:该图表能够反映出数据系列相对于中心点以及相对于彼此数据类别间的变化的图表对象。

五、图表格式的设置

1.设置图表标题格式

选中图表标题,可在"开始"选项卡中,通过"字体"组中相关按钮设置标题文字的字体、字号、颜色、对齐方式等。

2.选择(或更改)图表数据源

选择图表,在"图表工具"中选择"设计"选项卡,单击"选择数据"按钮,打开"选择数据源"对话框。

3.设置图表样式

选择图表,在"图表工具"中选择"设计"选项卡,可在"图表布局"或"图表样式"组中设置图表的标题和图例的布局或者折线的样式等。

4.图表的编辑

(1)移动图表:选定图表后,按住鼠标左键拖动图表将其放置于适当的位置后释放鼠标。

(2)改变图表大小:选定图表后,拖动图表边框上尺寸控制点可调整图表的大小。

(3)删除图表:选定图表后,按"Delete"键。

自主实践活动

尝试自己制作一份营销人员每月销售情况统计表,并在工作表中包含有标题、文本和数据等内容,再通过图表统计分析销售情况数据。

★ 微课

财务支出
统计与分析

活动三　财务支出统计与分析

活动要求

到年底了,科信集团公司,需要将各部门所花费的各项费用做一个统计与分析,以便能够清楚了解公司财务支出的项目和金额。由于各个部门的花费金额都不一样。因此,为了更好、更直观地呈现数据,还需要使用数据透视表和数据透视图功能,分析财务数据。

活动分析

一、思考与讨论

(1)在电子表格软件中,根据"财务支出统计与分析"工作表中的数据,应该使用什么公式和函数计算出各部门一年的费用总额? 如何计算出各项目一年的费用总额?

(2)如何在"财务支出统计与分析"工作表中进行费用数据的排序和汇总?

(3)为了能够清晰地看出一年中每种项目的费用总额变化趋势,应该制作出什么类型的统计图? 应该选择统计表中的哪些数据来制作统计图?

(4)表示各个部门费用使用情况变化趋势的统计图包括哪些要素? 如何设定统计图表各个要素的格式,使统计图比较美观、清晰?

二、总体思路

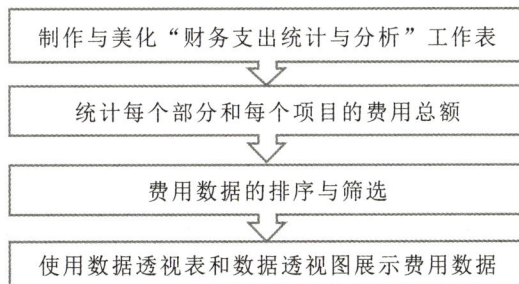

制作与美化"财务支出统计与分析"工作表

⇩

统计每个部分和每个项目的费用总额

⇩

费用数据的排序与筛选

⇩

使用数据透视表和数据透视图展示费用数据

📖 **方法与步骤**

✍ 一、制作与美化"财务支出统计与分析"工作表

1.新建与保存"财务支出统计与分析表"文件

启动 Microsoft Excel 2010 电子表格软件,自动新建工作簿,单击"文件"|"保存"命令,在弹出的"另存为"对话框中,选择保存位置到指定的文件夹,输入文件名"财务支出统计与分析表",并设置保存类型为"Excel 工作簿(＊.xlsx)",如图 5-3-1 所示。

2.工作表名称的重命名

为了更好地管理工作表,需要按照工作表的内容对工作表重命名。默认的工作表名称为"Sheet1",双击"Sheet1",将其名称修改为"各部门费用情况统计"。

3.数据的复制

打开资源包中的"素材\项目六\财务支出统计.txt"文本文件,如图 5-3-2 所示,将文本文件中的数据复制到电子表格软件工作表的 A2 单元格中。

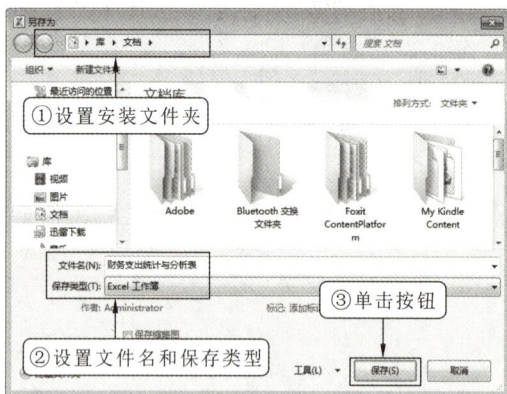

图 5-3-1 "另存为"对话框

图 5-3-2 "财务支出统计"文本文件

提醒:使用"选择性粘贴"功能,粘贴方式选择"文本"选项,将文本文档中的表格标题与表格内容复制到电子表格软件工作表中。

4.设置表格标题

(1)单击行号"1"选择工作表的第一行,单击"开始"选项卡,在"单元格"组中单击"插入"下拉按钮,在弹出的列表中选择"插入工作表行",即在第 1 行前插入一行空白行。

(2)在新插入的行中输入标题"财务支出统计与分析表",选择 A1 至 L1 单元格,在"开始"选项卡的"对齐方式"组中,单击"合并后居中"按钮,合并居中单元格,如图 5-3-3 所示。

(3)选择 A1、A2 至 L2 单元格、A2 和 A10 单元格,在"开始"选项卡中的"字体"组中,使用各种工具按钮,设置表格文本的字体格式,如图 5-3-4 所示。

(4)选择相应的单元格和单元格区域,使用"设置单元格格式"对话框,单击"边框"选项卡,设置边框样式,为单元格添加斜线边框和其他边框效果,如图 5-3-5 所示。

(5)使用"设置单元格格式"对话框,单击"对齐"选项卡,勾选"自动换行"复选框,为单元格数据进行自动换行,如图 5-3-6 所示。

图 5-3-3　输入标题文本

图 5-3-4　设置字体格式

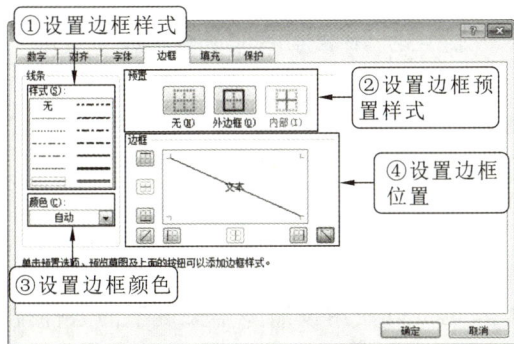

图 5-3-5　设置边框

图 5-3-6　自动换行文本

5. 调整表格的行高与列宽

在 Microsoft Excel 2010 中创建的表格,行高和列宽是默认的,使用鼠标拖动行或列的边框线,调整表格的行高和列宽。

6. 对齐表格文本

在 Microsoft Excel 2010 中创建的表格,文本默认左对齐显示。选择 A2 至 L10 单元格区域,在"开始"选项卡的"对齐方式"组中,单击"居中"按钮,居中对齐文本,得到最终效果如图 5-3-7 所示。

项目 部门	办公费	电话费	工资	社保费	差旅费	应酬费	运杂费	快递费	广告费	展览费	其他费
\multicolumn{12}{c}{财务支出统计与分析表}											
生产部	9800	1600	155000	16442	1650	8320	4896	7166	5908	7960	15554
财务部	8900	2000	105000	8538	800	18420	18296	1042	16425	4004	1450
外贸部	10504	15000	21000	2032	790	10349	10365	7041	16705	9395	19810
采购部	75000	28000	18000	5203	860	6356	7145	10552	5262	4420	56210
营销部	56200	40000	37500	14508	2600	19173	19654	3922	9670	15741	17880
行政部	15600	3500	35000	9788	960	12146	19497	13731	4433	14549	18880
品管部	19800	4260	2000	6985	470	12991	9815	12332	10467	4955	11200
技术部	105000	5760	4000	12695	2880	14670	10900	16472	13021	16998	5640

图 5-3-7　表格最终效果

二、统计每个部门和每个项目的费用总额

1. 计算每个部门的费用总额

利用 SUM 函数计算每个部门的费用总额,计算结果如图 5-3-8 所示。

2.计算每个项目的费用总额

利用 SUM 函数计算每个项目的费用总额，计算结果如图 5-3-9 所示。

图 5-3-8　计算每个部门的费用总额

图 5-3-9　计算每个项目的费用总额

三、费用数据的排序与筛选

1.排序数据

排序数据主要是将数据表按照一定的顺序进行排列。例如，可以将所有部门年度费用花费总额按照由高到低的顺序或者从低到高的顺序进行排序，也可以使用按照多个关键字的条件排序数据。

选择要排序的数据区域：由于要将各个费用项目依照年度费用总额的高低排序，因此数据区域应该选择单元格 A2 到 M11。

单击"数据"选项卡，在"排序和筛选"组中单击"排序"按钮，弹出"排序"对话框，如图 5-3-10 所示。排序后的结果如图 5-3-11 所示。

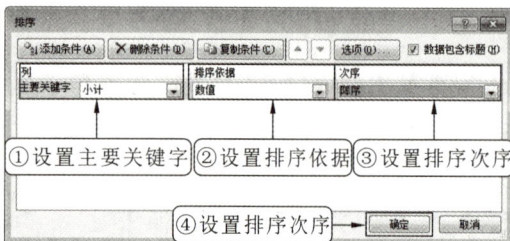

图 5-3-10　"排序"对话框

图 5-3-11　排序数据结果

2.筛选数据

Microsoft Excel 2010 提供了数据"筛选"的功能，即设置一定的条件，将数据表中满足条件的单元格隐藏掉。

执行"撤销"命令，取消前面的排序操作。

（1）选择数据区域中的任何一个单元格。

（2）单击"数据"选项卡，在"排序和筛选"组中，单击"筛选"按钮，开启"筛选"功能，单击"小计"单元格右侧的下拉按钮，在展开的列表中选择"数字筛选"命令，在下一级列表中选择"高于平均值"选项，自动筛选的结果如图 5-3-12 所示。也可以在下一级列表中选择"大于"或"自定义筛选"选项，弹出"自定义自动筛选方式"对话框，如图 5-3-13 所示。

在弹出"自定义自动筛选方式"对话框中设定筛选条件，单击"确定"按钮，筛选结果如图 5-3-14 所示。

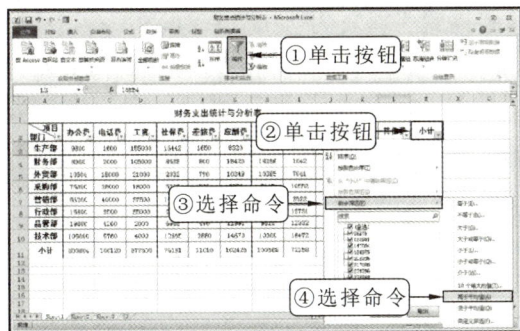

图 5-3-12 自动筛选数据

图 5-3-13 "自定义自动筛选方式"对话框

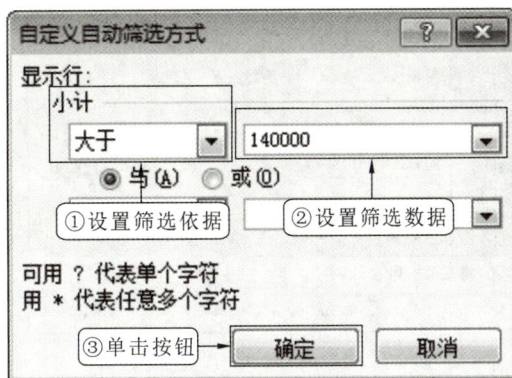

图 5-3-14 数据筛选结果

3.取消筛选

单击"数据"选项卡,在"排序和筛选"组中,单击"筛选"按钮,取消前面的筛选操作,显示出所有的内容。

四、使用数据透视表和数据透视图展示费用数据

在制作财务支出统计表的过程中,数据透视表和数据透视图是经常用到的数据分析工具。使用数据透视表和数据透视图可以直观地反映数据的对比关系,而且具有很强的数据筛选和汇总功能。

1.创建数据透视表

数据透视表是从 Microsoft Excel 数据库中产生的一个动态汇总表格,它具有强大的透视和筛选功能,在分析数据信息的过程中经常会用到。

(1)鼠标单击数据表中的任一单元格。

(2)单击"插入"选项卡,在"表格"组中,单击"数据透视表"下拉按钮,展开列表,选择"数据透视表"命令,如图 5-3-15 所示,弹出"创建数据透视表"对话框,如图 5-3-16 所示。

在"创建数据透视表"对话框的"请选择要分析的数据"选项区下有两个选项,由于前面已经选择了数据表中的任意一个单元格,所以选中"选择一个表或区域"单选按钮,而且"表/区域"文本框内的内容已经自动填好。

在"创建数据透视表"对话框的"选择放置数据透视表的位置"选项区下也有两个选项,一个是"新工作表",表示数据透视表建立在一张新的工作表中;另一个是"现有工作表",表示数据透视表建立在当前的工作表中,同时还需要单击当前工作表中需要放置数据透视表的单元格。

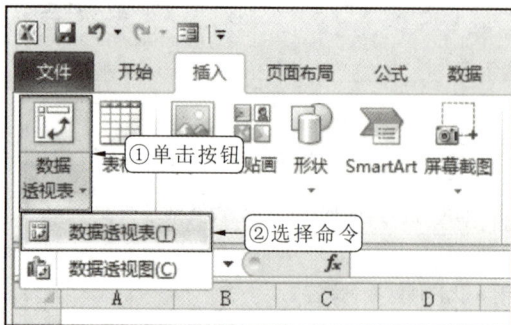

图 5-3-15　选择"数据透视表"命令　　　　图 5-3-16　"创建数据透视表"对话框

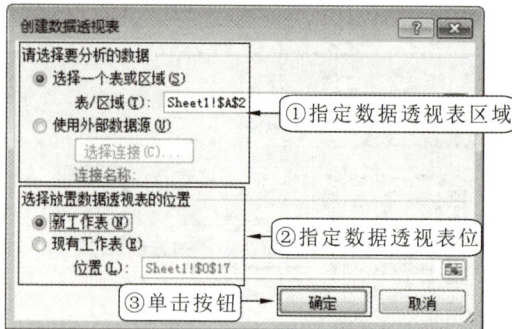

(3)选择好要分析的数据,透视表存放的位置选择了"新工作表",单击"确定"按钮,新建一个工作表,如图 5-3-17 所示。

(4)选择要添加到数据透视表的字段,将数据透视表字段列表中的"项目 部门"字段拖动到"行标签"中,将"办公费""电话费"和"工资"字段拖动到"数值"中,如图 5-3-18 所示。

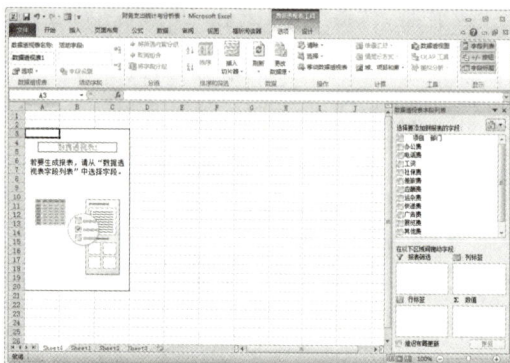

图 5-3-17　新建工作表　　　　　　图 5-3-18　添加数据透视表字段

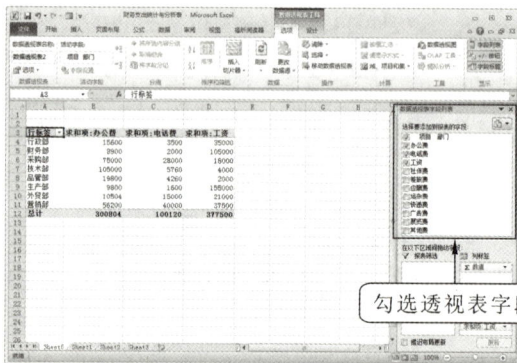

(5)设置数据透视表的格式,单击创建的数据透视表的任意内容,标题栏中出现"数据透视表工具"选项卡,如图 5-3-19 所示,可以编辑已经创建的数据透视表。

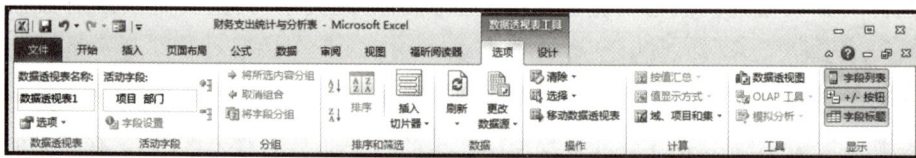

图 5-3-19　"数据透视表工具"选项卡

提醒:数据透视表是一种非常好的数据汇总与统计工具,其功能可以给数据汇总与分析带来很大的便捷。

2.创建数据透视图

数据透视图是数据透视表的图形表达形式,其图表类型与前面介绍的一般图表类型类似,主要有柱形图、条形图、折线图、饼图、面积图以及圆环图等。

(1)选择 A3:D12 单元格区域,在"数据透视表工具"选项卡中,单击"工具"组中的"数据透视图"按钮,如图 5-3-20 所示。

(2)弹出"插入图表"对话框,选择"折线图"图表,如图 5-3-21 所示,单击"确定"按钮,创建数据透视图图表,其效果如图 5-3-22 所示。

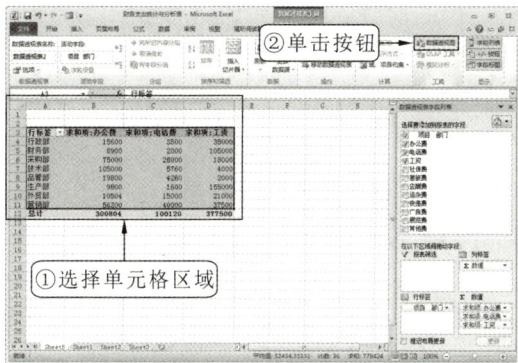

图 5-3-20 单击"数据透视图"按钮

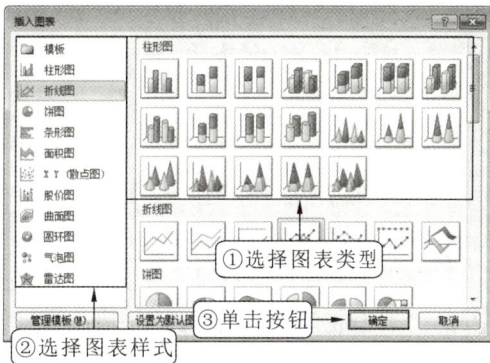

图 5-3-21 "插入图表"对话框

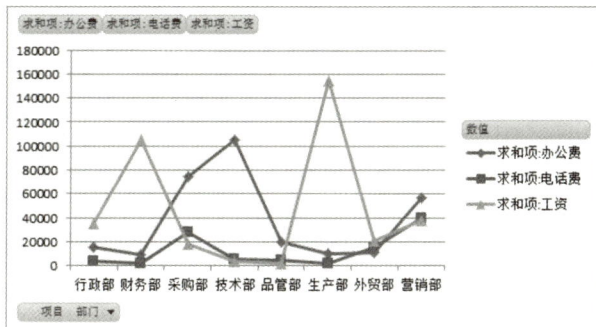

图 5-3-22 创建数据透视图

3.美化数据透视图

(1)选择数据透视图表,单击"格式"选项卡,在"形状样式"组中,单击"其他"按钮,展开下拉列表框,选择合适的形状样式,更改图表的形状样式效果,如图 5-3-23 所示。

(2)单击"设计"选项卡,在"图表样式"组中,单击"其他"按钮,展开列表框,选择合适的图表格式,更改图表的格式效果,如图 5-3-24 所示。

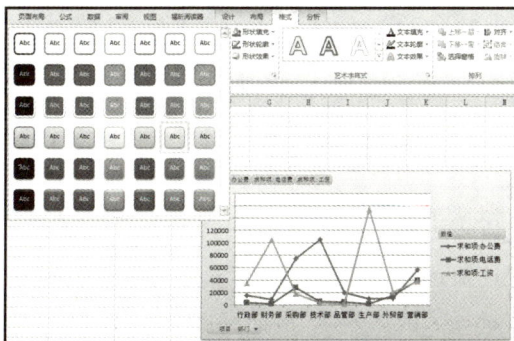

图 5-3-23 更改图表形状样式

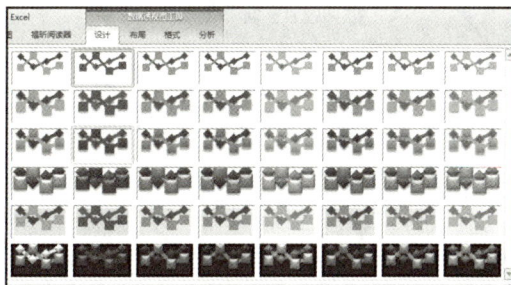

图 5-3-24 "图表样式"列表

(3)添加图表元素:在"布局"选项卡中,依次单击"标签""坐标轴"和"分析"组中的工具按钮,为图表添加图表标题、坐标轴标题、图例、坐标轴以及网格线等图表元素,如图 5-3-25 所示。

图 5-3-25 "布局"选项卡

五、认真检查与交流分享

1.认真检查

检查自己设计与制作的财务支出统计与分析表，确保以下几点。

(1)数据表格中计算了各部门所花费的费用总额，计算了各项花费的费用总额。

(2)对数据表中的数据进行了排序和筛选操作。

(3)为数据表创建了数据透视表和数据透视图。

2.交流分享

把制作的财务支出统计与分析表通过电子邮件发送给教师和其他同学；查收其他同学发过来的电子邮件，浏览其他同学创建的统计表和统计图。

知识链接

一、数据的排序

数据排序是将工作表选定区域中的数据按指定的条件进行重新排序。数据排序的操作如下。

图 5-3-26　设置排序条件

(1)选定数据区域。

(2)选择"数据"选项卡，在"排序与筛选"组中单击"排序"按钮，打开"排序"对话框。

(3)打开"主要关键字"下拉列表，选择主要关键字，选择排序依据，确定按"升序"或"降序"的次序。如果需要，可单击"添加条件"按钮，设置次要关键字、第三关键字等，如图 5-3-26 所示。

(4)设置完毕，单击"确定"按钮。

二、数据的筛选

数据的筛选是按给定的条件从工作表中筛选符合条件的记录，满足条件的记录被显示出来，而其他不符合条件的记录则被隐藏。具体操作如下。

(1)选定需要筛选的数据区域中的任意一个单元格。

(2)选择"数据"选项卡，在"排序与筛选"组中单击"筛选"按钮，单击字段右边的下拉按钮，在下拉列表中选择"数字筛选"|"自定义筛选方式"，弹出"自定义筛选方式"对话框。

(3)设定筛选条件后单击"确定"按钮，即可显示满足条件的记录。

自主实践活动

尝试自己制作一份财务支出统计与分析表，并在工作表中包含标题、文本和数据等内容，再通过数据透视表和数据透视图统计与分析各部门的财务支出费用。

活动四　员工工资统计

活动要求

科信集团每月都需要给员工发放工资。员工工资统计表是反映员工工资各项目明细情况的表格。财务人员在核算员工工资时,需要将每个员工的基本工资、奖金、津贴和补贴、加班工资和特殊情况下支付的工资进行核实结算,以方便科信集团支付给每位员工,且支付的工资金额都是正确的。

活动分析

一、思考与讨论

(1)根据"科信集团所有员工的工资发放制度"。请思考,如何计算集团中员工的各类工资金额?

(2)科信集团员工的工资项目中包含基本工资、绩效工资等。请思考,如何统计各类工资项目的工资总额? 如何筛选出想要的工资金额?

(3)要反映各个部门的工资总额占公司总工资额的比例,应该制作什么类型的统计图? 应该怎样选择统计表中的数据来制作统计图?

(4)为了给员工发放工资,需要制作每个员工的工资条。请思考,如何制作员工的工资条?

二、总体思路

```
计算员工的各类工资
        ↓
工资表数据的筛选和分类汇总
        ↓
使用图表展示工资数据
        ↓
生成与打印工资发放条
```

方法与步骤

一、计算员工的各类工资

启动 Microsoft Excel 2010 电子表格软件,打开资源包中的"素材\项目六\员工工资统计表"文

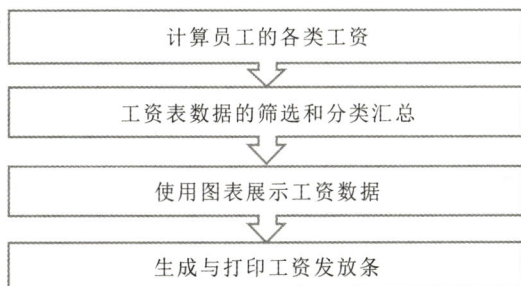

图 5-4-1　"员工工资统计表"文件

件,如图 5-4-1 所示。

1.计算员工基本工资

在科信集团中,基本工资是根据员工所在职位、能力、价值核定的薪资,这是员工工作稳定性的基础,是员工安全感的保证。在计算员工基本工资时,要用到"IF"函数才能进行计算。

(1)选择 D3 单元格,单击"公式"选项卡,在"函数库"组中,单击"插入函数"按钮,弹出"插入函数"对话框,选择"IF"函数,如图 5-4-2 所示。

(2)单击"确定"按钮,弹出"函数参数"对话框,设置函数输入条件,如图 5-4-3 所示。

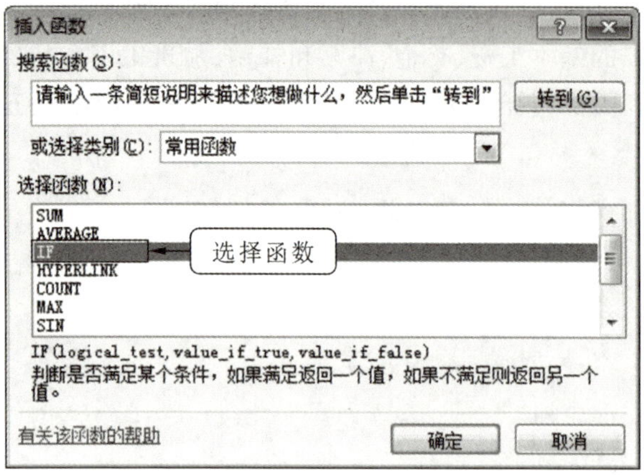

图 5-4-2 "插入函数"对话框

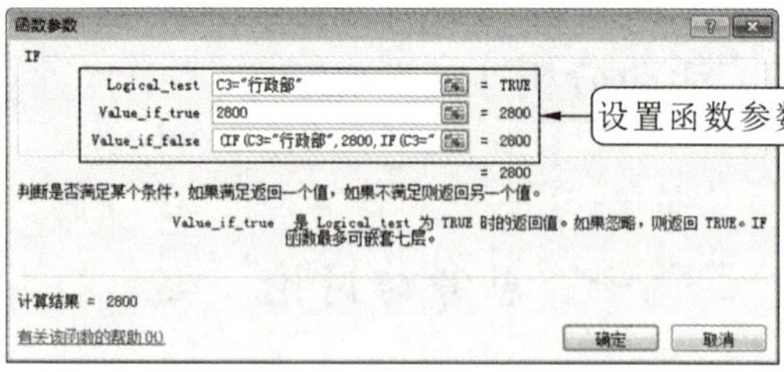

图 5-4-3 设置函数输入条件

(3)完成公式的输入和计算后,选择 D3 单元格,将鼠标指针移至单元格 D3 右下方的填充柄上,当鼠标指针呈黑色十字形状时,按住鼠标左键并向下拖动到 D9 单元格,释放鼠标左键,即可填充公式,显示基本工资的计算结果,如图 5-4-4 所示。

2.计算个人所得税

根据国家法律规定,当工资发放达到一定的金额上限时,需要缴纳个人所得税。在计算个人所得税时,需要"IF"函数和"SUM"函数组合使用。

(1)选择 I3 单元格,单击"公式"选项卡,在"函数库"组中,单击"插入函数"按钮,弹出"插入函数"对话框,选择"IF"函数。

(2)单击"确定"按钮,弹出"函数参数"对话框,设置函数输入条件,如图 5-4-5 所示。

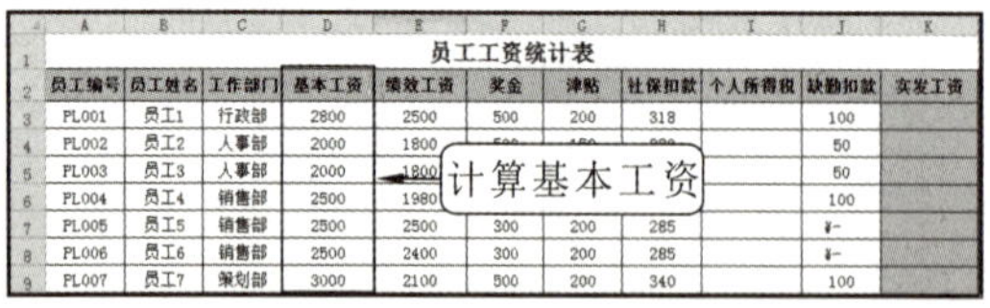

图 5-4-4 计算基本工资

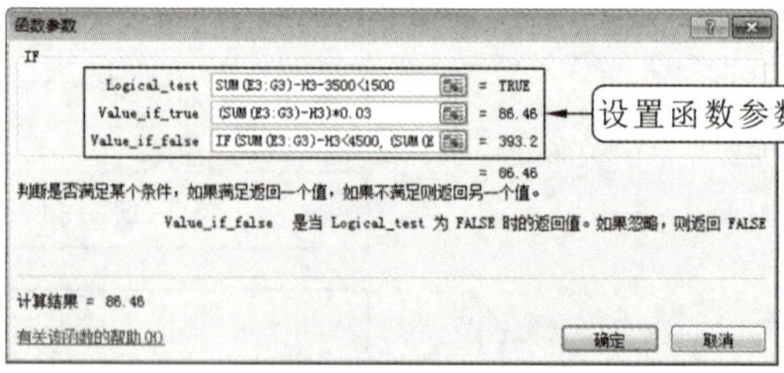

图 5-4-5 设置函数输入条件

(3)完成公式的输入和计算后,选择 I3 单元格,将鼠标指针移至单元格 I3 右下方的填充柄上,当鼠标指针呈黑色十字形状时,按住鼠标左键并向下拖动到 I9 单元格,释放鼠标左键,即可填充公式,显示个人所得税的计算结果,如图 5-4-6 所示。

3.计算每个员工的实发工资总额

利用"SUM"函数计算每个员工的实发工资总额,计算结果如图 5-4-7 所示。

图 5-4-6　计算个人所得税

图 5-4-7　计算每个员工的实发工资总额

二、工资表数据的筛选和分类汇总

要分别统计出每个部门的工资总额,可以采用以下两种方法。

1.先"筛选"出各个部门的员工和工资金额数据

要统计"销售部"员工的实发工资,可以先"筛选"出所有销售部门的员工和工资实发金额,再使用求和函数进行计算。

(1)筛选:用鼠标单击统计表中的任意一个单元格,单击"数据"选项卡,在"排序和筛选"组中单击"筛选"按钮,开启"筛选"功能,单击 B3 单元格"工作部门"右侧的下拉按钮,展开列表,只勾选"销售部"复选框,单击"确定"即可,如图 5-4-8 所示。筛选结果如图 5-4-9 所示。

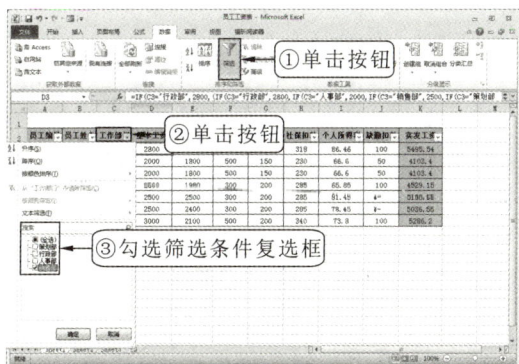

图 5-4-8　确定筛选条件

图 5-4-9　筛选结果

(2)复制数据到新的工作表:选择筛选出来的单元格区域 A2:K8,将其复制到工作表"Sheet2"的 A2 开始的单元格区域中,并调整列宽到合适的宽度。

(3)计算总额:在 C7 单元格中输入"销售部工资合计",使用"SUM"函数,在 D7 单元格中计算出销售部工资总额,如图 5-4-10 所示。

(4)计算总额:使用同样的方法可以计算出"人事部""策划部"实发工资总额。

图 5-4-10　计算销售部门工资总额

2.使用"分类汇总"功能统计

分类汇总是将数据分类统计,是 Microsoft Excel 2010 中的重要功能,可以免去大量相同的公式和函数操作。当数据表中有多个类别的数据需要分类统计时,可以使用该功能。

使用分类汇总必须先把数据按某个分类字段排序(即分类),再进行数据的求和、求平均值等的汇总。如需要求每个部门的实发工资总额,必须先将数据表按照"工作部门"排序,再进行"实发工资"的求和汇总。

选择工作表"Sheet1",单击"数据"选项卡,在"排序和筛选"组中单击"筛选"按钮,取消筛选操作,显示出所有的内容。

(1)数据的排序:选择单元格区域 C3:C9 单元格区域。单击"数据"选项卡,在"排序和筛选"组中,单击"升序"按钮,即可升序排序数据,其结果如图 5-4-11 所示。

图 5-4-11　升序排序数据

(2)数据的分类汇总:选择单元格区域 A2:K9。单击"数据"选项卡,在"分级显示"组中,单击"分类汇总"按钮,弹出"分类汇总"对话框,如图 5-4-12 所示。分类汇总后的结果如图 5-4-13 所示。

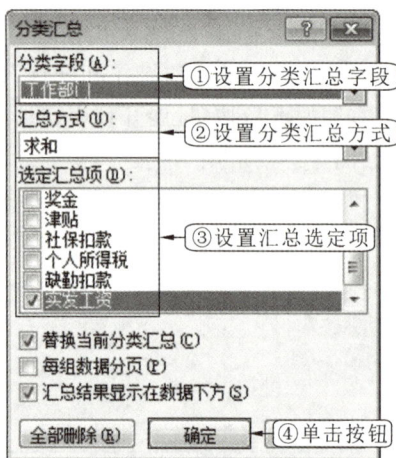

图 5-4-12　"分类汇总"对话框

图 5-4-13　分类汇总结果

(3)改变显示的级别:完成分类汇总之后,在工作表的左侧增加了一列大纲级别,顶部的即为大纲级别按钮,用来确定数据的显示形式,单击第二级显示级别符号,其效果如图 5-4-14 所示。

图 5-4-14　分类汇总的两级显示效果

3. 两种方法的比较

比较"先筛选再统计"和通过"分类汇总"功能直接进行分类统计这两种方法。

三、使用图表展示工资数据

1. 创建饼图图表

仅排列在工作表的一列或一行中的数据可以绘制到饼图中。饼图显示一个数据系列(数据系列:在图表中绘制的相关数据点,这些数据源自数据表的行或列)中各项的大小与各项总和的比例。

（1）选择单元格 C4、C6、C9、C13，按住"Ctrl"键的同时，再选择单元格 K4、K6、K9 和 K13 单元格。

（2）单击"插入"选项卡，在"图表"组中，单击"饼图"下拉按钮，展开列表，选择"分离型三维饼图"图表，生成三维饼图，如图 5-4-15 所示。

2. 对饼图图表进行格式设置

为了使创建的饼图更加合理、清晰，需设置饼图的格式，包括设置饼图的标题、布局等。

（1）添加并设置图表标题：选择图表对象，单击"布局"选项卡，在"标签"组中，单击"图表标题"

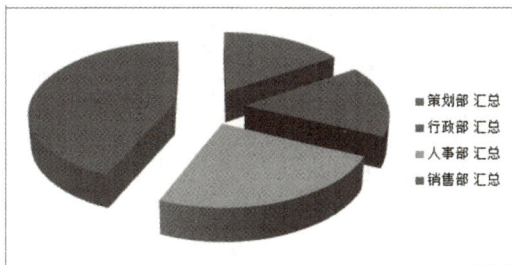

图 5-4-15 生成三维饼图

下拉按钮，展开列表，选择"图表上方"命令，如图 5-4-16 所示，在图表的上方添加标题，将标题修改为"各部门工资情况的统计图"，并设置合适的字体和字号，其效果如图 5-4-17 所示。

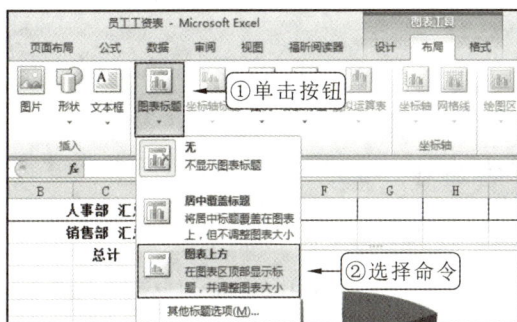

图 5-4-16 选择"图表上方"命令

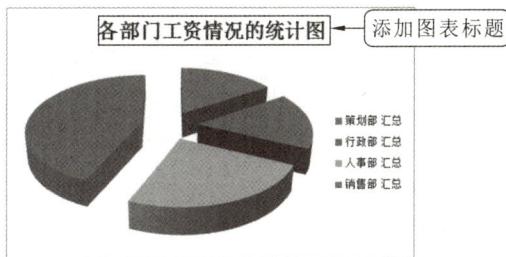

图 5-4-17 添加图表标题效果

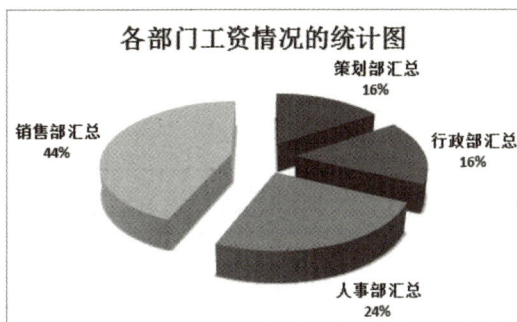

图 5-4-18 各部门工资情况的统计图

（2）单击图表的任何部分，功能区上出现"图表工具"选项卡，可以修改图表的格式。例如，选择合适的"图表布局""图表样式"等。

根据设计，设置图表各部分的格式，参考结果如图 5-4-18 所示。

从上面的饼图可以看出，本年度销售部的工资最高，占公司总工资额度的 44%；其次是人事部，占公司总工资额度的 24%；而策划部和行政部的工资比例一样，都是 16%。

四、生成与打印工资发放条

工资条也叫工资表，是员工所在单位定期给员工反映工资的纸条。在工资条中，为了方便阅读，要求每个员工的工资都有表头。

生成工资条有两种方法，一种是通过 VLOOKUP 函数快速生成工资条；另一种是使用排序法制作工资条。

1. 通过 VLOOKUP 函数快速生成工资条

VLOOKUP 函数是 Microsoft Excel 2010 中的一个纵向查找函数，它与 LOOKUP 函数和 HLOOKUP 函数属于一类函数，在工作中都有广泛应用。例如，可以用来核对数据，多个表格之间快速导入数据等函数功能。

(1)右键单击工作表"Sheet1",打开快捷菜单,选择"移动或复制"命令,弹出"移动或复制工作表"对话框,如图 5-4-19 所示,复制两个工作表后,取消两个工作表中的分类汇总操作,重命名工作表,并对复制后的工作表中的相应数据进行删除操作,其效果如图 5-4-20 所示。

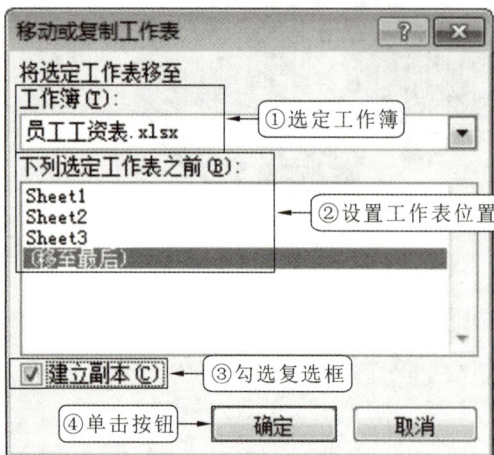

图 5-4-19　"移动或复制工作表"对话框

图 5-4-20　复制工作表效果

(2)在 A3 单元格中输入"PL001",选择 B3 单元格,单击"公式"选项卡,在"函数库"组中,单击"插入函数"按钮,弹出"插入函数"对话框,选择"VLOOKUP"函数,单击"确定"按钮,弹出"函数参数"对话框,输入函数参数的条件,如图 5-4-21 所示。

(3)完成公式的输入和计算后,使用同样的方法,在其他的单元格中依次输入公式,并将"函数参数"对话框中的"Col_index_num"依次修改为 3~10,其结果如图 5-4-22 所示。

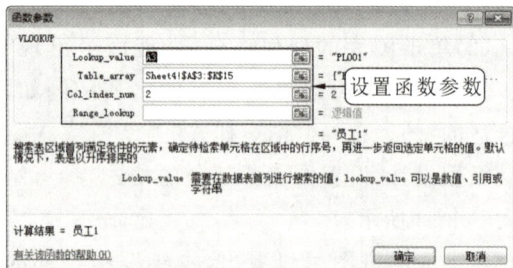

图 5-4-21　"函数参数"对话框

图 5-4-22　公式计算结果

(4)选择 A1：K3 单元格区域,将鼠标指针移动到单元格右下角,当鼠标指针呈黑色十字形状时,单击鼠标左键并拖动到第 27 行单元格,释放鼠标左键,可生成每位员工的工资条,其效果如图 5-4-23 所示。

图 5-4-23　生成工资条效果

2.使用排序法制作工资条

(1)单击"Sheet4"工作表,选择 L3：L9 单元格区域,输入数值 1～7,如图 5-4-24 所示。

(2)选择 L3：L9 单元格区域,对单元格中的数据进行复制操作,选中 L1 单元格,在"开始"选项卡的"编辑"选项组中,通过"排序和筛选",选择"升序"命令,排序数据,并自动生成工资条,其效果如图 5-4-25 所示。

图 5-4-24 输入数值

图 5-4-25 排序数据效果

3.打印工资发放条

(1)单击"Sheet2"工作表,单击"页面布局"选项卡,在"页面设置"组中,单击"纸张方向"下拉按钮,展开列表,选择"纵向"或"横向"命令,更改纸张方向,如图 5-4-26 所示。

(2)单击"页面布局"选项卡,在"页面设置"组中,单击"纸张大小"下拉按钮,展开列表,选择对应命令,更改纸张大小,如图 5-4-27 所示。

图 5-4-26 "纸张方向"列表

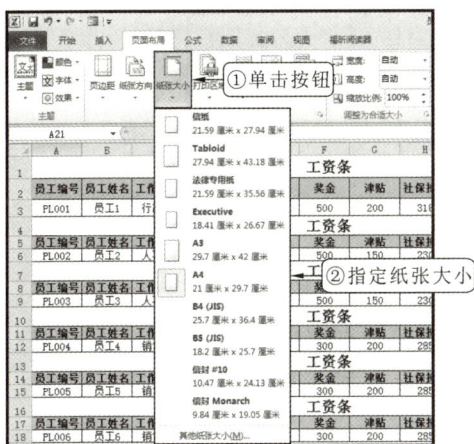

(3)单击"页面布局"选项卡,在"页面设置"组中,单击"打印区域"下拉按钮,展开列表,选择对应命令,更改打印区域,如图 5-4-28 所示。

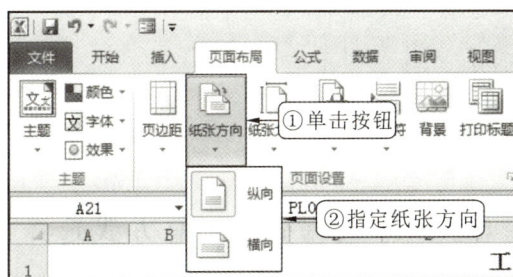

图 5-4-27 "纸张大小"列表

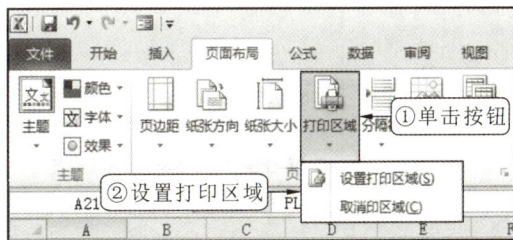

图 5-4-28 "打印区域"列表

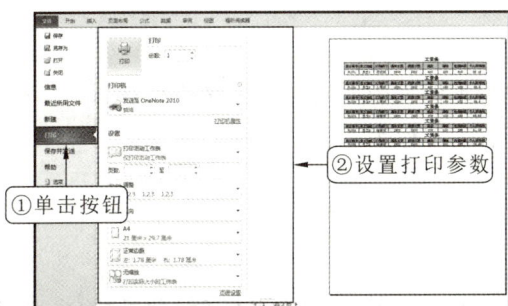

图 5-4-29 打印工资条

(4)单击"文件"选项卡,选择"打印"命令,进入"打印"界面,设置打印机、打印份数,单击"打印"按钮,打印工资条,如图 5-4-29 所示。

五、认真检查与交流分享

1.认真检查

检查自己设计与制作的员工工资统计表。

(1)数据表格中计算了每个员工各项工资数据。

(2)对数据表中的数据进行了筛选和分类汇总操作。

(3)使用图表展示各部门的工资总额数据。

(4)生成工资条进行打印。

2.交流分享

把制作的员工工资统计表通过电子邮件发送给教师和其他同学;查收其他同学发过来的电子邮件,浏览其他同学创建的统计表和统计图。

知识链接

一、数据分类汇总方式选择

分类汇总必须把数据先按某个关键字进行分类,再按照求和、求平均值等进行数据的汇总。在"分类汇总"对话框中,单击"求和"下拉按钮,展开列表,选择不同的求和方式,计算出不同结果,如图 5-4-30 所示。

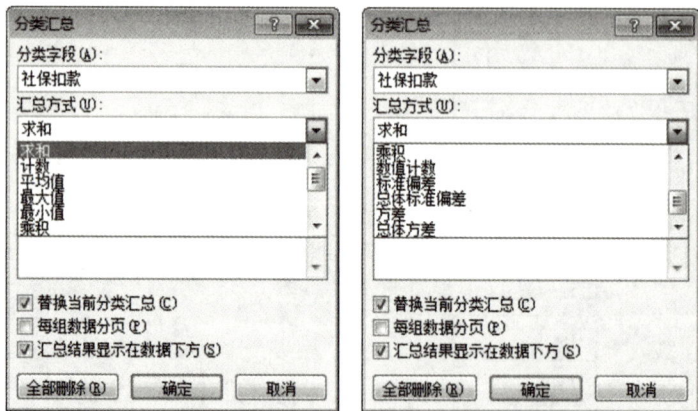

图 5-4-30 "分类汇总"对话框

二、工作表的操作

在工作表名称上右键单击,弹出快捷菜单,可以进行工作表的插入、删除、移动和复制等。在工作表比较多的情况下,单击左侧的箭头,可依次显示所有的工作表。

三、页面布局

如果需要打印工作表,或进行页边距、页面背景等方面的设置,可以选择"页面布局"选项卡,如

图 5-4-31 所示,可以设置页面的主题效果,进行页面设置,包括"页边距""纸张方向""纸张大小""打印区域"的设置等。

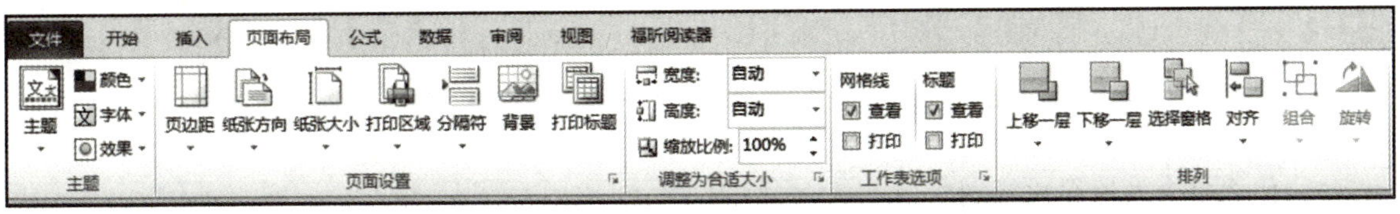

图 5-4-31 "页面布局"选项卡

自主实践活动

尝试自己制作一份员工工资统计表,并在工作表中包含标题、文本和数据等内容,再通过筛选、分类汇总功能计算各部门的工资总额。

综合活动与评估

个人所得税筹划,省下万元

活动背景

科信集团是国内最大的新型城镇化开发商之一,2016 年集团纳税额超过 200 亿元。因为公司薪酬待遇很好,员工的整体个人所得税应缴比例较高,公司特地对员工个人所得税进行了筹划,以节省纳税金额。

活动分析

一、活动任务

(1)遵循个税筹划的三个方向和两个原则,查询个税筹划的相关数据。
(2)制作出员工薪酬个人所得税筹划思路。
(3)分析年终奖收入增长与税率,从而制作出增长速度范围表。
(4)制作出合适的统计图,对增长速度数据进行展示。

二、任务分析

(1)小组合作学习有关个人所得税筹划的知识,讨论并明确关于个人所得税筹划的相关知识。
(2)从相应网站上查询并下载个人所得税筹划的相关数据,如何获取网站中的相关数据?
(3)根据活动任务的要求,设计个人所得税筹划表。筹划表各列的标题是什么?每行表示什么内容?
(4)要制作出统计图表,应该选择什么类型的图表类型?

✎ 一、学习与讨论

(1)什么是个人所得税筹划？

(2)个人所得税筹划有哪些理念和原则？

(3)员工每月薪酬与年终奖税收应如何安排？

✎ 二、分析年终奖收入增长与税负分析

由于年终奖适用的税率相当于全额累进税率,全额累进税率的特点是各级距临界点附近税率和税负跳跃式上升,从而造成税负增长速度大于收入增长速度。如果全年奖金除以 12 个月后的数值靠近不同税率的临界点,会出现获得奖金多反而收入少的情况。经过测算,年终奖收入增长幅度低于税负增长幅度的范围,如图 5-4-32 所示。

级数	奖金收入级距	适用税率	年终奖收入增长慢于税负增长的范围
		年终奖税负增长速度大于收入增长速度范围表	
		单位（：元）	
1	不超过18000	3%	
2	18000-54000	10%	18000-19283.33
3	54000-108000	20%	54000-60187.50
4	108000-420000	25%	108000-114600
5	420000-660000	30%	420000-447500
6	660000-960000	35%	660000-706538.46
7	960000以上	45%	960000-1120000

图 5-4-32 增长速度范围表

✎ 三、制作个人所得税核算系统表

设计反映个人所得税核算系统表,如图 5-4-33 所示。在制作好的统计表中进行统计与格式设置。

姓名	税目	工资、薪金	劳务报酬	稿酬	财产转让	财产租赁	利息、股息、红利	偶然所得	合计
				个 人 所 得 税 核 算 系 统					
张三	税前金额	6,500	4,500	3,500	500	3,000	800	1,000	2,160
	扣除项目	326.41							
	应纳税额	162.36	720	378	100	440	160	200	

图 5-4-33 个人所得税核算表

✎ 四、制作统计图表

选择相应的数据,图表类型选择"折线图",创建好统计图,并设置统计图的图表格式。

评估

一、综合实践活动的评估

根据综合实践活动,完成下面的评估检查表,先在小组范围内由学生自我评估,再由教师对学生进行评估。

综合活动评估表

学生姓名:_____   日期:_____

学习目标		自评		教师评	
		继续学习	已掌握	继续学习	已掌握
1. 网上获取和处理信息的能力					
2. 根据问题的需求,规划表格的能力					
3. 恰当选择信息处理工具的能力	认识电子表格软件				
4. 工作表基本操作	工作表的认识				
	单元格数据的编辑				
	公式的使用				
	函数的使用				
5. 表格的格式化	字体、字的大小与颜色				
	数据的显示格式				
	表格的边框与底纹				
	数据的对齐方式				
6. 根据实际需要,选择恰当的统计图表类型的能力					
7. 图表的操作	图表的建立				
	图表的编辑				
8. 数据的排序					
9. 数据的筛选					
10. 数据的分类汇总					
11. 数据的透视分析	数据透视表				
	数据透视图				

二、整个项目的评估

复习整个项目的学习内容,完成下面的评估表。

整个项目学生学习评估表

学生姓名：_____

在整个项目的所有活动中喜爱的活动：_____

1.本项目中最喜欢的一件作品是什么？

_____

_____

2.本项目包括哪些技术领域？

_____

_____

3.本项目中哪项技能最有用？为什么？

_____

_____

4.比较文字处理软件、电子表格处理软件、多媒体演示文稿制作软件，它们各使用了哪几方面的信息处理？

_____

_____

5.请举例说明在什么情况下使用文字处理软件，在什么情况下使用电子表格处理软件，在什么情况下使用多媒体演示文稿制作软件。

_____

_____

6.请举例说明在什么情况下需要综合使用不同信息处理软件来解决问题。

_____

_____

项目六

思维导图——学习与创业

情境描述

　　每个人都有自己的学习规划和创业理想。做这些学习、创业计划时，要学会思考，并掌握有效的思维导图工具，以帮助用户发挥大脑的潜能，从而在未来的学习和工作中起到决定性的作用。思维导图工具运用了图文并重的技巧，可以将各级主题的关系用隶属的层级图表现出来，还可以将主题关键词与图像、颜色等建立记忆链接。

活动一　制作每周学习计划

★ 微课

制作每周学习计划

活动要求

　　新学期开始了，小王同学需要制定一个每周的学习计划，以帮助自己更快、更好地掌握学习内容。在制作每周学习计划时，首先要从宏观上设定学习目标、学习计划、学习过程等，然后进一步考虑每一个项目细节，由此拓展成一个完整的关于每周学习计划的思维导图。

活动分析

一、思考与讨论

(1) 应该从哪些方面思考，该如何进行学习计划制定？

(2) 应该如何完善每周学习计划？

(3) 如何使用思维导图软件来制作每周的学习计划？

二、总体思路

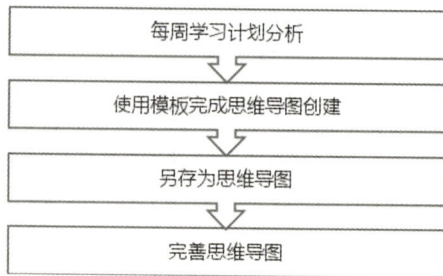

每周学习计划分析

↓

使用模板完成思维导图创建

↓

另存为思维导图

↓

完善思维导图

方法与步骤

一、每周学习计划分析

运用思维导图进行学习规划,可以清楚地掌握自己的学习情况,从而找到适合自己的学习方法。用思维导图制定学习计划可以根据实际情况随时做出调整,从而做到合理安排时间,提高学习效率。在进行学习计划分析时,需要用到以下分析思路。

(1)将自己的学习计划输入中心主题,如每周学习计划,还可以用剪贴图来表达。

(2)第一主题,分上午、下午和晚上3个时间段,对个人情况进行详细剖析。

(3)第二主题,明确自己的学习目标,告诉自己该怎么做。

(4)第三主题,根据自己的学习习惯,制定科学的冲刺计划。

(5)第四主题,对未尽事项进行补充说明。

二、使用模板创建思维导图

思维导图软件中包含多种模板效果,在制作每周学习计划时,可以直接通过"商业计划"模板进行制作与完善。

图 6-1-1　选择命令

(1)单击"开始"按钮,打开"开始"菜单,选择"所有程序"命令,展开列表,选择"XMind"命令,展开下一级列表,选择"XMind 8 Update 8"命令,如图 6-1-1 所示。

(2)启动 XMind 软件程序,在菜单栏中选择"文件"|"新建"命令,如图 6-1-2 所示。

(3)进入"新建"界面,单击"模板"按钮,进入"模板"列表,单击"商业计划"图标,如图 6-1-3 所示。

(4)创建一个带"商业计划"模板的思维导图,如图 6-1-4 所示。

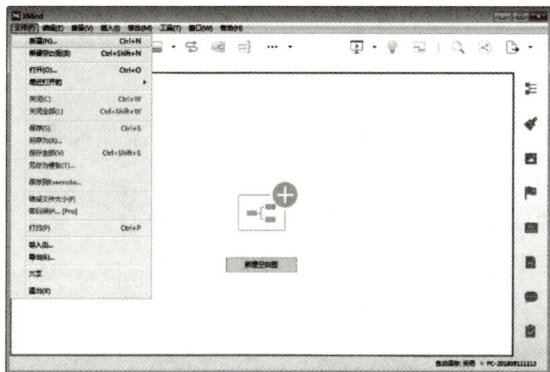

图 6-1-2　选择"新建"命令

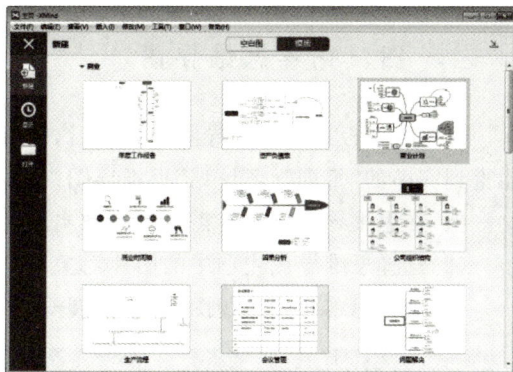

图 6-1-3　单击"商业计划"图标

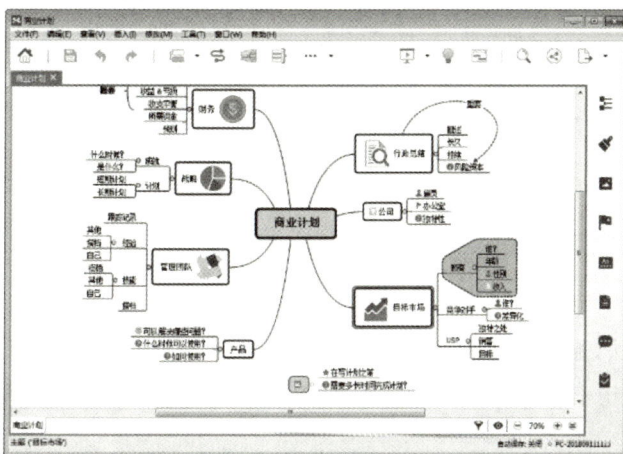

图 6-1-4　使用模板创建思维导图

✒ 三、另存为思维导图

添加带模板的思维导图后,使用"另存为"命令,将思维导图保存到计算机中。

(1)在菜单栏中选择"文件"|"另存为"命令,如图 6-1-5 所示。

(2)弹出"保存"对话框,设置思维导图的保存路径和文件名,单击"保存"按钮,如图 6-1-6 所示,即可保存思维导图。

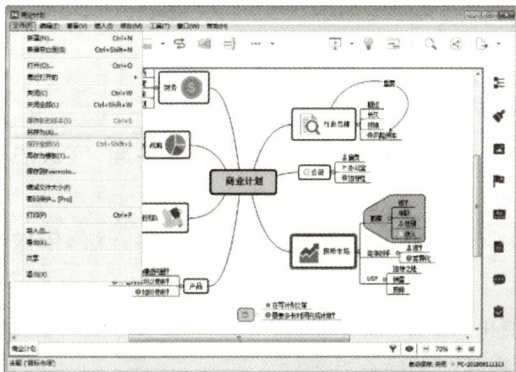

图 6-1-5　选择"另存为"命令

图 6-1-6　设置保存路径和文件名

四、完善思维导图

在通过模板进行思维导图的添加后,还可以对思维导图中的各种主题进行删除与添加操作,才能得到完整的"每周学习计划"思维导图内容。

(1)在思维导图中选择需要删除的主题文本,按"Delete"键将其删除。

(2)选择思维导图主题中的图片对象,按"Delete"键将其删除,如图6-1-7所示。

(3)选择思维导图主题图标对象,展开列表,选择"删除"命令将其删除,如图6-1-8所示。

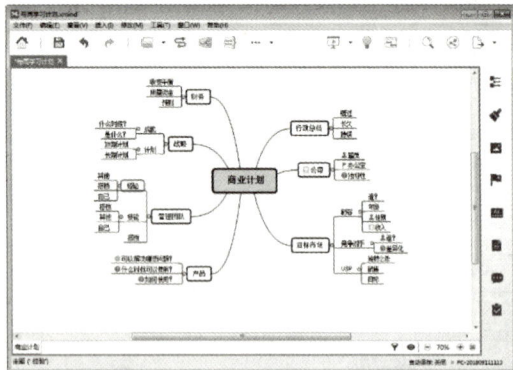

图6-1-7　删除主题和图片

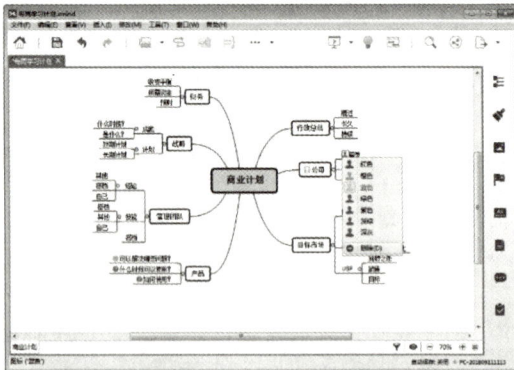

图6-1-8　选择"删除"命令

(4)使用同样的方法,删除其他的图标对象,如图6-1-9所示。

(5)选择思维导图中右上方的分支主题,然后在菜单栏中选择"插入"|"子主题"命令,如图6-1-10所示。

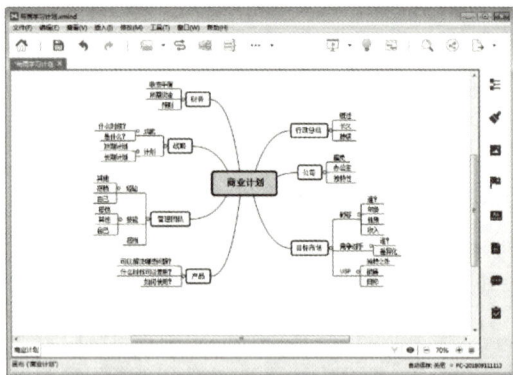

图6-1-9　删除主题中的图标

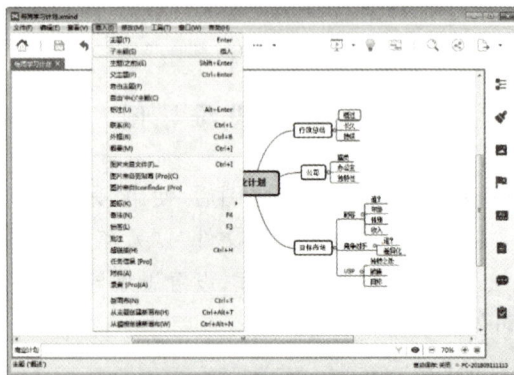

图6-1-10　选择"子主题"命令

(6)在选择的主题下方添加分支主题,如图6-1-11所示。

(7)使用同样的方法,在选择的主题下方依次添加分支主题,并删除多余的分支主题,完成思维导图主体制作,如图6-1-12所示。

(8)双击思维导图中的主标题,输入新标题文本为"每周学习计划"。使用同样的方法,依次修改其他的主题文本内容,如图6-1-13所示。

(9)选择"周一"二级主题文本并右击,打开快捷菜单,选择"图标"命令,展开列表,选择"星期"命令,再次展开列表,选择"星期一"图标,如图6-1-14所示。

(10)在"周一"主题文本中添加"星期一"图标。使用同样的方法,在其他的二级主题文本框中依次添加对应的"星期"图标,如图6-1-15所示。

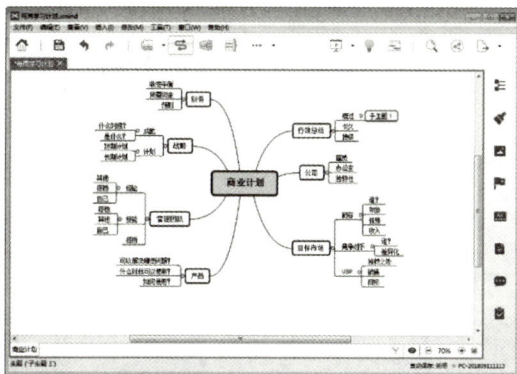

图 6-1-11 添加分支主题

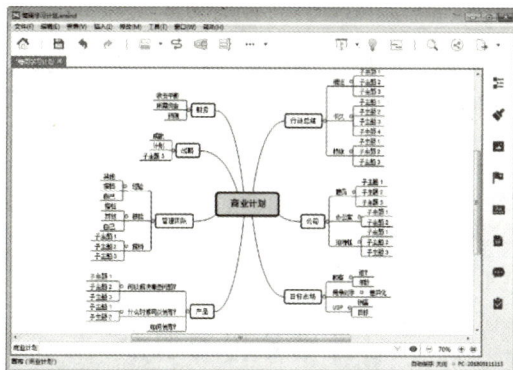

图 6-1-12 制作思维导图主体

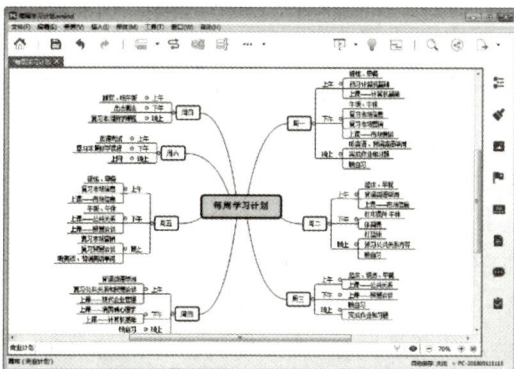

图 6-1-13 修改主题文本

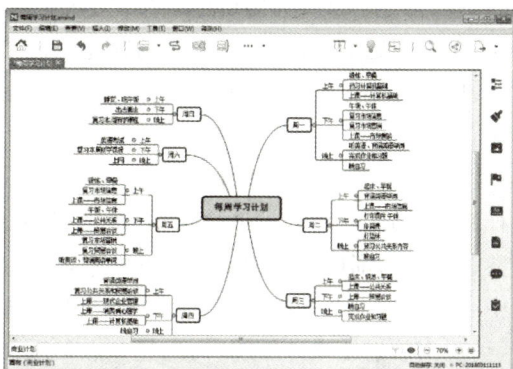

图 6-1-14 选择"星期一"图标

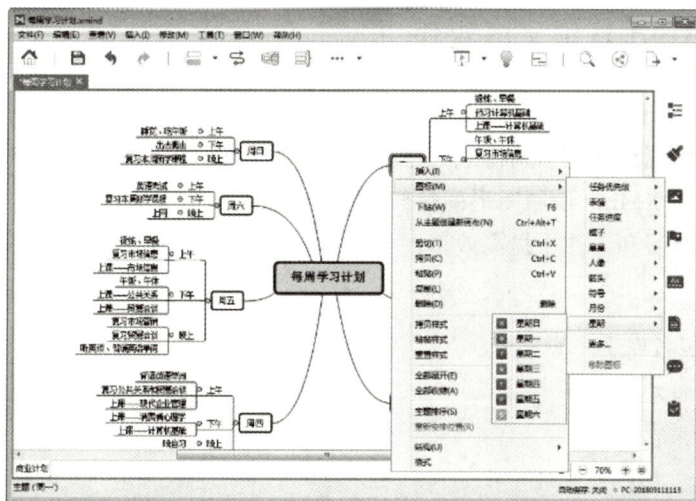

图 6-1-15 添加图标

五、认真检查与交流分享

1.认真检查

检查自己设计与制作的每周学习计划。

(1)思维导图中每个分支主题内容是否已经完善。

(2)思维导图保存格式是否正确。

2. 交流分享

把制作的思维导图通过电子邮件发送给老师和其他同学；查收其他同学发来的电子邮件，浏览其他同学创建的思维导图。

知识链接

一、思维导图的概念

思维导图又称心智导图，是表达发散性思维的有效图形思维工具。它简单却很有效，是一种实用的思维工具。思维导图运用图文并重的技巧，把各级主题的关系用相互隶属与相关的层级图表现出来，把主题关键词与图像、颜色等建立记忆链接。思维导图充分运用左右脑的机能，利用记忆、阅读、思维的规律，协助人们在科学与艺术、逻辑与想象之间平衡发展，从而开启人类大脑的无限潜能。

思维导图是一种将思维形象化的方法。众所周知，放射性思考是人类大脑的自然思考方式，每一种进入大脑的资料，不论是感觉、记忆或想法——包括文字、数字、香气、食物、线条、颜色、意象、节奏、音符等，都可以成为一个思考中心，并由此中心向外发散出成千上万的节点，每一个节点代表与中心主题的一个联结，而每一个联结又可以成为另一个中心主题，再向外发散出成千上万的节点，呈现出放射性立体结构，而这些节点的联结可以视为自己的记忆，就如同大脑中的神经元一样互相连接，也就是自己的个人数据库。

二、XMind 思维导图软件

XMind 是一款易用性很强的软件，通过 XMind 可以随时开展头脑风暴，帮助用户快速理清思路。用 XMind 绘制的思维导图、鱼骨图、二维图、树形图、逻辑图、组织结构图等以结构化的方式来展示具体的内容，在用 XMind 绘制图形的时候，可以时刻保持头脑清晰，随时把握计划或任务的全局，从而帮助用户在学习和工作中提高效率。

1. XMind 软件特点

XMind 的特点包含以下 2 点。

(1)商业化而兼有开源版本。

(2)功能丰富且美观。

2. XMind 软件功能

XMind 软件中可以导入 MindManager、FreeMind 数据文件。灵活的定制节点外观、插入图标，能够丰富样式和主题。其主要功能如下。

(1)思维管理。

XMind 在企业和教育领域都有很广泛的应用。在企业中它可以用来进行会议管理、项目管理、信息管理、计划和时间管理、企业决策分析等；在教育领域，它通常被用于教师备课、课程规划、头脑风暴等。

(2)商务演示。

XMind 被认为是一种新一代演示软件的模式。传统的演示软件一般采用一种线性的方式来表达事物，而 XMind 为人们提供了一种结构化的演示模式。在 XMind 中进行演示，它始终为用户提供纵向深入和横向扩展两个维度的选择,这样用户在进行演示的时候,可以根据听众和现场的反馈及时调整演示的内容,对于听众感兴趣的话题,可以纵向深入进行讲解和挖掘,对于听众不太关心的问题可以快速跳转到下一个话题。

(3)与办公软件协同工作。

XMind 的文件可以导出成 Microsoft Word、Microsoft PowerPoint、PDF、图片(包括 PNG、JPG、GIF、BMP 等)、RTF、TXT 等格式,可以方便地将 XMind 绘制的成果与朋友和同事共享。

(4)项目管理。

在项目管理中,XMind 可将思维导图转换为甘特图。XMind 思维导图转换的甘特图清晰、直观地显示了项目中每个任务的优先级、开始日期、结束日期以及进度。

XMind 的甘特图通过颜色条指示任务跟随时间变化的情况,通过颜色差异指示每个任务的优先级,通过颜色深浅指示任务的完成度,以上功能增强了甘特图的可读性,省去了用户在项目管理中绘制甘特图的麻烦。同时,修改任务信息中的进程,甘特图也可以动态显示进度。

(5)XMind 云服务。

XMind Cloud 是 XMind 公司推出的云服务,主要功能是实现不同平台编辑思维导图的云端同步,如用户可在台式电脑和 iPad 查看、编辑同一张导图,并进行云端同步。

3. XMind 软件下载与安装

在网络上下载 XMind 软件程序后,双击该软件的 Setup. exe 程序,打开软件安装程序对话框,如图 6-1-16 所示,在对话框中根据提示进行操作,即可完成 XMind 软件的安装操作。

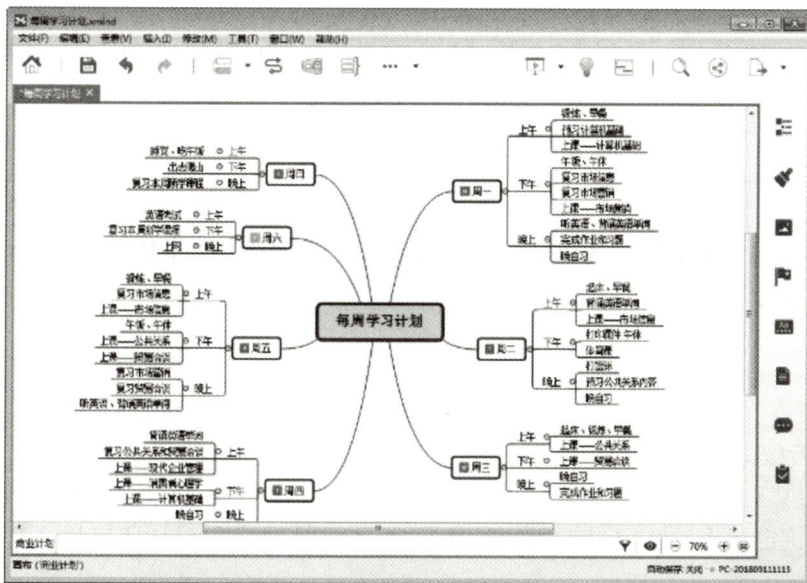

图 6-1-16　软件安装程序对话框

三、主题与子主题的添加方法

在 XMind 软件中添加主题与子主题时,可以根据菜单栏或者右键快捷菜单进行添加,下面一一进行介绍。

1. 菜单栏添加法

在菜单栏中,单击"插入"命令,在展开的菜单中,依次单击"主题""子主题"等命令,可以添加主题与子主题对象,如图 6-1-17 所示。

2.快捷菜单添加法

选择主题文本框,右键单击,打开快捷菜单,选择"插入"命令,再次展开列表,选择"主题"或"子主题"命令即可,如图 6-1-18 所示。

图 6-1-17　菜单栏添加法

图 6-1-18　快捷菜单添加法

自主实践活动

基于活动一的知识内容,绘制出以"App 英语学习路线"为主题的思维导图,使用 XMind 软件将其绘制成电子版的思维导图,并适当美化。

活动二　制作"无线端首页设计"思维导图

★微课

制作"无线端首页设计"思维导图

活动要求

淘宝店铺打算对无线端网店的首页进行设计,但是很多淘宝美工都不知道从何开始入手设计。因此,小王同学决定制作一份"无线端首页设计"的思维导图,来帮助淘宝美工快速上手工作。

活动分析

一、思考与讨论

(1)应该从哪些方面分析成功的无线端首页设计案例?

(2)思考在进行无线端首页设计时,应该注意哪些事项?

(3)如何使用思维导图中的美化工具美化思维导图?

二、总体思路

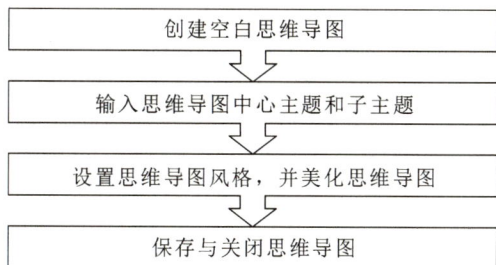

方法与步骤

一、创建空白思维导图

在 XMind 软件中不仅可以通过模板创建思维导图,还可以直接创建空白思维导图,下面将详细讲解具体的操作步骤。

(1)启动 XMind 软件,在软件界面的菜单栏中,选择"文件"|"新建空白图"命令,如图 6-2-1 所示。

(2)新建一个空白思维导图,并在思维导图中自动显示中心主题,如图 6-2-2 所示。

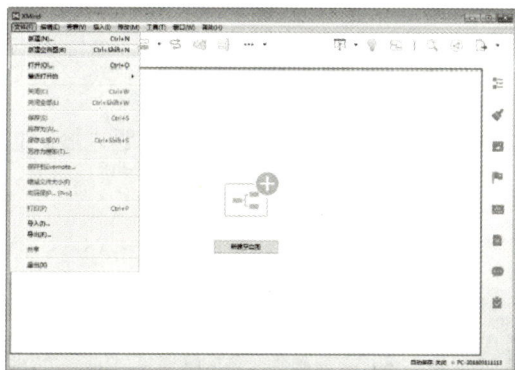

图 6-2-1　选择"新建空白图"命令

图 6-2-2　新建空白思维导图

二、输入思维导图中心主题

双击软件界面中"中心主题"文本框,打开文本输入框,输入文本"无线端首页设计",如图 6-2-3 所示。

三、添加子主题

一个完整的思维导图由主题和子主题组成的。使用"插入"功能可以快速插入主题和子主题。下面将介绍具体的操作步骤。

(1)选择"中心主题"文本框,选择"插入"|"主题"命令,依次添加 3 个二级子主题,并修改二级子主题的内容,如图 6-2-4 所示。

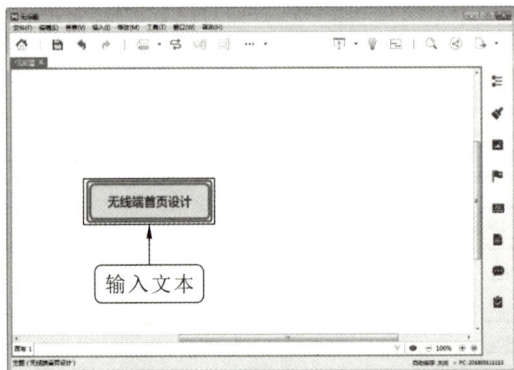

图 6-2-3　输入中心主题内容

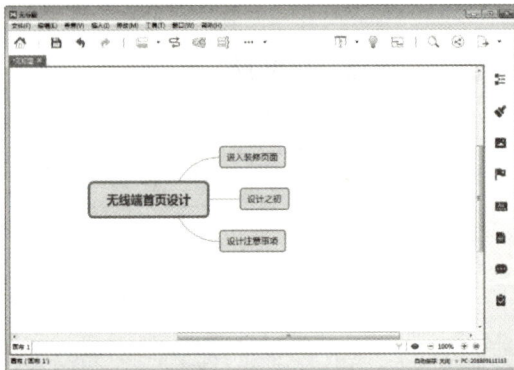

图 6-2-4　插入二级子主题

　　(2)选择"进入装修页面"二级子主题,单击 5 次"插入"|"子主题"命令,添加 5 个子主题,并修改子主题内容,如图 6-2-5 所示。

图 6-2-5　添加子主题

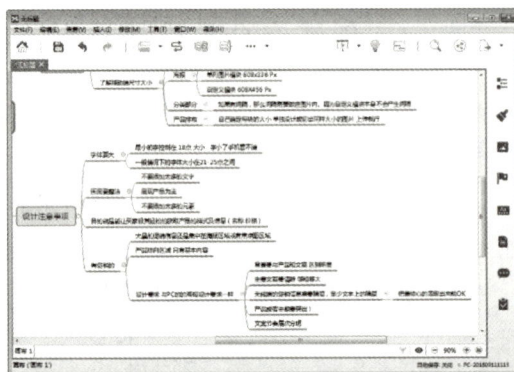

图 6-2-6　添加其他子主题

　　(3)使用同样的方法,依次在其他的二级主题下方添加多个子主题,并修改子主题内容,如图 6-2-6 所示。

四、更改思维导图风格

　　使用"风格"功能可以直接选择风格效果进行套用。
　　(1)在软件界面右侧的工具栏中,单击"风格"按钮,打开"风格"窗格,选择"冰薄荷"风格,如图 6-2-7 所示。
　　(2)在选择的风格上,双击鼠标左键,即可为思维导图应用风格效果,如图 6-2-8 所示。

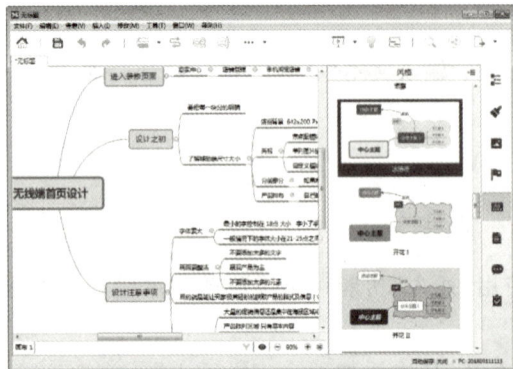

图 6-2-7　选择"冰薄荷"风格

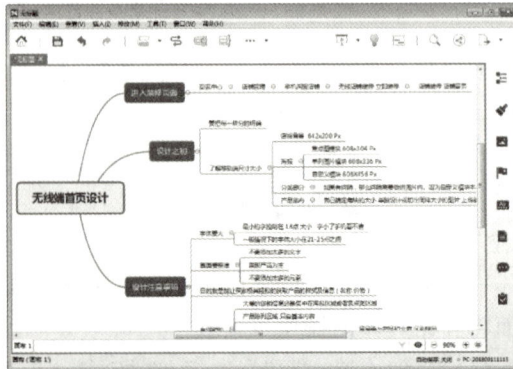

图 6-2-8　应用风格效果

五、美化思维导图

使用"格式"功能可以对思维导图的字体格式、外形和边框形状等进行美化设置。

（1）选择"中心主题"文本框，在软件界面右侧的工具栏中，单击"格式"按钮，打开"格式"窗格，单击"选择字体"按钮，展开列表，选择"微软雅黑"字体，如图6-2-9所示，即可更改中心主题的字体样式。

（2）在"格式"窗格中，单击"选择文字颜色"按钮，展开颜色面板，选择"红色"颜色，如图6-2-10所示，即可更改中心主题的字体颜色。

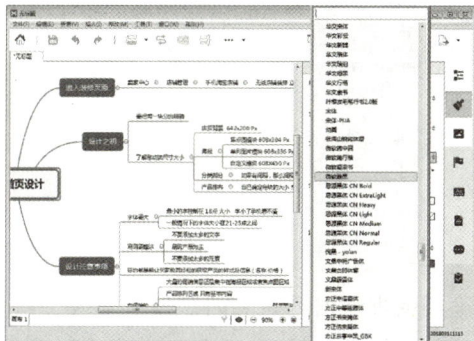

图 6-2-9　选择"微软雅黑"字体

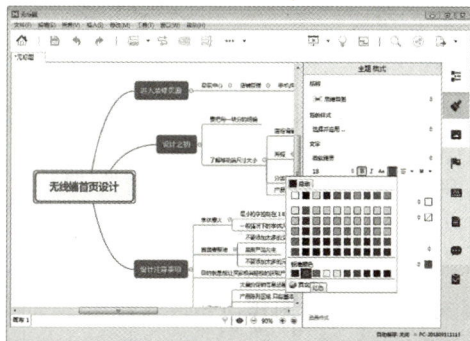

图 6-2-10　选择字体颜色

（3）在"格式"窗格中，单击"选择线条宽度"按钮，展开列表，选择"细"命令，如图6-2-11所示，即可更改中心主题的轮廓宽度。

（4）完成格式后的中心主题效果如图6-2-12所示。

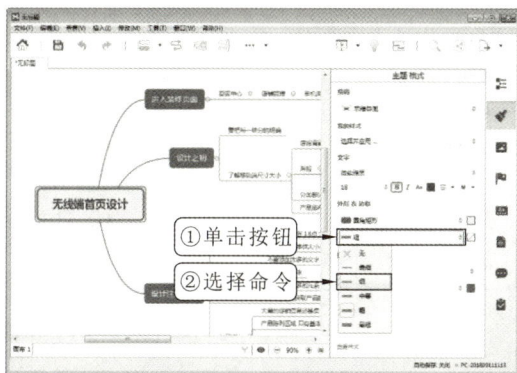

图 6-2-11　选择"细"命令

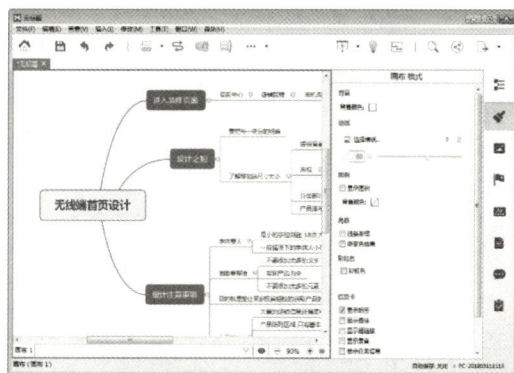

图 6-2-12　设置中心主题格式效果

（5）按住"Ctrl"键的同时，选择3个二级子主题，在"格式"窗格中，设置"字体大小"为"14"，修改"填充颜色"和"线条颜色"均为"橙色"，如图6-2-13所示。

（6）选择其他的子主题对象，在"格式"窗格中，设置"字体大小"为"12"，其效果如图6-2-14所示。

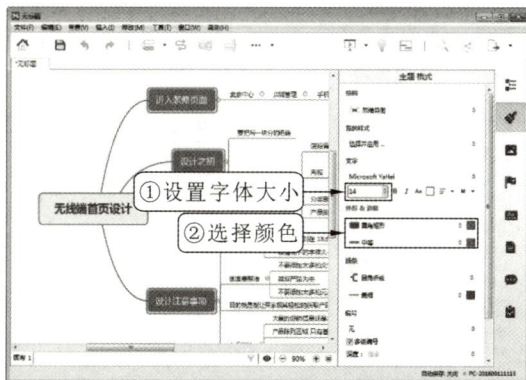

图 6-2-13　设置二级子主题格式效果

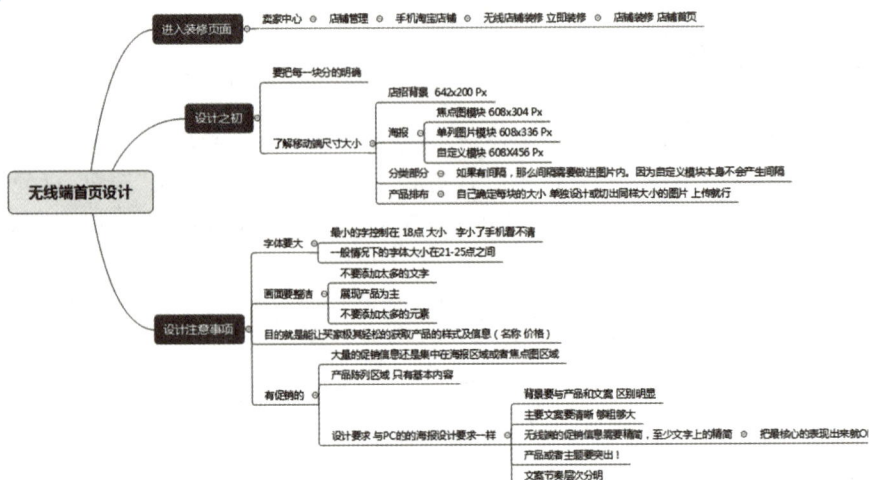

图 6-2-14　设置子主题的字体大小

六、保存与关闭思维导图

完成思维导图的制作与完善操作后,还可以对思维导图进行保存与关闭操作。

(1)在菜单栏中,选择"文件"|"保存全部"命令,如图 6-2-15 所示。

(2)打开"保存"对话框,设置文件名和保存路径,单击"保存"按钮,如图 6-2-16 所示,即可保存思维导图。

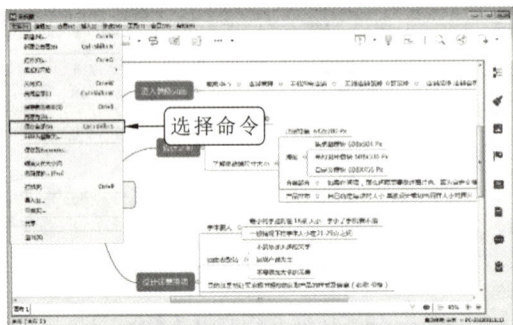

图 6-2-15　选择"保存全部"命令

图 6-2-16　设置文件名和保存路径

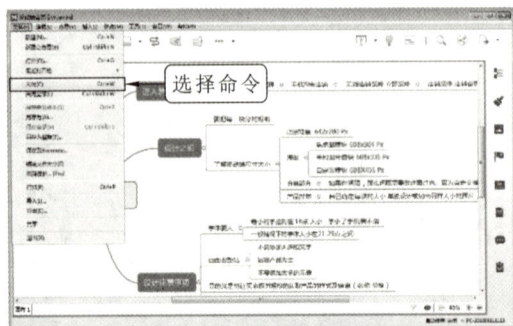

图 6-2-17　选择"关闭"命令

(3)在菜单栏中选择"文件"|"关闭"命令,如图 6-2-17 所示,即可关闭思维导图。

七、认真检查与交流分享

1.认真检查

检查自己设计与制作的无线端首页设计思维导图,确保以下几点。

(1)思维导图中每个分支主题内容是否都已添加,检查是否有遗漏。

(2)思维导图是否进行了美化操作。

2.交流分享

把制作的思维导图通过电子邮件发送给教师和其他同学;查收其他同学发过来的电子邮件,浏览其他同学创建的思维导图。

知识链接

一、思维导图风格的导入与导出

在"风格"窗格中包含有多种风格样式,用户只需要双击某个风格即可进行套用。如果对已有的风格样式不满意,则可以使用"导入风格"功能将计算机磁盘中的风格样式导入进来;也还可以使用"导出风格"功能将已有的风格样式保存到计算机磁盘中。

1.导入风格

导入风格的方法很简单,在"风格"窗格中,单击"查看菜单"按钮,展开列表,选择"导入风格"命令,如图 6-2-18 所示。弹出"导入 XMind 资源"对话框,单击"浏览"按钮,如图 6-2-19 所示,在打开的"选择源文件"对话框中,选择风格源文件。

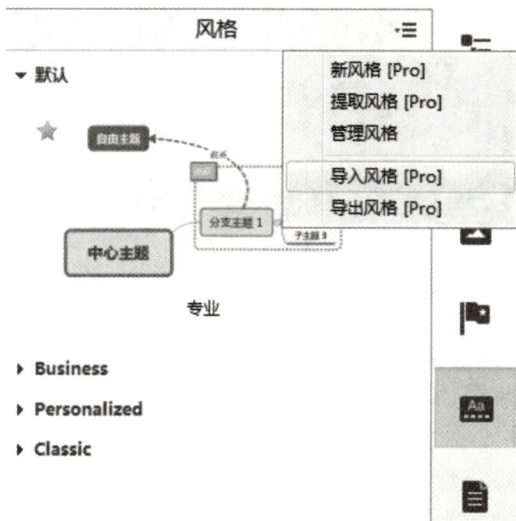

图 6-2-18　选择"导入风格"命令　　　　　　图 6-2-19　"导入 XMind 资源"对话框

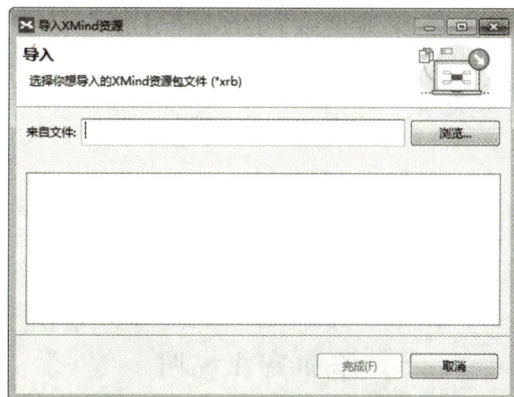

2.导出风格

导出风格的方法很简单,在"风格"窗格中,单击"查看菜单"按钮,展开列表,选择"导出风格"命令,如图 6-2-20 所示。弹出"导出 XMind 资源"对话框,如图 6-2-21 所示,选择需要导出的风格,再根据提示一步一步进行操作即可。

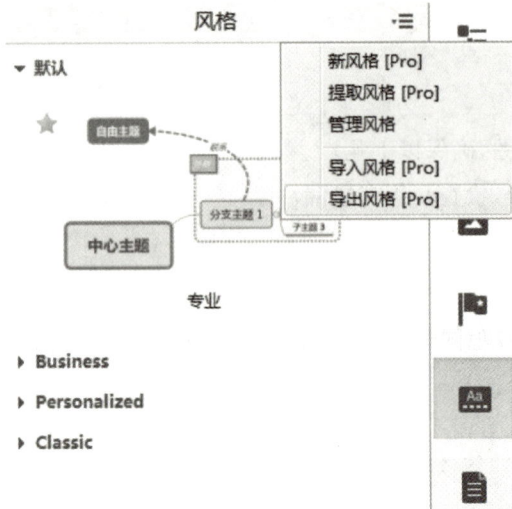

图 6-2-20　选择"导出风格"命令　　　　　图 6-2-21　"导出 XMind 资源"对话框

二、添加与删除标签

在制作思维导图时,可以给主题内容添加标签说明。标签附着在主题底部,用来分类、标注此主题的文字。一个主题可以拥有多个标签,它们彼此用逗号隔开。添加标签的方法很简单:选中主题,右键单击,打开快捷菜单,选择"插入"命令,再次展开列表,选择"标签"命令,如图 6-2-22 所示,即可添加标签,并在标签中输入文本内容,如图 6-2-23 所示。

图 6-2-22　选择"标签"命令　　　　　　　图 6-2-23　添加标签

如果需要删除标签,选择标签内容,按"Delete"键即可。

三、添加备注说明

在 XMind 思维导图软件中,使用"备注"功能可以为主题内容添加备注。添加备注的方法很简单:选中主题,右键单击,打开快捷菜单,选择"插入"命令,再次展开列表,选择"备注"命令;或者在工具栏中单击"备注"按钮,打开"备注"窗格,输入备注内容即可,如图 6-2-24 所示。

图 6-2-24　"备注"窗格

四、设置线条样式

在设置思维导图格式时,可以对各主题的连接线条样式进行设置,其具体方法是:选中主题,在"主题 格式"窗格中的"线条"选项区,单击"选择主题同子主题之间线条的形状"按钮,在展开的列表中选择线条形状,如图 6-2-25 所示。如果要设置线条的宽度,则可以单击"选择线条宽度"按钮,在展开的列表中选择线条宽度,如图 6-2-26 所示。

图 6-2-25　选择线条形状　　　图 6-2-26　选择线条宽度

自主实践活动

基于活动二的知识内容,绘制出以"淘宝商品构图方式"为主题的思维导图,使用 XMind 软件绘制电子版的思维导图,并适当美化。

综合活动与评估

制作创业思维导图

活动背景

　　创业不是一件容易的事情,经常会遇到很多挫折和困难。我们可以借鉴和学习他人的成功经验以少走弯路,提高创业成功的可能性。制作出创业思维导图,将创业中会遇到的情况一一列举出来,形成一个完整的创业思维导图,从而增加创业的成功概率。

活动分析

一、活动任务

　　(1)通过网络、朋友、调查等了解创业项目的相关情况,思考并制定创业计划。
　　(2)通过相关软件制作创业思维导图。

二、任务分析

　　(1)在创业时要注意哪些方面?
　　在创业之前,要制定思考周全的创业规划和项目,并确定好创业方式。
　　(2)如何选择创业行业?
　　在选择创业行业时,有 5 种行业选择方法:选择时下比较热门的行业;选择适合当地习俗,迎合当地消费者需要的行业;选择国家政策鼓励的行业;选择投资规模比较小的行业;选择资金回报率比较高的行业。
　　(3)创业思维导图由哪些内容组成?
　　在制作创业思维导图时,可以从动机、优势、市场和行业动态 4 个方面进行创业分析,从而使展示的内容更加清晰、有条理。
　　(4)如何展示创业思维导图?
　　应用 XMind 思维导图软件和 PowerPoint 演示文稿软件可以将展示的内容呈现出来,从而使创业内容更容易理解。

方法与步骤

一、制作思维导图主体内容

　　(1)新建一个空白思维导图,添加中心主题。

（2）对创业计划的各个方面进行添加与进一步的内容细化。在细化创业计划的各项内容的过程中，用思维导图工具建立大纲，并整理成文字材料。

二、制作演示文稿内容

通过思维导图制作创业计划的演示文稿内容，使内容呈现的更加详细，从而使演示文稿更具特色。对演示文稿内容进行美化操作，提升视觉效果。

三、美化思维导图

通过"风格""格式"等功能对思维导图的字体格式、外观样式、线条样式等进行美化操作。

四、展示创业内容

通过放映思维导图和演示文稿，向创业团队展示自己的创业思路和内容，并进行有创意的展示，给人留下深刻的印象。

评估

一、综合实践活动的评估

根据综合实践活动，完成下面的评估检查表，先在小组范围内学生自我评估，再由教师对学生进行评估。

综合活动评估表

学生姓名：_____　　　　　　　　　　　　　　　　日期：_____

学习目标		自评		教师评	
		继续学习	已掌握	继续学习	已掌握
1.思维导图的基本操作	新建模板思维导图				
	新建空白思维导图				
	保存与另存为思维导图				
	关闭思维导图				
2.通过"主题"和"子主题"功能添加主题内容和分支内容					
3.思维导图的美化操作	在思维导图中添加图标和图片				
	设置思维导图格式				
	套用思维导图风格				
	为思维导图添加标签和备注				

二、整个项目的评估

复习整个项目的学习内容，完成下面的评估表。

整个项目学生学习评估表

学生姓名:_____

在整个项目的所有活动中喜爱的活动:_____

1.本项目中最喜欢的一个思维导图作品是什么？为什么喜欢？

_____

_____

2.本项目中新建主题和分支主题的方式有哪些？

_____

_____

3.本项目中设计无线端首页思维导图时,需要从哪几个方面入手？

_____

_____

4.和其他的思维导图软件相比,XMind 思维导图软件具有哪些优势？

_____

_____

_____

项目七

常用工具软件——玩转计算机

情境描述

在当今方兴未艾的信息时代，计算机用户和 Internet 的爱好者大幅增加。使用工具软件可以大大提高计算机的工作效率，并且可以更加方便地完成对计算机和 Internet 应用的各种操作，因而受到计算机用户的青睐。

当计算机的系统软件安装完成后，就要为自己的计算机安装应用软件，应用软件的主要任务就是提高计算机的使用效率，发挥和扩大计算机的使用功能，让烦琐的工作变得简单、轻松。

活动一 压缩软件—— WinRAR

★ 微课

压缩软件——
WinRAR

活动要求

修复损坏的压缩文件和创建自解压文件，需要使用压缩软件 WinRAR 才能实现。

活动分析

一、思考与讨论

(1)在安装 WinRAR 软件之前，应下载 WinRAR 软件。请思考，WinRAR 软件一般怎么下载？

(2)在压缩文件时，要防止压缩文件损坏。请思考，如何修复损坏的压缩文件？

(3)WinRAR 软件比其他的压缩软件具有一定的优势。请思考，WinRAR 软件的优势是什么？

二、总体思路

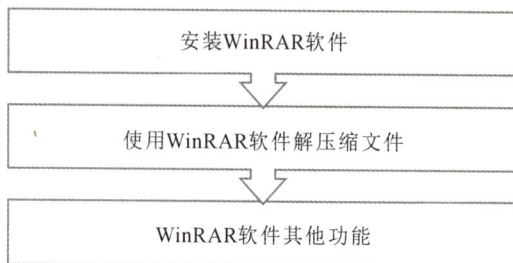

方法与步骤

一、安装 WinRAR 软件

WinRAR 软件是一款功能强大的压缩包管理器,它是档案工具 RAR 在 Windows 环境下的图形界面。该软件可用于备份数据,缩减电子邮件附件的大小,解压缩从 Internet 上下载的 RAR、ZIP 及其他类型的文件,并且可以新建 RAR、ZIP 等格式的压缩类文件。在系统中安装 WinRAR 软件之前,首先需要获取 WinRAR 软件。

（1）双击或者右键单击计算机磁盘文件夹中的 WinRAR.exe 格式文件,将弹出 WinRAR 安装对话框,在对话框中设置软件的安装位置,如图 7-1-1 所示。

（2）在完成设置后,单击"安装"按钮,即可安装 WinRAR 软件,安装完成后,将弹出"WinRAR 简体中文版安装"对话框,在对话框中依次设置好 WinRAR 的关联文件和界面,如图 7-1-2 所示。

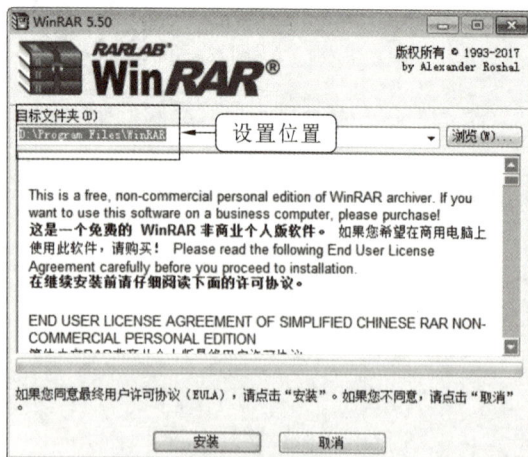

图 7-1-1 设置软件安装位置

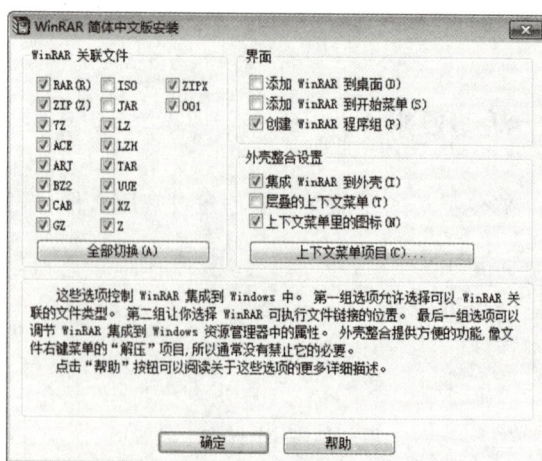

图 7-1-2 设置关联文件和界面

（3）设置完成后,单击"确定"按钮,进入安装完成界面,单击"完成"按钮,即可完成 WinRAR 软件的安装,如图 7-1-3 所示。

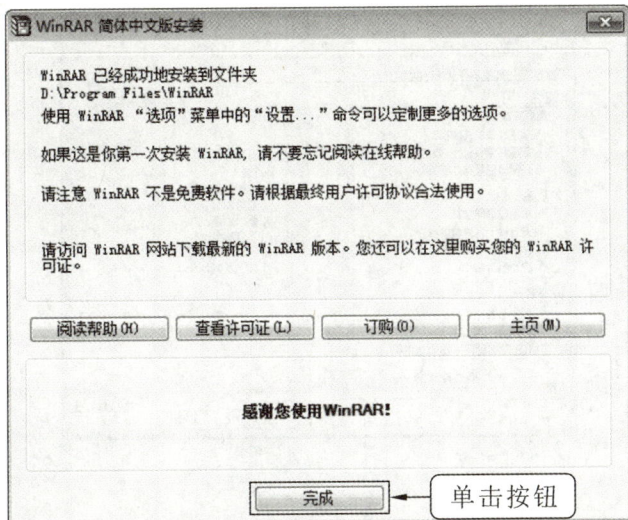

图 7-1-3 完成软件安装

二、使用 WinRAR 解压缩文件

1.创建压缩文件

为了减少文件对磁盘空间的占用量,可以对文件进行压缩打包,以缩小其容量。

选择需要压缩的文件夹,右键单击,弹出快捷菜单,选择"添加到压缩文件"选项,弹出"压缩文件名和参数"对话框,依次设置压缩文件名和其他参数,单击"确定"按钮即可压缩文件,如图 7-1-4 所示。

提醒:对于熟悉 WinRAR 软件的用户,可以使用更为快捷的方式压缩文件,选中需要压缩的文件,单击鼠标右键,在弹出的快捷菜单中,选择"添加到'××'.rar"选项即可。

2.解压缩文件夹

(1)双击已经压缩的文件,在弹出的对话框中选择需要解压缩的文件,然后单击"解压到"按钮,如图 7-1-5 所示。

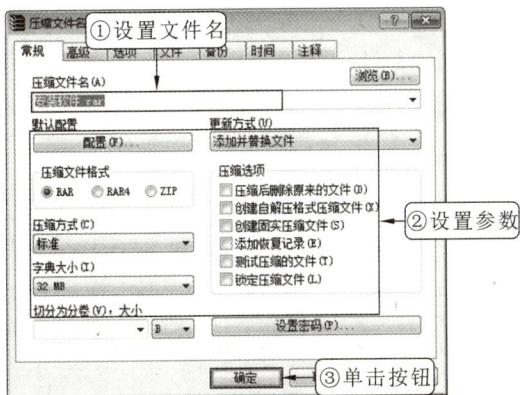

图 7-1-4 设置压缩文件名和参数

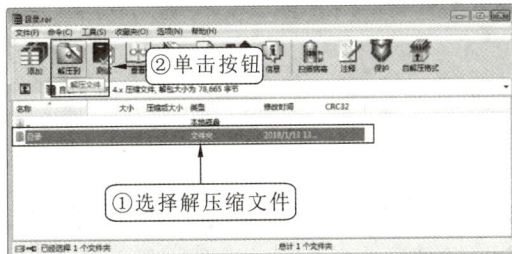

图 7-1-5 单击"解压到"按钮

(2)弹出"解压路径和选项"对话框,设置解压缩文件的解压路径,单击"确定"按钮,即可完成文件的解压操作,如图 7-1-6 所示。

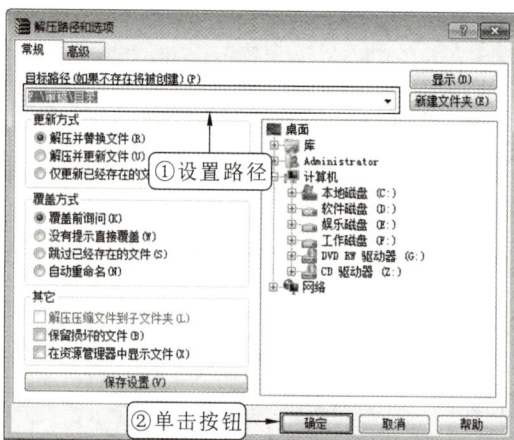

图 7-1-6　设置解压路径

三、WinRAR 软件的其他功能

1.扩展压缩包

打开已压缩的文件,将弹出压缩包对话框,在对话框上方的工具栏中单击"添加"按钮,如图 7-1-7 所示。设置扩展的文件和扩展压缩包的路径,则程序自动将压缩包扩展到已设置好的路径下。

如果希望扩展压缩包内的部分文件而不是全部文件,打开该压缩包后,在该压缩包的文件列表窗口中选择需要进行扩展的文件或文件夹(使用"Ctrl"或"Shift"键配合鼠标左键选择多个对象),接下来的步骤与前面相同。

2.修复压缩包

WinRAR 可以修复被损坏的压缩包文件。首先打开 WinRAR 软件,在系统文件列表窗口内用鼠标左键选择欲修复的压缩包文件,执行"工具"|"修复压缩文件"命令,弹出"正在修复 目录.rar"对话框,如图 7-1-8 所示,开始修复压缩文件,修复结束后,WinRAR 软件还会自动生成一个修复备份压缩包。

图 7-1-7　单击"添加"按钮

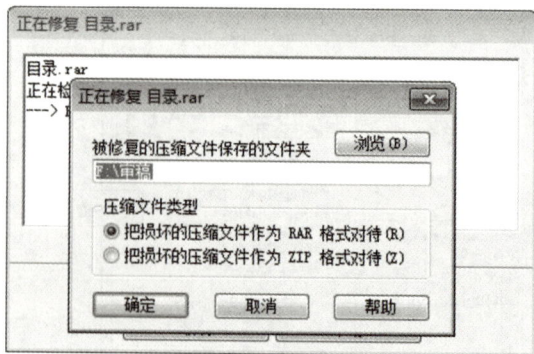

图 7-1-8　"正在修复"对话框

3.添加注释

打开欲添加注释的压缩包,然后在压缩文件窗口的工具栏中单击"注释"按钮,或者执行"命令"|"添加压缩文件注释"命令,弹出"压缩文件 目录"对话框,如图 7-1-9 所示,在对话框中的"注释"选项卡的文本框中添加注释文本,单击"确定"按钮即可。

4.测试压缩包

完成压缩包的创建后，可以测试该压缩包的完整性，即CRC校验。打开需要测试的压缩包，在压缩包文件窗口的工具栏中，单击"测试"按钮后，程序将开始自动测试，然后给出测试结果。

5.保护和锁定压缩包

WinRAR提供了压缩包的保护和锁定功能。保护功能可以最大限度地防止压缩包在使用和保存过程中受到损伤，这项功能的原理是在压缩包内加强文件的CRC校验，以使当部分压缩文件受到损伤时，可以最大限度地使用程序提供的数据校验功能进行恢复。如果需要保护压缩包，打开该压缩包后，在窗口的工具栏中单击"保护"按钮或执行"命令"|"保护压缩文件防止损坏"命令，弹出"压缩文件目录.rar"对话框，如图7-1-10所示，在对话框的"选项"选项卡中设置保护参数，单击"确定"按钮即可。

图7-1-9　"压缩文件"对话框　　　　　图7-1-10　"压缩文件"对话框

如果需要锁定一个压缩包，打开该压缩包后，在窗口的工具栏中执行"命令"|"锁定压缩文件"命令即可锁定。锁定一个压缩包以后，将不能再向其中添加文件，也不能删除或编辑其中的文件，而且一个压缩包一旦被锁定就不能被取消。

四、认真检查与交流分享

1.认真检查

安装WinRAR软件之前，检查下载的软件版本是否和计算机系统兼容，且要确保安装后的WinRAR软件能够正常使用。

2.交流分享

交流WinRAR安装与使用过程中遇到的问题及解决的方法。

知识链接

一、运行环境设定

WinRAR的使用比较简单，运行环境参数大多使用默认设置。下面介绍常用的设置。

启动 WinRAR,在打开的软件窗口中,选择菜单栏中的"选项"|"设置"命令,如图 7-1-11 所示,弹出"设置"对话框,如图 7-1-12 所示,在对话框中可以依次对运行环境进行设置。

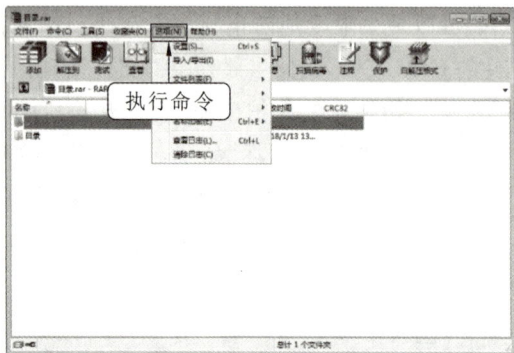

图 7-1-11 执行"设置"命令

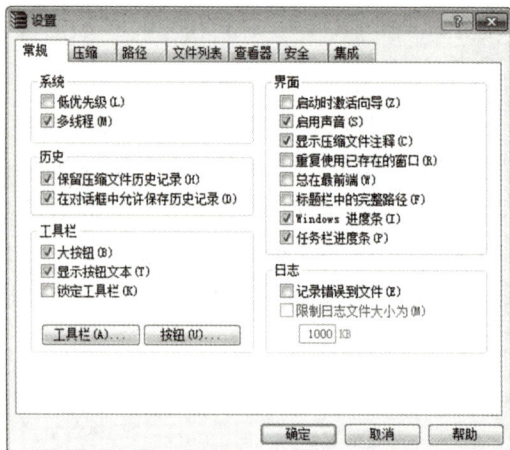

图 7-1-12 "设置"对话框

二、添加密码锁定

在使用 WinRAR 软件压缩文件时,可以为压缩文件添加密码,以防止其他人查阅或使用压缩文件中的内容。选择需要压缩的文件或文件夹,打开快捷菜单,选择"添加到压缩文件"命令,弹出"压缩文件名和参数"对话框,单击"设置密码"按钮,如图 7-1-13 所示,弹出"输入密码"对话框,依次输入密码,单击"确定"按钮,如图 7-1-14 所示,即可为压缩文件添加密码。

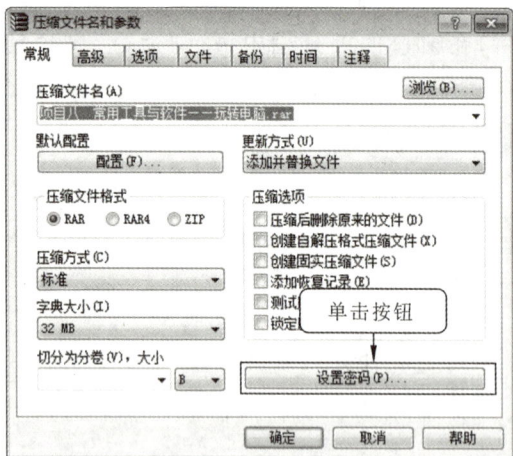

图 7-1-13 单击"设置密码"按钮

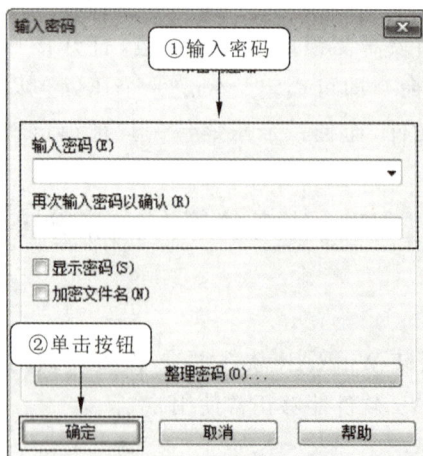

图 7-1-14 "输入密码"对话框

自主实践活动

尝试在计算机中安装 WinRAR 软件,并使用 WinRAR 软件创建压缩包,或者将已经压缩好的文件解压缩出来。

活动二 下载软件——迅雷

★ 微课

下载软件——迅雷

活动要求

在使用计算机进行办公或者学习时,时常需要在网络上搜索相关的资料信息,并将资料信息下载保存到计算机的磁盘中。在下载资料之前,需要先在计算机上安装好"迅雷"下载软件才可以进行下载操作。

活动分析

一、思考与讨论

(1)在安装"迅雷"软件之前,怎样获取"迅雷"软件?是通过浏览器下载获取还是通过软件安装光盘获取?

(2)"迅雷"软件的安装步骤是什么?

(3)如何使用"迅雷"软件下载网络资源?

二、总体思路

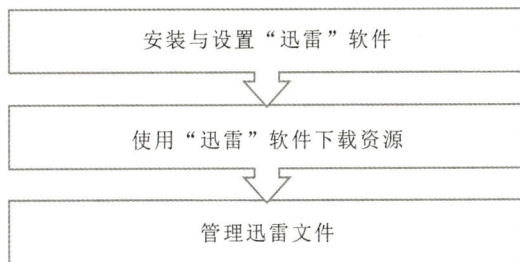

方法与步骤

一、安装与设置"迅雷"软件

迅雷软件是一款功能强大的下载软件,是支持多媒体搜索引擎的多线程和多点并发(包括服务器和节点)的超速下载软件,可以在整个 Internet 上实现资源共享。

1.安装"迅雷"软件

在计算机磁盘中找到并双击"迅雷.exe"安装程序,将弹出"迅雷"对话框,在对话框中设置好软件的安装路径,单击"开始安装"按钮,如图 7-2-1 所示,开始安装"迅雷"软件,稍后将完成"迅雷"软件的安装操作。

图 7-2-1 "迅雷"对话框

2.启动"迅雷"软件

完成"迅雷"软件的安装操作后,可以通过以下几种方式,快速启动"迅雷"软件。

(1)双击 Windows 桌面上的"迅雷"快捷方式图标。

(2)单击任务栏中的"迅雷"图标。

(3)单击"开始"按钮,在"开始"菜单中选择"所有程序"|"迅雷软件"|"迅雷"命令。

3.设置"迅雷"软件

在启动"迅雷"软件程序后,将弹出"迅雷"窗口,单击"设置"按钮 ▽ ,展开列表框,选择"设置中心"命令,将展开"设置中心"界面,如图 7-2-2 所示。

在"设置中心"选项卡中,可以对软件中的启动、浏览器新建任务、任务管理等选项参数进行设置。

如果还需要对"迅雷"软件进行高级设置,则可以切换至"高级设置"选项卡,对任务和离线等选项参数进行设置,如图 7-2-3 所示。

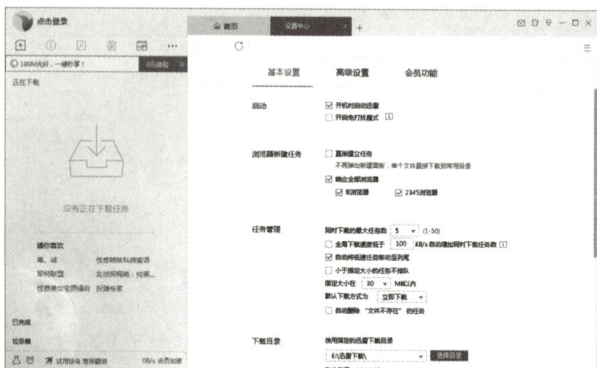

图 7-2-2 "设置中心"界面

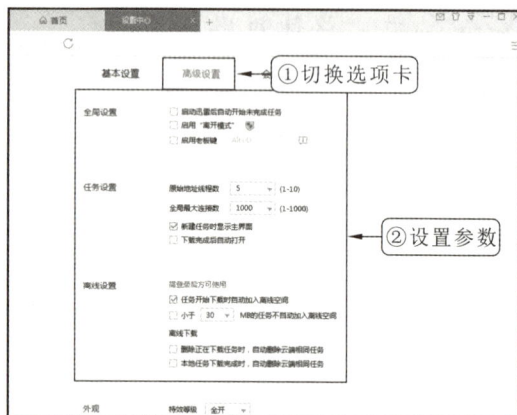

图 7-2-3 "高级设置"选项卡

二、使用"迅雷"软件下载资源

完成"迅雷"软件的安装与设置操作后,可以使用"迅雷"软件下载网络资源信息。

(1)在"迅雷"程序窗口中,切换至"首页"界面,在文本框中输入"毕业论文"文本,按"Enter"键,打开搜索页面并显示搜索结果,如图 7-2-4 所示。

(2)在"搜索结果"页面中单击"文库"按钮,进入文库搜索页面,如图 7-2-5 所示,选择需要下载的文档,单击"立即下载"按钮。

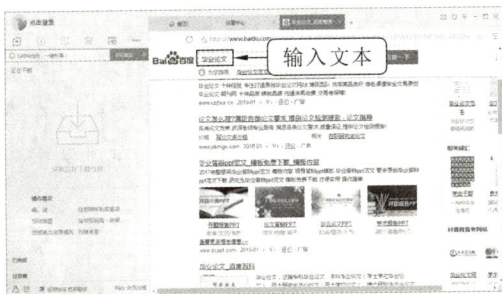

图 7-2-4　显示搜索结果　　　　　　图 7-2-5　单击"立即下载"按钮

（3）打开选择的文本页面，在页面末尾处，右键单击"下载"按钮，打开快捷菜单，选择"目标另存为"命令，如图 7-2-6 所示。

（4）弹出"新建任务"对话框，设置下载路径，单击"立即下载"按钮，如图 7-2-7 所示。

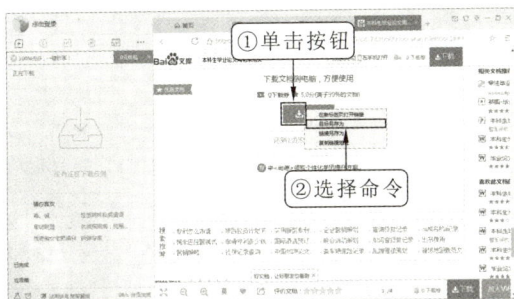

图 7-2-6　选择"目标另存为"命令　　　　图 7-2-7　单击"立即下载"按钮

（5）在"迅雷"窗口中开始下载资源，显示下载进度，如图 7 2-8 所示。

（6）稍后完成资源的下载，并在"已完成"文件夹中显示下载的文档，如图 7-2-9 所示。

图 7-2-8　显示下载进度　　　　　　图 7-2-9　完成资源下载

三、管理迅雷文件

文件下载完成后，可以将下载的文件拖动到适当的类别目录中进行归类整理，也可以对已经下载的文件进行重命名或删除（或彻底删除）操作。

1. 重命名文件

为了更好地管理文件，有时候需要为下载的文件进行重命名操作。在"已完成"选项区中，选择需要重命名的文件，右键单击，打开快捷菜单，选择"重命名"命令，如图 7-2-10 所示，弹出"重命名"对话框，重新输入名称，单击"确定"按钮即可。

2. 删除（或彻底删除）文件

在管理迅雷资源文件的过程中，遇到多余的文件，需要将其删除。在"已完成"选项区中，选择需要删除的文件，右键单击，打开快捷菜单，选择"删除"|"彻底删除"命令，即可删除文件。在选择"彻底删除"命令删除文件时，将弹出"删除"对话框，提示"您确定要删除此任务吗？"，在对话框中勾选"同时删除文件"复选框，单击"确定"按钮，如图 7-2-11 所示，即可彻底删除文件。

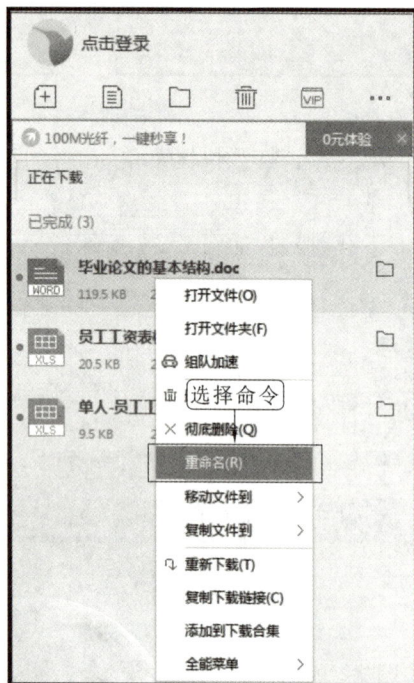

图 7-2-10　选择"重命名"命令　　　　　图 7-2-11　"删除"对话框

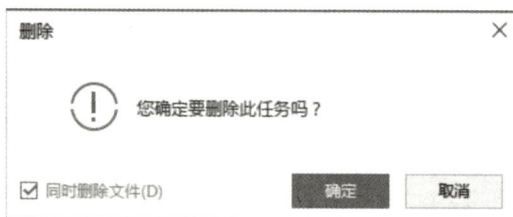

删除文件后，则删除后的文件在"垃圾箱"选项区中显示，如图 7-2-12 所示。

提醒：如果需要还原垃圾箱中的文件，则可以右键单击需要还原的文件，在弹出的快捷菜单中，选择"还原"命令。

3. 改变下载文件位置

在管理迅雷资源文件的过程中，可以将相应的文件移动或复制到其他的文件夹中。在"已完成"选项区中，选择需要移动或复制的文件，右键单击，打开快捷菜单，选择"移动文件到"或"复制文件到"命令，即可在展开的级联菜单中，重新指定文件的位置，如图 7-2-13 所示。

图 7-2-12　"垃圾箱"选项区　　　　　图 7-2-13　移动和复制文件

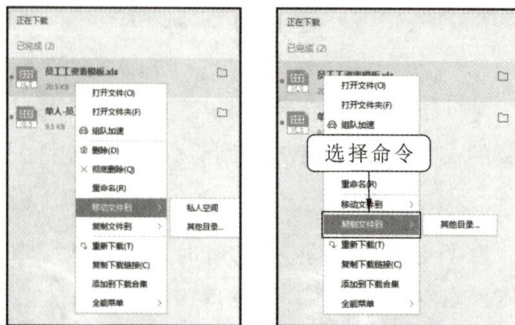

四、检查与交流分享

1.认真检查

检查操作步骤与规范,确保完成以下操作。

(1)软件的安装与设置。

(2)使用迅雷下载文件。

2.交流分享

同学之间交流迅雷软件安装与使用过程中遇到的问题及解决的方法。

知识链接

设置"迅雷"软件为开机启动

开机启动项就是开机的时候系统会在前台或者后台运行的程序。将"迅雷"软件设置为开机启动后,则可以在启动计算机时,让迅雷软件随着计算机的启动而自动启动,无须手动启动。

在"迅雷"程序窗口中,单击"设置"按钮,展开列表框,选择"开机启动"命令即可,如图 7-2-14 所示,用户也可以直接在列表框中选择"设置中心"命令,在"设置中心"界面中,勾选"开机时启动迅雷"复选框即可,如图 7-2-15 所示。

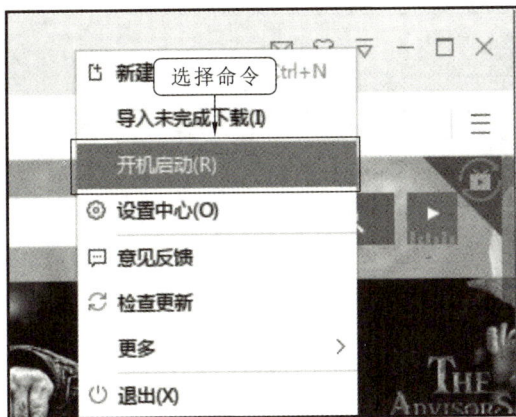

图 7-2-14　选择"开机启动"命令

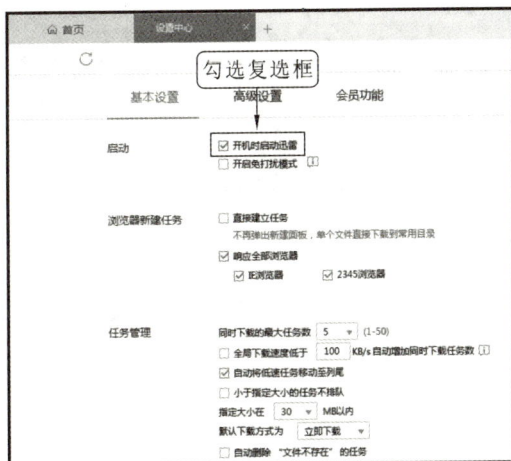

图 7-2-15　勾选"开机时启动迅雷"复选框

自主实践活动

尝试在计算机中安装迅雷软件,并使用已安装好的迅雷软件下载各种办公和学习资料。

活动三　翻译软件——金山词霸

★微课

翻译软件——
金山词霸

活动要求

　　随着互联网的普及，人们对"金山词霸"翻译软件的使用也越来越多，使用翻译软件可以快速掌握翻译字、词和句的方法。本活动详细讲解安装并使用金山词霸的相关知识与操作实训。

活动分析

一、思考与讨论

　　（1）"金山词霸"软件该如何安装？它具有哪些功能？
　　（2）如何使用"金山词霸"软件翻译文字？
　　（3）如何使用"金山词霸"？

二、总体思路

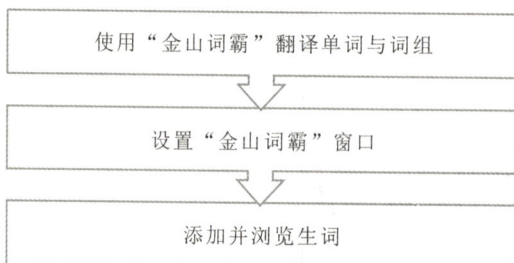

使用"金山词霸"翻译单词与词组
↓
设置"金山词霸"窗口
↓
添加并浏览生词

方法与步骤

一、使用"金山词霸"翻译单词与词组

　　金山词霸是一款经典、权威、免费的词典软件，完整收录柯林斯高阶英汉词典；整合141本专业版权词典；与CRI合力打造32万组纯正真人语音；同时支持中文与英语、法语、韩语、日语、西班牙语、德语6种语言互译。

1.开启屏幕取词
　　屏幕取词功能可以翻译屏幕上任意位置的中/英文单词或词组，即中英文互译。在进行屏幕取词之前，需要在"金山词霸"窗口中单击"设置"按钮 ⚙，弹出"设置"对话框，在左侧列表框中选择"取词划译"选项，在右侧列表框中勾选"开启自动取词"复选框，即可开启屏幕自动取词功能，如图7-3-1所示。
　　开启屏幕自动取词功能后，有以下几种方法可以进行屏幕取词。

（1）鼠标悬停取词：将鼠标停留在需要取词的中文或英文上，将显示一个小巧的浮动窗口，在其上列出了所查单词的释义等有用内容，可以帮助用户快速学习、理解该单词，如图 7-3-2 所示。

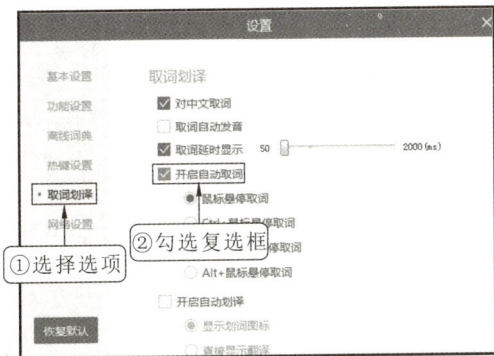

图 7-3-1　开启屏幕取词设置

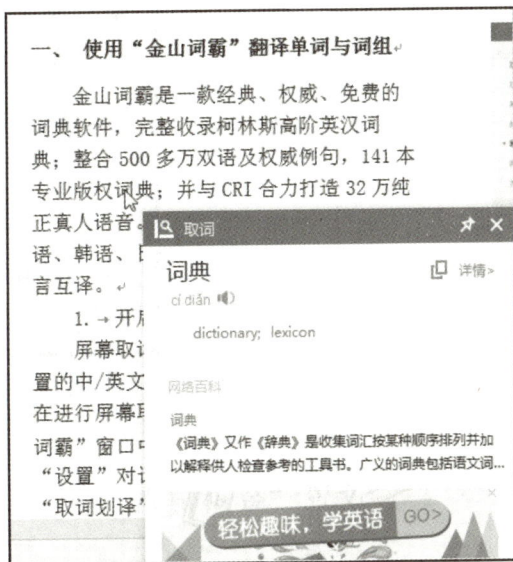

图 7-3-2　显示浮动窗口

（2）"Ctrl＋鼠标"悬停取词/"Shift＋鼠标"悬停取词/"Alt＋鼠标"悬停取词：在按住"Ctrl"键、"Shift"键或"Alt"键的同时，将鼠标悬停在需要取词的文本上，即可显示浮动窗口进行取词操作。

2　词典查询

启动"金山词霸"软件程序后，在"金山词霸"程序窗口的输入框中输入需要查询的中/英文单词或词组，按"Enter"键或者单击输入框右侧的"查询"按钮，用户即可在显示栏中获得所查询单词或词组在全部所选词典中的详细解释，如图 7-3-3 所示。

3．翻译词组

在"金山词霸"程序窗口中的左侧列表框中选择"翻译"选项，将进入"翻译"界面，在输入框中输入需要翻译的中/英文词组，并单击"翻译"按钮，将自动进行翻译，如图 7-3-4 所示。

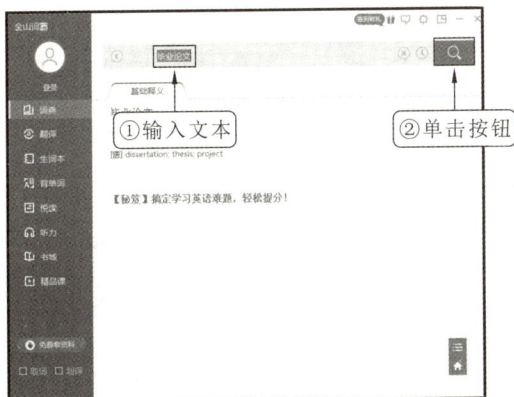

图 7-3-3　查询单词或词组

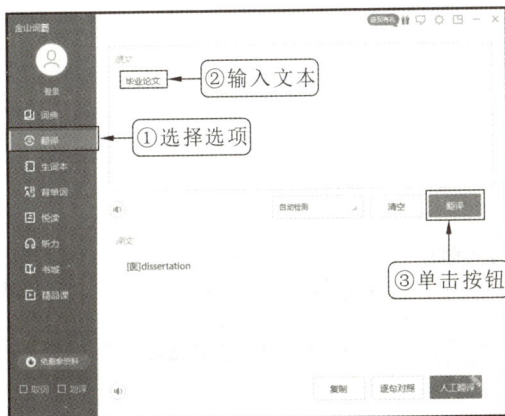

图 7-3-4　翻译词组

在翻译词组时，如果不需要自动检测翻译，而需要指定将中文翻译成英文、韩文等，则可以单击"自动检测"下拉按钮，展开列表，如图 7-3-5 所示，选择相应的命令，即可将相应的文本翻译成其他语言。

图 7-3-5 "自动检测"列表框

二、设置"金山词霸"窗口

在"金山词霸"软件中,使用"设置"功能,可以重新设置程序窗口的颜色、热键等选项参数。

1.设置窗口颜色

在"金山词霸"程序窗口中共有 6 种颜色方案,即默认、经典、高空、夏夜、质感、秋色,用户可以根据个人喜好选择界面方案,还可以设置窗体的字体,有小号、标准、大号和超大号 4 种设置方式。一般设置程序界面颜色时,可以在"设置"对话框中进行设置,如图 7-3-6 所示。

2.设置热键

在"金山词霸"程序窗口中,可以对打开主窗体、悬浮窗、取词功能和划译功能等常用功能设置热键。热键设置一般在"设置"对话框的"热键设置"列表框中进行设置,如图 7-3-7 所示,用户只需要单击需要设置热键的选项文本框,在键盘上重新按键即可。

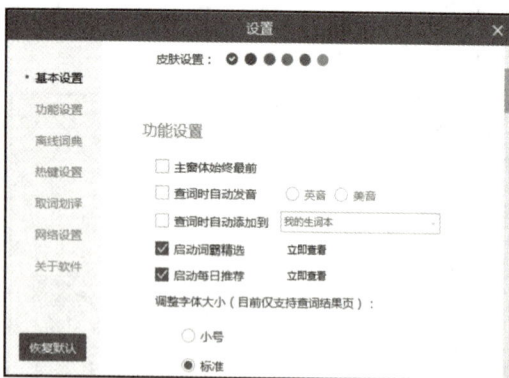

图 7-3-6 "设置"对话框

图 7-3-7 "热键设置"对话框

三、添加并浏览生词

金山词霸中的生词本主要用来帮助用户记录生词,能够随时记录用户使用词霸(屏幕取词或词典查询)查找过的单词,自动加载到生词本中,并进行一系列的记忆测试及复习方案,帮助用户记忆生词。

1.添加生词

将单词添加到生词本中有以下两种操作方法。

(1)由鼠标取词自动加入。

(2)在查词界面上单击"加入生词本"按钮 ⊞,手动将当前所取的单词加入。

2.浏览生词

在添加了生词后,可以在"生词本"界面中,双击"生词本"选项,将进入"生词本"页面,即可浏览生词本中的所有生词,如图 7-3-8 所示。

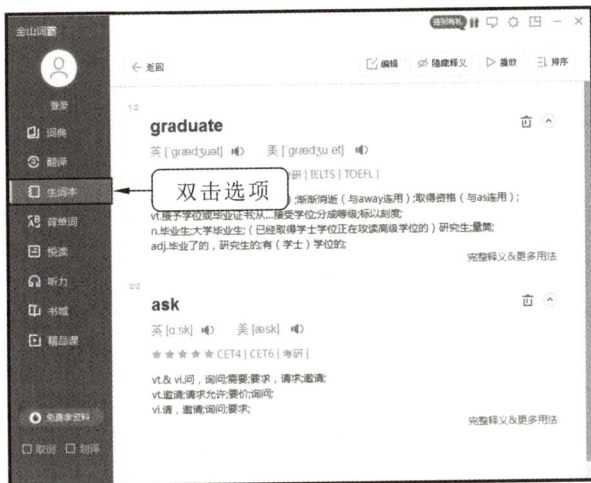

图 7-3-8　浏览生词

四、检查与交流分享

1.认真检查

检查操作步骤与规范,确保完成以下操作。

(1)翻译并查询单词或词组。

(2)添加并浏览生词。

2.交流分享

同学之间交流金山词霸使用过程中遇到的问题及解决的方法。

知识链接

导入或导出生词本

在使用"金山词霸"软件中的生词本时,不仅可以将软件中已有的生词本导出计算机中进行保存,也可以将计算机中的生词本导入"金山词霸"软件中进行使用。

1.导出生词本

在"生词本"界面中单击"导出生词本"按钮,展开列表框,选择"我的生词本"命令,进入"预览效果图"页面,单击"导出"按钮,如图 7-3-9 所示,弹出"导出生词本"对话框,设置导出路径,单击"保存"按钮即可。

2. 导入生词本

在"生词本"界面中单击"导入生词本"按钮,打开"Open txt"对话框,选择需要导入的生词本,单击"打开"按钮即可,如图 7-3-10 所示。

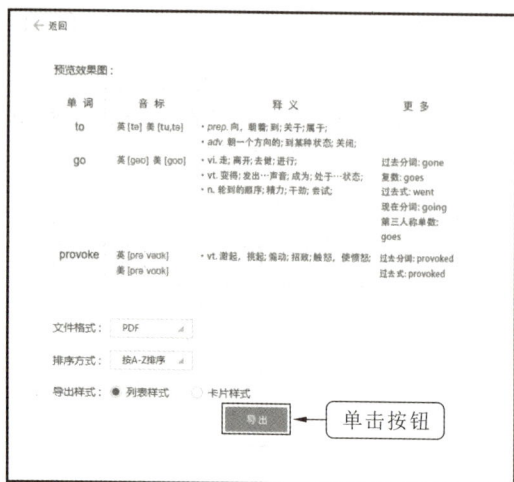

图 7-3-9 "预览效果图"页面

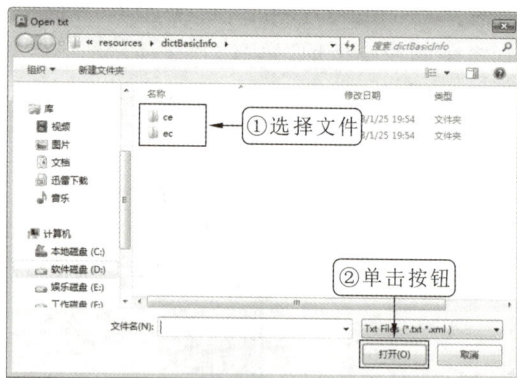

图 7-3-10 "Open txt"对话框

自主实践活动

尝试在计算机中使用"金山词霸"软件查询并翻译各种单词和词组,并将有用的单词和词组添加到自己的生词本中。

活动四 网络安全软件——360 杀毒软件

微课

网络安全软件——
360杀毒软件

活动要求

为了保证计算机系统的安全,防止病毒和木马侵袭计算机,使用 360 杀毒软件防护计算机很有必要。本活动将详细讲解使用 360 杀毒软件保护计算机系统的具体方法。

活动分析

一、思考与讨论

(1)"360 杀毒"软件的安装步骤是什么?

(2)"360 杀毒"软件具有哪些特点?

(3)如何使用"360 杀毒"软件查杀病毒?

二、总体思路

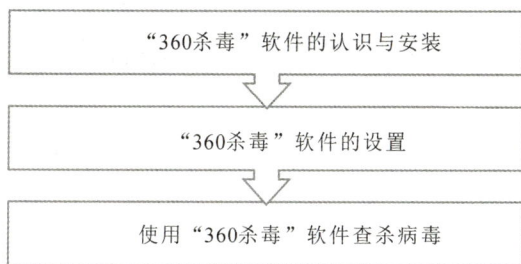

方法与步骤

一、"360 杀毒"软件的认识与安装

1. 认识"360 杀毒"软件

"360 杀毒"软件创新性地整合了五大领先防杀引擎,包括国际知名的 BitDefender 病毒查杀引擎、Avira(小红伞)病毒查杀引擎、360 云查杀引擎、360 主动防御引擎以及 360QVM 人工智能引擎。五个引擎智能调度,为用户提供全时全面的病毒防护,不但查杀能力出色,而且能在第一时间防御新出现的木马病毒。

"360 杀毒"软件完全免费,无须激活码,轻巧快速不卡机,适合中低端机器,采用全新的 Smart-Scan 智能扫描技术,使其扫描速度极快,误杀率远远低于其他杀毒软件,可以为计算机提供全面保护。"360 杀毒"软件在各大软件站的软件评测中屡获佳绩。

"360 杀毒"软件具有以下特点,下面将分别介绍。

(1)彻底剿灭各种借助 U 盘传播的病毒,第一时间阻止病毒从 U 盘运行,切断病毒传播链。

(2)采用"常规反病毒引擎＋360 云引擎＋QVM 人工智能引擎＋系统修复引擎",强力杀毒,全面保护用户的计算机安全。

(3)具有领先的启发式分析技术,能第一时间拦截新出现的病毒。

(4)依托 360 安全中心的可信程序数据库,实时校验,"360 杀毒"软件的误杀率极低。

(5)快速升级及时获得最新防护能力,每日多次升级,让用户及时获得最新病毒库及病毒防护能力。

(6)完全免费,不用为收费烦恼,完全摆脱激活码的束缚。

(7)界面清爽易懂,没有复杂的文字,无论哪种用户都完全适用。

(8)界面更新功能,可以制作想要的界面。

2. 安装"360 杀毒"软件

要安装"360 杀毒"软件,首先需要在"360 杀毒"软件官方网站上下载最新版本的"360 杀毒"安装程序。下载完成后,运行下载的安装程序进行安装。

在计算机磁盘中找到并双击"360 杀毒.exe"安装程序,将弹出"360 杀毒"对话框,在对话框中设置好软件的安装路径,单击"立即安装"按钮,如图 7-4-1 所示,即可开始安装"360 杀毒"软件,稍后将完成"360 杀毒"软件的安装操作。

图 7-4-1　"360 杀毒"软件安装对话框

二、"360 杀毒"软件的设置

1.更换软件皮肤

"360 杀毒"软件提供了多种界面皮肤,用户在安装好杀毒软件后,可以根据自己的需求更换主界面的皮肤。

在"360 杀毒"软件程序窗口中,单击"皮肤"按钮 ,弹出"360 杀毒-皮肤中心"对话框,在"在线皮肤"选项卡中挑选自己喜欢的皮肤,然后单击"设为皮肤"按钮,即可重新设置皮肤,如图 7-4-2 所示。

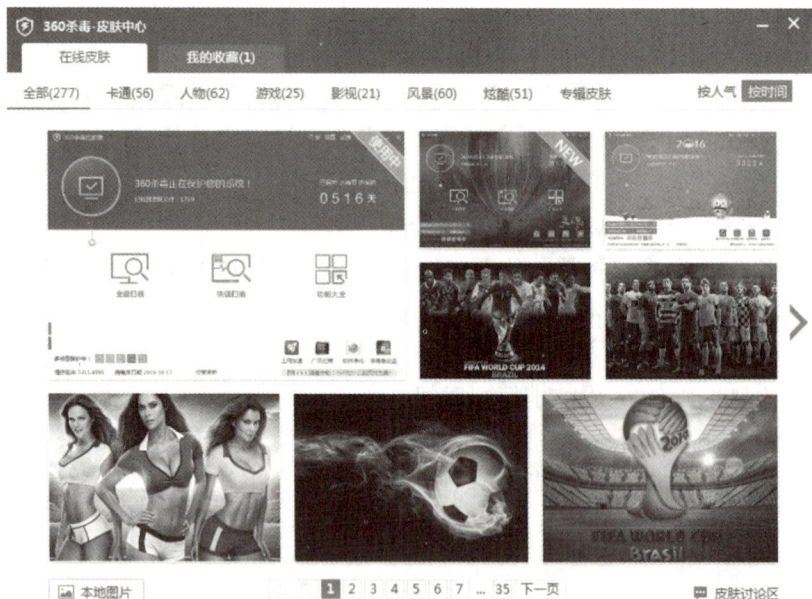

图 7-4-2　"360 杀毒-皮肤中心"对话框

2.设置软件属性

用户可以根据自身的需求对某些功能进行合理的设置,以便杀毒软件得到更好的完善。

在"360 杀毒"软件程序窗口中,单击"设置"链接,弹出"360 杀毒-设置"对话框,如图 7-4-3 所示。

在"360 杀毒-设置"对话框的"病毒扫描设置"列表框中,勾选"启用定时查毒"复选框,即可开启"定时查毒"功能,如图 7-4-4 所示。

图 7-4-3 "360 杀毒-设置"对话框

图 7-4-4 开启"定时查毒"功能

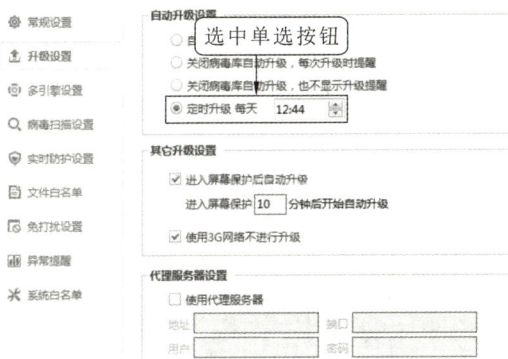

在"360 杀毒-设置"对话框的"升级设置"列表中,选中"定时升级"单选按钮,即可开启"定时升级"功能,如图 7-4-5 所示。

在"360 杀毒-设置"对话框的"实时防护设置"列表中,将"防护级别设置"为"高",即可严格防护计算机系统,如图 7-4-6 所示。

图 7-4-5 开启"定时升级"功能

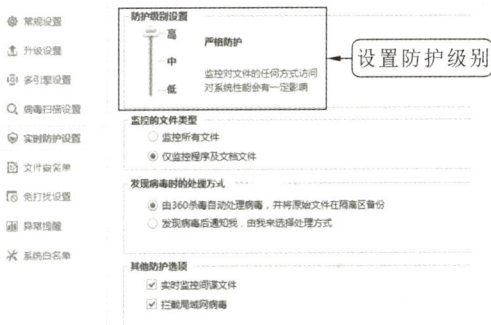

图 7-4-6 设置防护级别

三、使用"360 杀毒"软件查杀病毒

当计算机的运行或某些程序的使用发生异常情况时(如运行速度慢、程序无法启动等),可以利用杀毒软件对计算机进行查杀。"360 杀毒"软件提供了 3 种杀毒模式:全盘扫描、快速扫描和自定义扫描。

1. 全盘扫描

全盘扫描是指对计算机中的所有磁盘文件进行扫描。在"360 杀毒"软件程序窗口中,单击"全盘扫描"按钮,弹出"360 杀毒-全盘扫描"对话框,自动开始扫描病毒,如图 7-4-7 所示。

当完成病毒扫描后,显示扫描结果,单击"立即处理"按钮,将查杀病毒。

2. 快速扫描

快速扫描是指对计算机中的 C 盘文件进行扫

图 7-4-7 "360 杀毒-全盘扫描"对话框

描。在"360 杀毒"软件程序窗口中，单击"快速扫描"按钮，弹出"360 杀毒-快速扫描"对话框，自动开始扫描并查杀病毒，如图 7-4-8 所示。

3. 自定义扫描

自定义扫描是指对计算机中的某一个特定的磁盘文件进行扫描。在"360 杀毒"软件程序窗口中，单击"自定义扫描"按钮，弹出"选择扫描目录"对话框，勾选需要扫描磁盘的复选框，单击"扫描"按钮，开始扫描并查杀病毒，如图 7-4-9 所示。

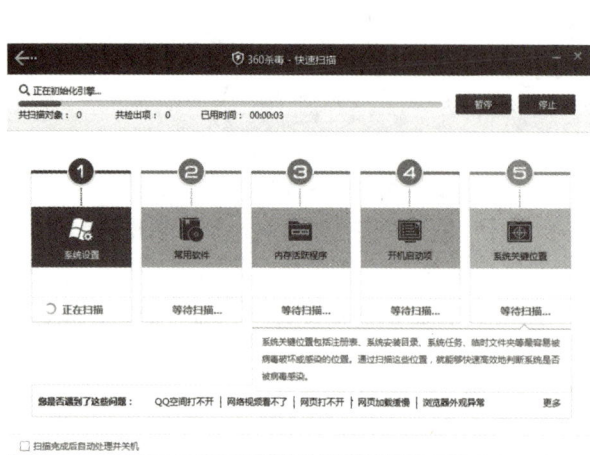

图 7-4-8　"360 杀毒-快速扫描"对话框　　　　图 7-4-9　"选择扫描目录"对话框

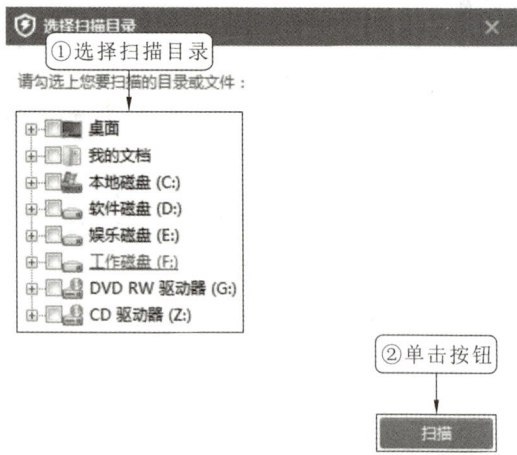

四、检查与交流分享

1. 认真检查

安装"360 杀毒"软件之前，检查计算机中是否含有其他杀毒软件，是否会有冲突，且要确保安装后的"360 杀毒"软件能够正常使用，能够正常查杀病毒。

2. 交流分享

同学之间交流 360 杀毒软件安装与使用过程中遇到的问题及解决的方法。

知识链接

扫描并查杀宏病毒

宏病毒是一种寄存在文档或模板的宏中的计算机病毒。一旦打开这样的文档，其中的宏就会被执行，于是宏病毒就会被激活，转移到计算机上，并驻留在 Normal 模板上。从此，所有自动保存的文档都会感染上这种宏病毒，而且如果其他用户打开了感染病毒的文档，宏病毒又会转移到其他用户的计算机上。

在"360 杀毒"软件程序窗口中，单击"宏病毒扫描"按钮，弹出"360 杀毒-宏病毒扫描"对话框，自动扫描宏病毒，如图 7-4-10 所示，当扫描出宏病毒后，单击"立即处理"按钮，即可查杀宏病毒。在扫描过程中，如果需要暂停扫描，可以通过单击"暂停"按钮实现；如果需要停止扫描，可以通过单击"停止"按钮实现。

图 7-4-10 "360 杀毒-宏病毒扫描"对话框

自主实践活动

尝试在计算机中安装"360 杀毒"软件,并使用已安装好的"360 杀毒"软件查杀计算机磁盘中的病毒。

归纳与小结

在日常工作、生活和学习中,需要在计算机中安装各种工具软件,才能进行学习和办公操作。其过程和方法如下。

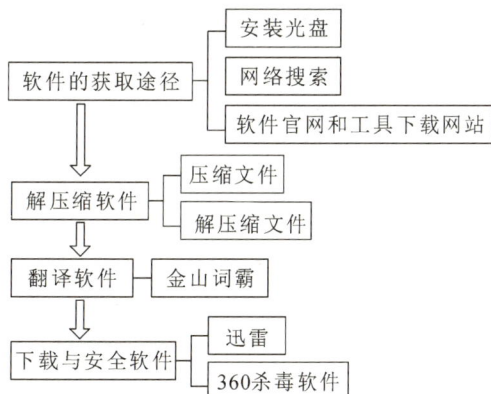

参考文献

[1] 蔡英,徐文平,罗印. 计算机应用基础(Windows 7＋Office 2010)[M]. 北京:高等教育出版社,2016.

[2] 李健苹. 计算机应用基础教程[M]. 北京:人民邮电出版社,2016.

[3] 段红. 计算机应用基础(Windows 7＋Office 2010)[M]. 北京:清华大学出版社,2016.

[4] 徐翠娟,杨丽鸿. 计算机应用基础(Windows 7＋Office 2010)[M]. 北京:人民邮电出版社,2015.

[5] 赵杉,赵春. 大学计算机基础[M]. 北京:清华大学出版社,2015.

[6] 张虹霞,王亮. 计算机网络安全与管理项目教程[M]. 北京:清华大学出版社,2018.

[7] 董宇峰,王亮. 计算机网络技术基础[M]. 2版. 北京:清华大学出版社,2016.

[8] 汤小丹. 计算机操作系统[M]. 4版. 西安:西安电子科技大学出版社,2014.

[9] 刘瑞新,江国学. 计算机应用基础(Windows 7＋Office 2010)[M]. 北京:机械工业出版社,2016.